今すぐ使える かんたん

FC2ブログ超入門

無料ではじめるお手軽ブログ

Imasugu Tsukaeru Kantan Series : FC2 Blog

JN249028

技術評論社

本書の使い方

- 本書の各セクションでは、画面を使った操作の手順を追うだけで、FC2 ブログの操作の流れがわかるようになっています。
- 操作の流れに番号を付けて示すことで、操作手順を追いやすくしてあります。

セクション名は具体的な作業を示しています。

セクションの解説内容のまとめを表しています。

セクションという単位ごとに機能を順番に解説しています。

特に重要なキーワードを表示しています。

操作内容の見出しです。

番号付きの記述で操作の順番が一目瞭然です。

大きな画面で該当個所がよくわかるようになっています！

Section 02

FC2ブログに新規登録しよう

キーワード
- 新規登録
- FC2 ID
- ブログの登録

FC2ブログを利用するには、まずはFC2サービス全体へのユーザー登録を行い、それからブログに関する情報の登録を行います。ユーザー登録にはメールアドレスが必要になります。また、ブログのタイトルやジャンルの入力も必要になるので、あらかじめ考えておくとよいでしょう。

1 FC2 IDを登録する

キーワード 新規登録

FC2のサービスを利用するには、会員登録が必要です。登録はメールアドレスを入力する「仮登録」と、パスワードなどの設定を行う「本登録」の2段階に分かれています。ブログを利用するには、FC2への本登録を完了したうえで、さらにブログの利用登録をする必要があります。

1 ブラウザ（ここではMicrosoft Edge）を起動し、「http://fc2.com/」をURL入力欄に入力し、Enter キーを押します。

2 FC2のトップページが表示されます。

3 ＜新規登録＞をクリックします。

メモ 登録に必要な情報

FC2ブログを利用するには、メールアドレスの登録が必要になります。また、16ページ以降の手順では誕生日や性別の入力も求められます。本名や住所、電話番号などは、ブログの利用の場合、登録する必要はありません。

第1章 FC2ブログをはじめよう

14

薄くてやわらかい
上質な紙を使っているので、
開いたら閉じにくい書籍に
なっています！

頁の端には、次の5種類の「解説」を配置しています。

メモ	ヒント	キーワード
補足説明	便利な操作	重要用語解説
ステップアップ	注意	
応用操作解説	注意事項	

頁上部には、セクション名とセクション番号を表示しています。

章が探しやすいように、頁の両側に章の見出しを表示しています。

読者が抱く
小さな疑問を予測して、
できるだけ**ていねいに**
解説しています。

Section 02 FC2ブログに新規登録しよう

第1章 FC2ブログをはじめよう

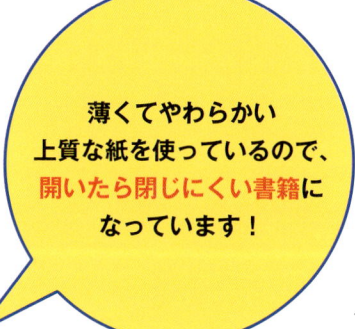

4 登録するメールアドレスを入力します。

5 ひらがなとカタカナで表記された数字を確認して、

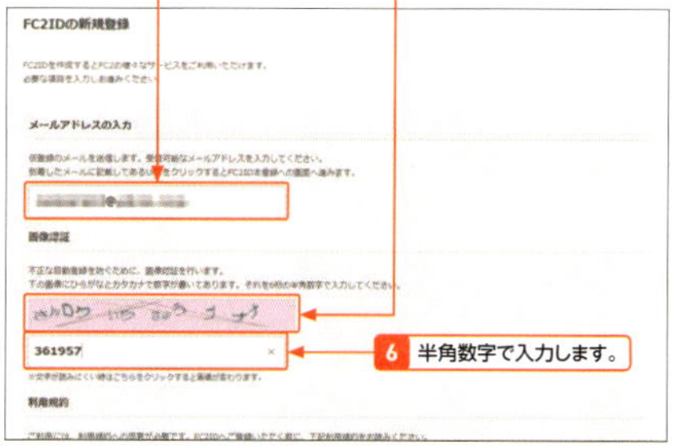

6 半角数字で入力します。

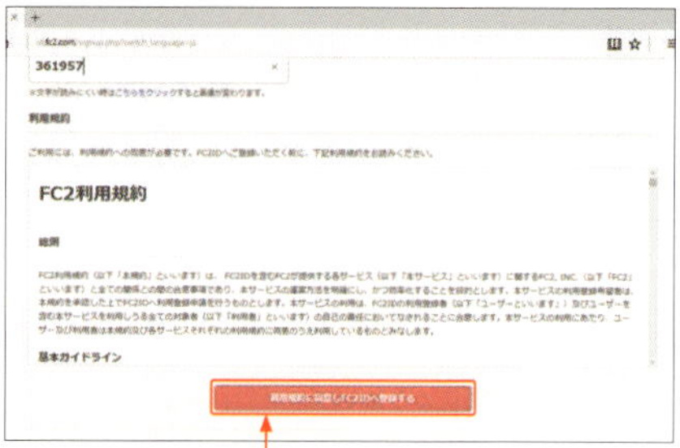

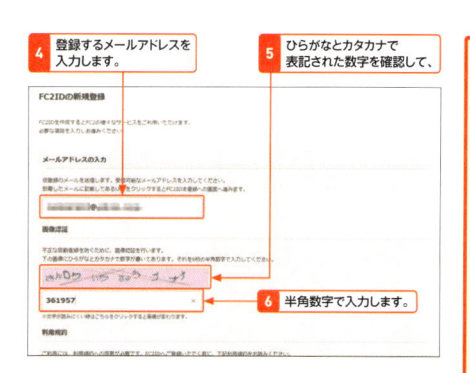

7 <利用規約に同意しFC2IDへ登録する>をクリックします。

8 仮登録が完了します。

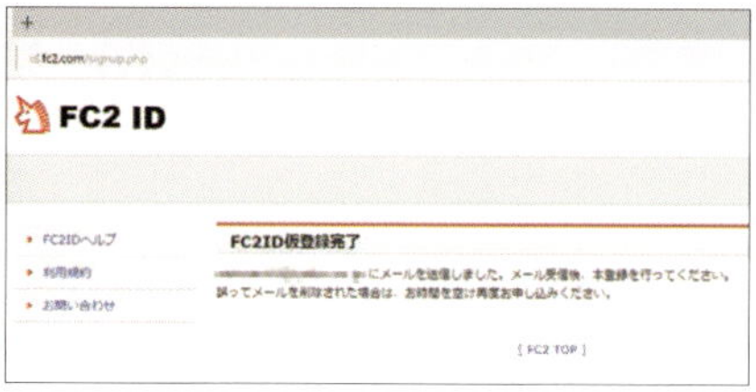

キーワード 画像認証

手順5、6の画像認証とは、コンピューターによる不正な登録を防ぐために求められる操作です。数字がひらがなとカタカナで表記された画像が表示されるので、それを半角数字に置き換えて入力します。
表示される文字が読みづらい場合には、入力欄の下にある<こちらをクリック>をクリックすれば、別の数字が表記された画像が表示されます。

メモ メールアドレス

登録したメールアドレスは、FC2ブログにログインするときに入力します。また、FC2からのお知らせも、手順4で登録したメールアドレスに届きます。

注意 登録は完了していません

14、15ページの操作を行うと、FC2に仮登録された状態になります。この時点で作業をやめてしまうと、登録完了になりません。最初に入力したメールアドレスに確認メールが届くので、16ページからの手順に従って残りの操作を完了しましょう。

15

CONTENTS

第1章 FC2ブログをはじめよう

第2章 記事を投稿してみよう

第3章 記事をもっと楽しくしよう

CONTENTS

第5章 スマートフォンでFC2ブログを楽しもう

CONTENTS

第6章 ほかのユーザーと交流しよう

第7章 アフィリエイトを利用しよう

第8章 気になるQ&A

ご注意：ご購入・ご利用の前に必ずお読みください

- 本書に記載された内容は、情報の提供のみを目的としています。したがって、本書を用いた運用は、必ずお客様自身の責任と判断によって行ってください。これらの情報の運用の結果について、著者および技術評論社はいかなる責任も負いません。

- ソフトウェアに関する記述は、特に断りのない限り、2017年8月現在での最新バージョンをもとにしています。ソフトウェアはバージョンアップされる場合があり、本書での説明とは機能内容や画面図などが異なってしまうこともあり得ます。あらかじめご了承ください。

- インターネットの情報については、URLや画面などが変更されている可能性があります。ご注意ください。

- 本書は、以下の環境での動作を確認しています。ご利用時には、一部内容が異なることがあります。あらかじめご了承ください。
  パソコンのOS：Windows 10
  ブラウザ　：Microsoft Edge
  iPhoneのOS：iOS 10.3.2
  AndroidのOS：Android 7.0

以上の注意事項をご承諾いただいた上で、本書をご利用願います。これらの注意事項をお読みいただかずに、お問い合わせいただいても、技術評論社は対応しかねます。あらかじめご承知おきください。

■本書に掲載した会社名、プログラム名、システム名などは、米国およびその他の国における登録商標または商標です。本文中では™マーク、®マークは明記していません。

第1章

FC2ブログをはじめよう

Section 01

FC2ブログについて知ろう

✔キーワード
- ブログ
- FC2
- FC2ブログ

FC2ブログは無料で利用できるブログサービスの1つです。初心者でも簡単に使えることや、プラグインやSNS連携といった便利な機能が用意されていることが魅力です。アフィリエイトでお小遣い稼ぎにも活用できるほか、FC2が提供するほかのサービスとも連携できます。

1 FC2ブログとは

ブログとは、ウェブログ(Weblog)を略したもので、インターネット上に文章や写真、動画などを日記形式で投稿できるサービスを意味します。FC2ブログもそうしたサービスの1つで、簡単な登録手続きをするだけで、誰でも無料で利用することができます。
ブログでは、日々のできごとを記録したり、自分の趣味や関心のあるテーマで情報発信したりできます。また、商品を紹介して報酬を得るアフィリエイトに利用したりとさまざまな活用方法もあります。
ブログの投稿は「記事」と呼ばれ、ちょっとした文章を書いたり、写真を選択したりするだけで簡単に行えます。パソコンだけでなくスマートフォンからも投稿できるので、ちょっとした空き時間に記事を書いて投稿することも可能です。

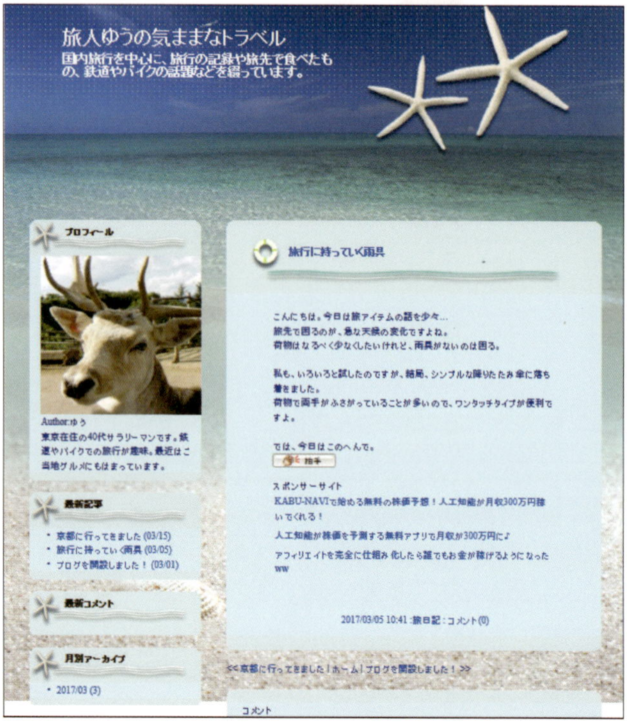
旅人ゆうの気ままなトラベル
国内旅行を中心に、旅行の記録や旅先で食べたもの、鉄道やバイクの話題などを綴っています。
プロフィール
Author:ゆう
東京在住の40代サラリーマンです。鉄道やバイクでの旅行が趣味。最近はご当地グルメにもはまっています。
最新記事
京都に行ってきました (03/15)
旅行に持っていく雨具 (03/05)
ブログを開設しました！ (03/01)
最新コメント
月別アーカイブ
2017/03 (3)
旅行に持っていく雨具
こんにちは。今日は旅アイテムの話を少々…
旅先で困るのが、急な天候の変化ですよね。
荷物はなるべく少なくしたいけれど、雨具がないのは困る。
私も、いろいろと試したのですが、結局、シンプルな降りたたみ傘に落ち着きました。
荷物で両手がふさがっていることが多いので、ワンタッチタイプが便利ですよ。
では、今日はこのへんで。
拍手
スポンサーサイト
KABU-NAVIで始める無料の株価予想！人工知能が月収300万円稼いでくれる！
人工知能が株価を予測する無料アプリで月収が300万円に♪
アフィリエイトを完全に仕組み化したら誰でもお金が稼げるようになったww
2017/03/05 10:41 :旅日記 : コメント(0)
<< 京都に行ってきました | ホーム | ブログを開設しました！ >>
コメント

2 FC2ブログの特徴

さまざまなデザインや機能を簡単に設定できる

FC2ブログには、ブログのデザインの「テンプレート」が用意されています。テンプレートを利用することで、専門的な知識がなくても、多種多様なデザインを簡単に設定することができます(Sec.07参照)。また、「プラグイン」と呼ばれるパーツを加えることで、ブログに機能やサービスを追加することもできます。たとえば、メールアドレスを表示しなくてもメールを受け取れるメールフォームを設置したり、ブログ内に小さな天気予報を表示したりといったことが可能です(Sec.29、30参照)。

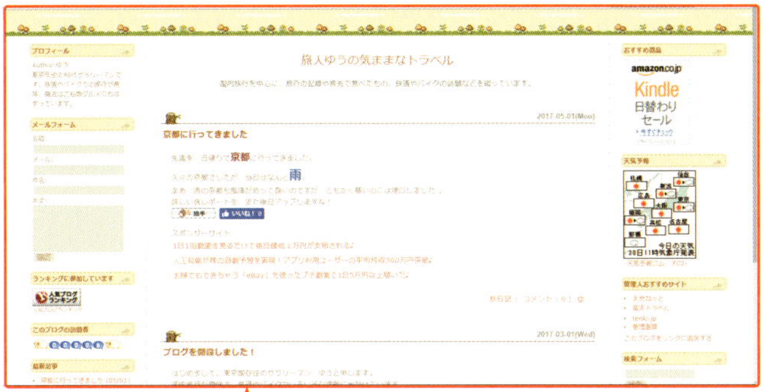

テンプレートを利用することで、簡単にブログのデザインを変えることができます。

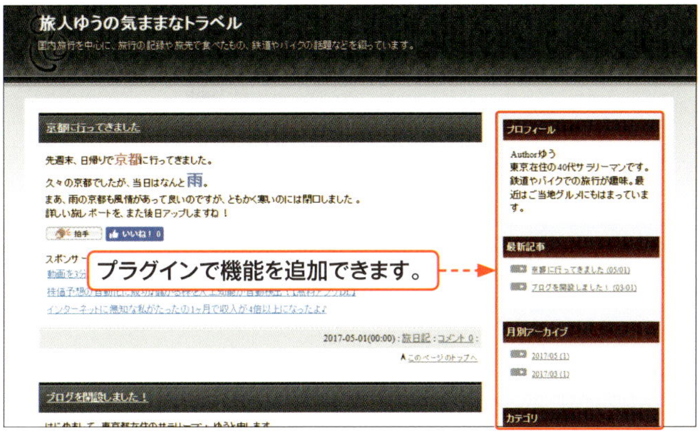

FC2が運営するサービスと連携できる

FC2ブログを運営するFC2は、ブログ以外にもさまざまなWebサービスを提供しており、中にはブログと連携して活用することができるものもあります。一例としては、「FC2動画」を利用すればブログに動画を挿入することができます（Sec.22参照）。そのほかにも、FC2独自に展開しているアフィリエイトサービスの「FC2アフィリエイト」や（Sec.62参照）、「FC2アクセス解析」（Sec.63参照）といったサービスも提供しています。これらのサービスは、FC2ブログの利用時に登録するFC2 IDを持っていれば利用することができます。

キーワード FC2ブログ

FC2ブログは、Webサービス企業の「FC2」が提供するブログサービスです。基本的な機能は無料で利用することができます。また、ブログに広告を掲載して報酬を得るアフィリエイト（第7章参照）にも利用可能です。FC2ブログを利用するには、メールアドレスを登録する必要があります。

キーワード FC2 ID

FC2 IDとは、FC2が運営するさまざまなサービスを利用するために必要となる、共通のIDです。ブログの利用開始時にFC2 IDを登録しておけば、ブログのほかに、「FC2動画」（Sec.22参照）などのサービスを利用するときにも、新たにIDを登録し直す必要はありません。

Section 02

FC2ブログに新規登録しよう

✔キーワード
- 新規登録
- FC2 ID
- ブログの登録

FC2ブログを利用するには、まずはFC2サービス全体へのユーザー登録を行い、それからブログに関する情報の登録を行います。ユーザー登録にはメールアドレスが必要になります。また、ブログのタイトルやジャンルの入力も必要になるので、あらかじめ考えておくとよいでしょう。

1 FC2 IDを登録する

キーワード 新規登録

FC2のサービスを利用するには、会員登録が必要です。登録はメールアドレスを入力する「仮登録」と、パスワードなどの設定を行う「本登録」の2段階に分かれています。ブログを利用するには、FC2への本登録を完了したうえで、さらにブログの利用登録をする必要があります。

1 ブラウザ（ここではMicrosoft Edge）を起動し、「http://fc2.com」をURL入力欄に入力し、Enter キーを押します。

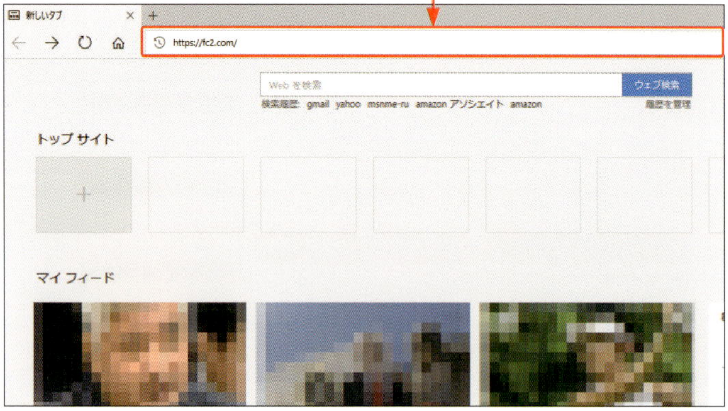

2 FC2のトップページが表示されます。

3 <新規登録>をクリックします。

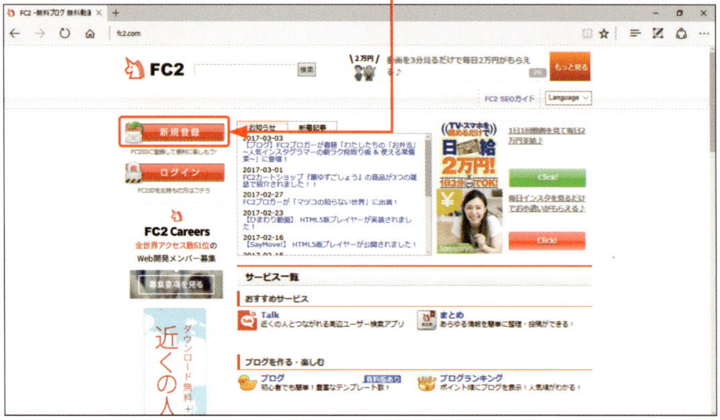

メモ 登録に必要な情報

FC2ブログを利用するには、メールアドレスの登録が必要になります。また、16ページ以降の手順では誕生日や性別の入力も求められます。本名や住所、電話番号などは、ブログの利用の場合、登録する必要はありません。

4 登録するメールアドレスを入力します。

5 ひらがなとカタカナで表記された数字を確認して、

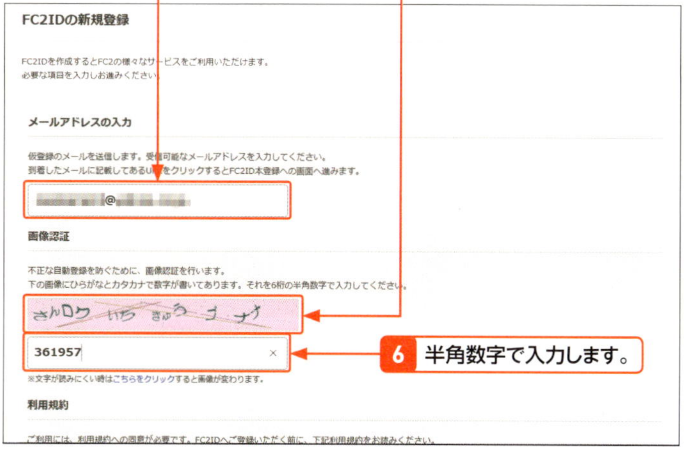

FC2IDの新規登録
FC2IDを作成するとFC2の様々なサービスをご利用いただけます。
必要な項目を入力しお進みください。
メールアドレスの入力
仮登録のメールを送信します。受信可能なメールアドレスを入力してください。
到着したメールに記載してあるURLをクリックするとFC2ID本登録への画面へ進みます。
画像認証
不正な自動登録を防ぐために、画像認証を行います。
下の画像にひらがなとカタカナで数字が書いてあります。それを6桁の半角数字で入力してください。
361957
※文字が読みにくい時はこちらをクリックすると画像が変わります。
利用規約

6 半角数字で入力します。

7 ＜利用規約に同意しFC2IDへ登録する＞をクリックします。

8 仮登録が完了します。

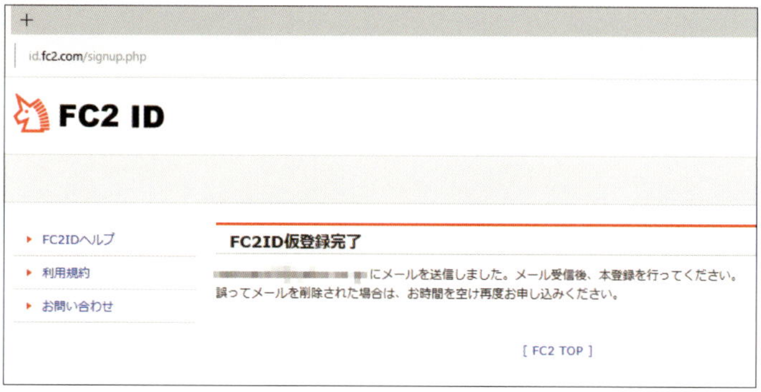

キーワード 画像認証

手順**5**、**6**の画像認証とは、コンピューターによる不正な登録を防ぐために求められる操作です。数字がひらがなとカタカナで表記された画像が表示されるので、それを半角数字に置き換えて入力します。

表示される文字が読みづらい場合には、入力欄の下にある＜こちらをクリック＞をクリックすれば、別の数字が表記された画像が表示されます。

メモ メールアドレス

登録したメールアドレスは、FC2ブログにログインするときに入力します。また、FC2からのお知らせも、手順**4**で登録したメールアドレスに届きます。

注意 登録は完了していません

このページの操作を行うと、FC2に仮登録された状態になります。この時点で作業をやめてしまうと、登録完了になりません。最初に入力したメールアドレスに確認メールが届くので、16ページからの手順に従って残りの操作を完了しましょう。

2 本登録を完了する

メモ 確認メールが届いていない場合

もしメールが届かない場合は、メールソフトの「迷惑メール」フォルダに分類されている可能性があるので、確認してみるとよいでしょう。どうしてもメールが確認できない場合は、少し時間をおいて再度登録の操作を行います。

ヒント パスワードを自動生成する

安全なパスワードを簡単に作りたい場合は、自動生成を利用できます。手順4のパスワード入力欄の下にある<パスワード生成ツール>をクリックすると、ランダムな英数字を組み合わせたパスワードが自動で生成されます。

ヒント 生年月日と郵便番号

生年月日と郵便番号、秘密の質問はパスワードの再設定時に必要になります（Sec.66参照）。必須ではありませんが、登録しておくとよいでしょう。

1 メールソフトを開きます。

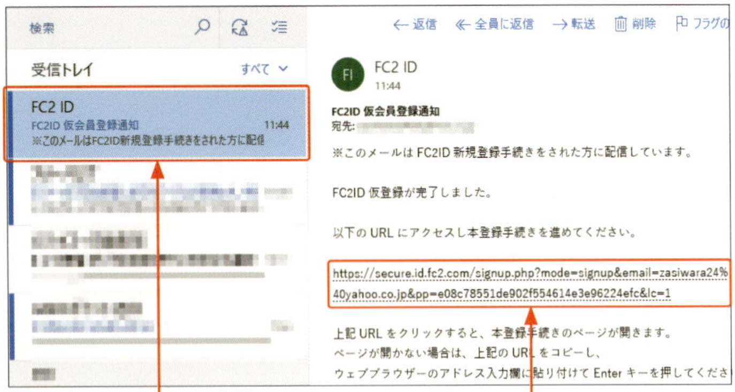

2 「FC2 ID」から届いたメールを開き、

3 メールに記載されているURLをクリックします。

4 任意のパスワードを入力し、

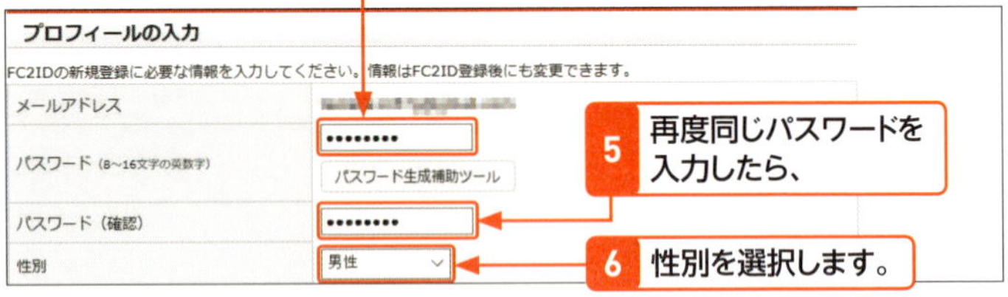

5 再度同じパスワードを入力したら、

6 性別を選択します。

7 秘密の質問の内容を選択して、

8 質問の答えを入力します。

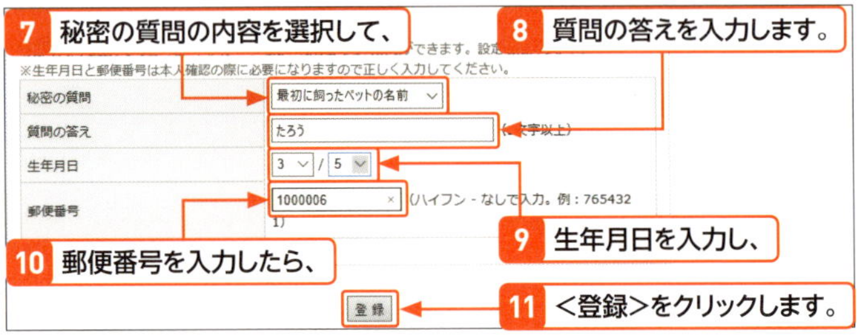

9 生年月日を入力し、

10 郵便番号を入力したら、

11 <登録>をクリックします。

キーワード 秘密の質問

秘密の質問は、パスワードを忘れてしまった場合の再設定に必要な項目です（Sec.66参照）。複数の質問が用意されているので、ドロップダウンリストから使用する質問を選び、その質問に対する答えを登録します。回答は自分が覚えやすく他人に推察されにくいものを設定しましょう。

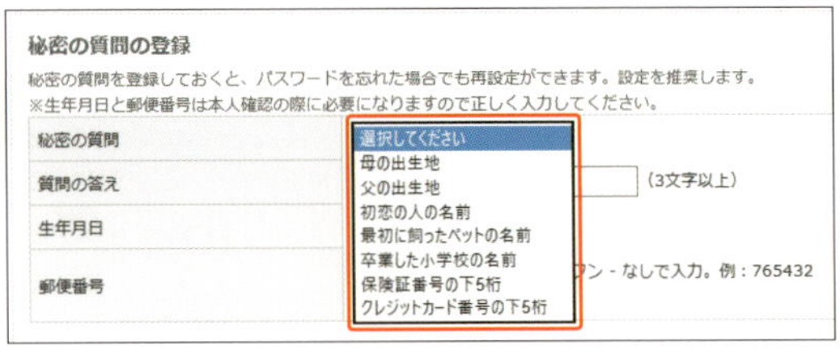

12 FC2への登録が完了します。

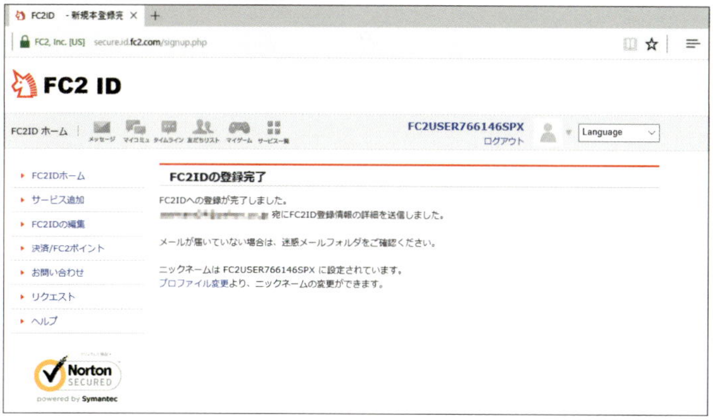

3 ブログを利用できるようにする

1 <サービス追加>をクリックします。

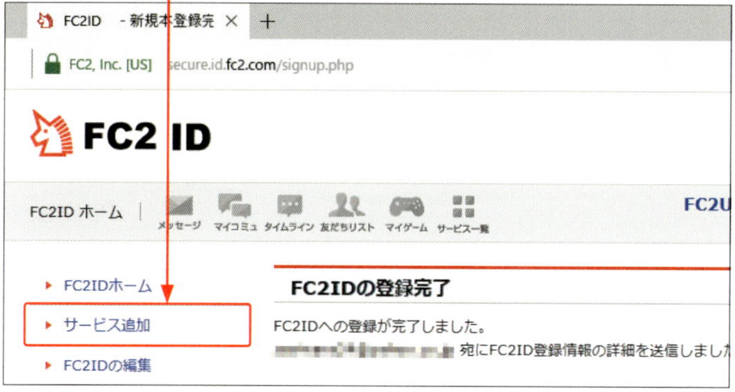

2 「ブログ」の<サービス追加>をクリックします。

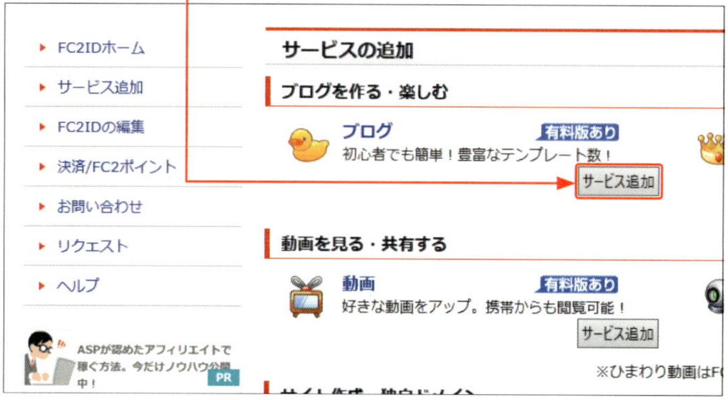

ヒント ブラウザを閉じてしまった場合は？

上記の手順**12**まででFC2への登録が完了したら、引き続きブログの利用を開始するための操作を行います。もし左図の手順**1**に移る前にブラウザを閉じてしまった場合は、「http://id.fc2.com」にアクセスします。ログインを求められた場合は、登録したメールアドレスとパスワードを入力して、<ログイン>をクリックします。画面が切り替わったら、画面左側のメニューの<サービス追加>をクリックすると、手順**2**の画面が表示されます。

キーワード サービスの追加

FC2が提供するサービスを利用するには、登録したIDに利用できるサービスを追加する必要があります。IDを登録しただけではまだブログは作成されていないので、「サービスの追加」ページからブログを追加します。

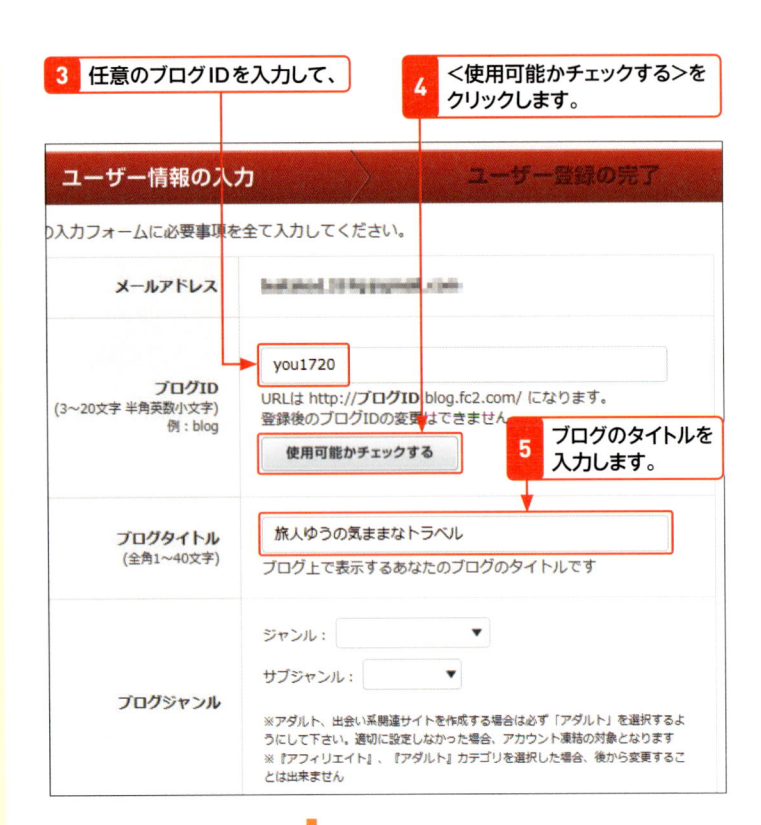

キーワード ブログID

ブログIDとは、ブログのURLの一部として使われる文字列で、それぞれのブログで固有に登録されます。ブログIDには3文字から30文字までの半角英数字を指定できます。なお、一度設定すると変更できないので、注意しましょう。

ヒント IDが使用できないと表示された場合

すでにほかのブログで使用されているIDは登録できません。手順4で<使用可能かチェックする>をクリックして「使用することができません」というメッセージが表示された場合は、別のID候補を入力して再度チェックを行います。

ご入力いただいたご希望ＩＤ:you は使用することができません。
他のご希望IDをご入力ください。
you193は取得することができます。
you
URLは http://ブログID.blog.fc2.com/ になります。
登録後のブログIDの変更はできません。
使用可能かチェックする

キーワード ニックネーム

ニックネームとはブログで使用する名前のことで、任意のものを登録できます。なお、ニックネームはあとから変更することも可能です（Sec.65参照）。

キーワード ジャンルとサブジャンル

ジャンルおよびサブジャンルは、自分のブログの内容を簡単に示すものです。「ジャンル」では「グルメ」「旅行」「ペット」などの大きな分類を選択し、サブジャンルではそれぞれのジャンル内での詳細な分類を選択します。

3 任意のブログIDを入力して、

4 <使用可能かチェックする>をクリックします。

5 ブログのタイトルを入力します。

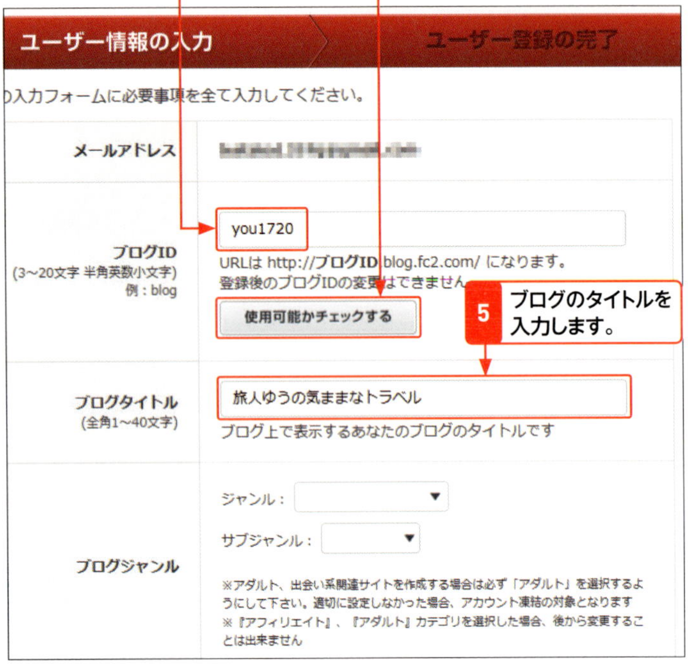

6 ブログのジャンルを選択します。

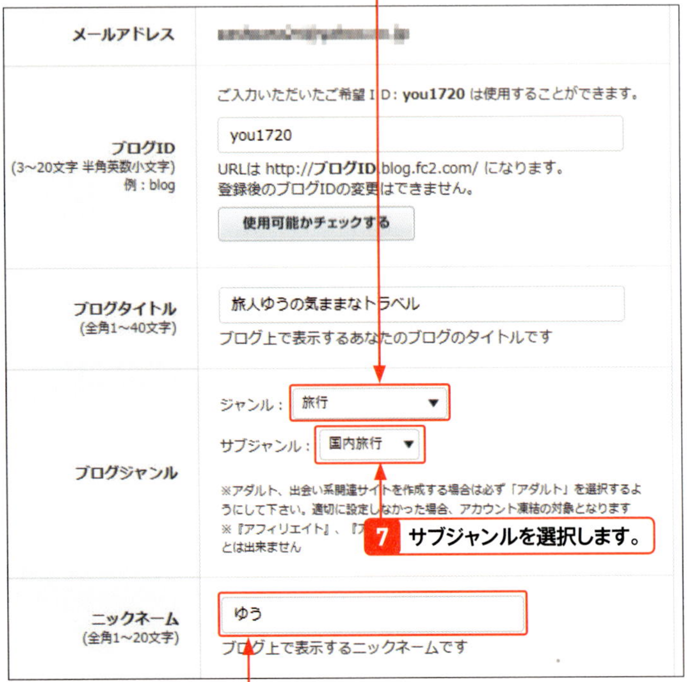

7 サブジャンルを選択します。

8 ブログで使用するニックネームを入力します。

9 ひらがなとカタカナで表示される数字を確認し、

10 半角数字で入力します。

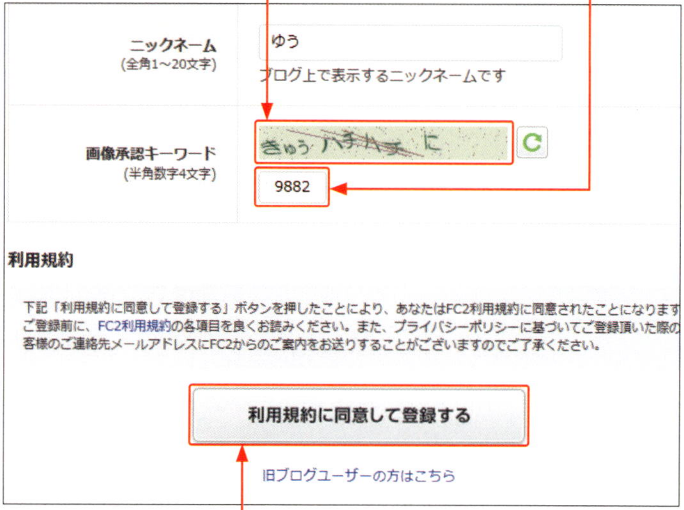
ニックネーム
(全角1～20文字)
ゆう
ブログ上で表示するニックネームです
画像承認キーワード
(半角数字4文字)
9882
利用規約
下記「利用規約に同意して登録する」ボタンを押したことにより、あなたはFC2利用規約に同意されたことになります
ご登録前に、FC2利用規約の各項目を良くお読みください。また、プライバシーポリシーに基づいてご登録頂いた際の
客様のご連絡先メールアドレスにFC2からのご案内をお送りすることがございますのでご了承ください。
利用規約に同意して登録する
旧ブログユーザーの方はこちら

11 <利用規約に同意して登録する>をクリックします。

12 FC2ブログへの登録が完了します。

13 <FC2ブログ>をクリックします。

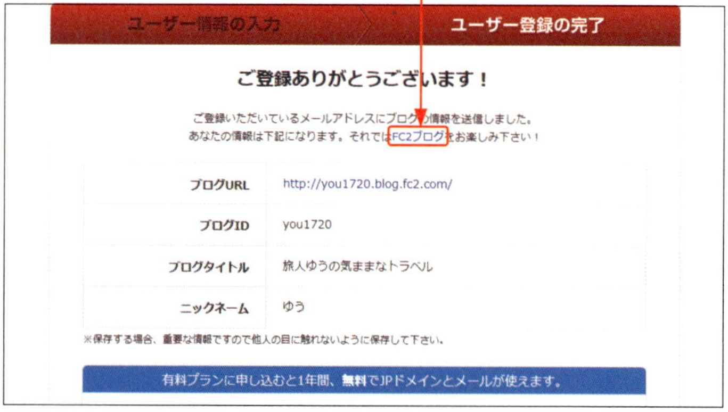
ユーザー情報の入力
ユーザー登録の完了
ご登録ありがとうございます！
ご登録いただいているメールアドレスにブログの情報を送信しました。
あなたの情報は下記になります。それではFC2ブログをお楽しみ下さい！
ブログURL
http://you1720.blog.fc2.com/
ブログID
you1720
ブログタイトル
旅人ゆうの気ままなトラベル
ニックネーム
ゆう
※保存する場合、重要な情報ですので他人の目に触れないように保存して下さい。
有料プランに申し込むと1年間、無料でJPドメインとメールが使えます。

14 FC2ブログの管理画面が表示されます。

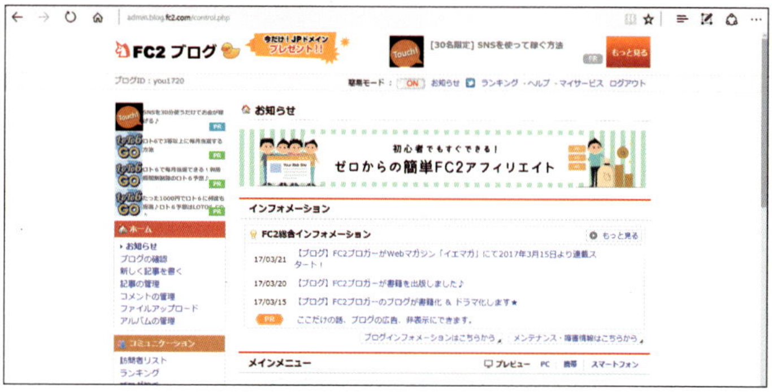
FC2 ブログ
ブログID：you1720
お知らせ
ゼロからの簡単FC2アフィリエイト
インフォメーション
FC2総合インフォメーション
メインメニュー

メモ ブログURL

手順13の画面で表示されるブログURLとは、自分のブログの閲覧画面のURLです。自分のブログを人が見るときは、このURLにアクセスしてもらいます。

ヒント 画像認証キーワード

手順10の「画像認証キーワード」の入力欄には、上の画像に表示されているひらがなとカタカナを半角数字に置き換えたものを入力します。画像で表示されている文字が読みづらい場合には、画像の横の矢印のアイコンをクリックすると、別の数字の画像に変えられます。

Section 03

FC2ブログにログインしよう

✓キーワード
- ログイン
- ログアウト
- お気に入り

ブログに記事を投稿したり、各種の設定を変更したりするには、作成したIDを使ってFC2ブログにログインする必要があります。Sec.02までの操作を行った直後はログインされた状態になっていますが、ここでは改めてログインする方法と、ログアウトする方法を解説します。

1 FC2ブログにログインする

メモ ログイン画面をすばやく表示するには?

ログインページをブラウザの「お気に入り」(ブックマーク)に登録しておくと、すばやく表示できるので便利です。

・Microsoft Edgeでお気に入りに登録する

1 ☆をクリックします。

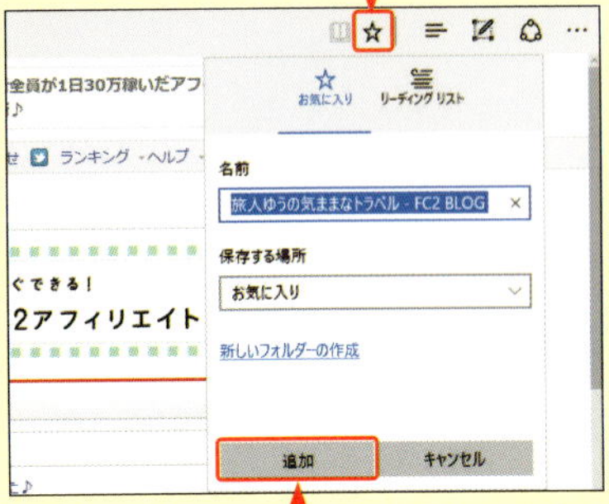

2 <追加>をクリックします。

・Microsoft Edgeでお気に入りを表示する

1 ≡をクリックします。

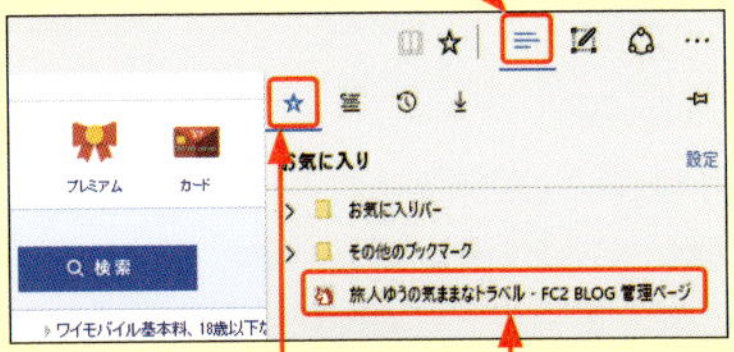

2 ☆をクリックします。

3 登録したページをクリックします。

1 FC2ブログのトップページ(https://blog.fc2.com)にアクセスします。

2 <ログイン>をクリックします。

3 登録したメールアドレスを入力し、

4 パスワードを入力します。

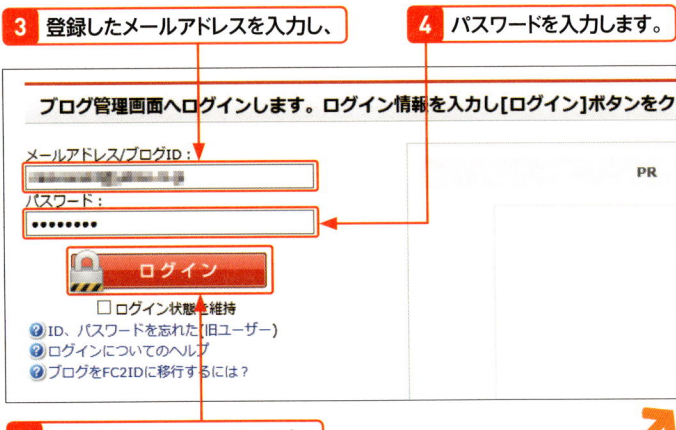

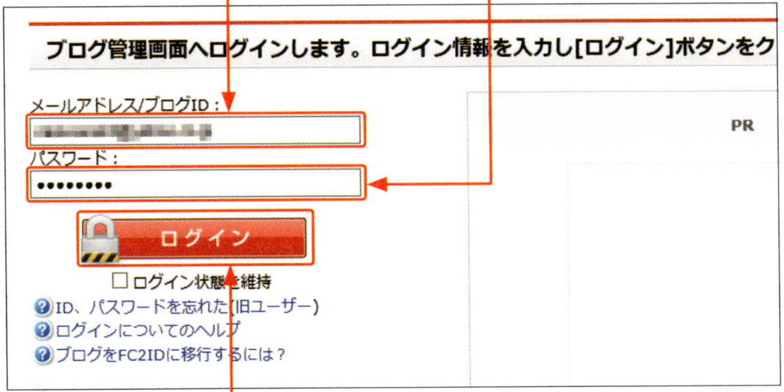

5 <ログイン>をクリックします。

6 ブログへのログインが完了します。

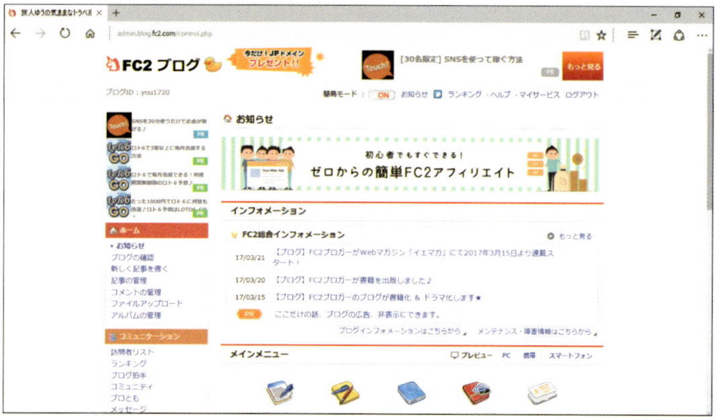

2 FC2ブログからログアウトする

1 <ログアウト>をクリックします。

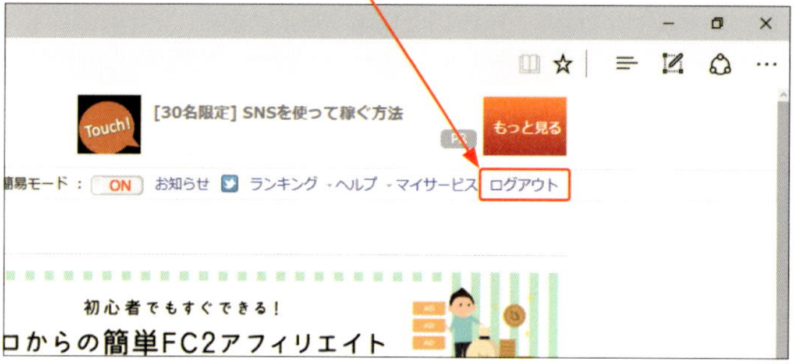

2 ブログからログアウトします。

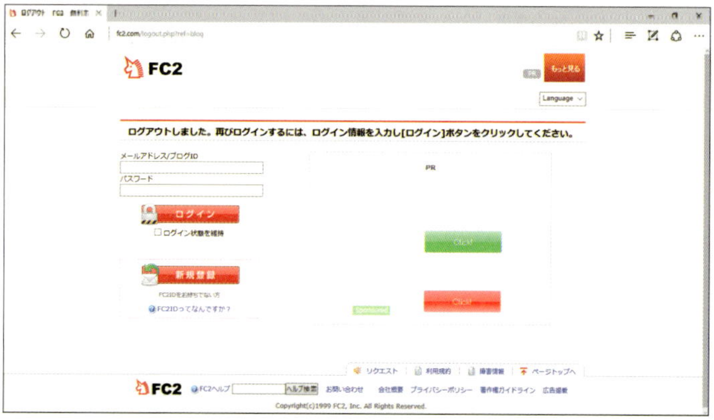

メモ ログインに使用する情報

ログイン画面の「メールアドレス／ブログID」欄には、登録したメールアドレスか、ブログID（18ページ参照）を入力します。また、パスワードはFC2への登録時に設定したものを入力してください。

ヒント ログインしたままにするには？

前ページの手順3の画面で、<ログイン状態を維持>にチェックを入れてログインすると、ブラウザを閉じても、メールアドレスやパスワードを入力し直さずに再びログインできます。すぐにログインしやすくなりますが、ほかの人がパソコンを利用する可能性があるときは、チェックを外しましょう。

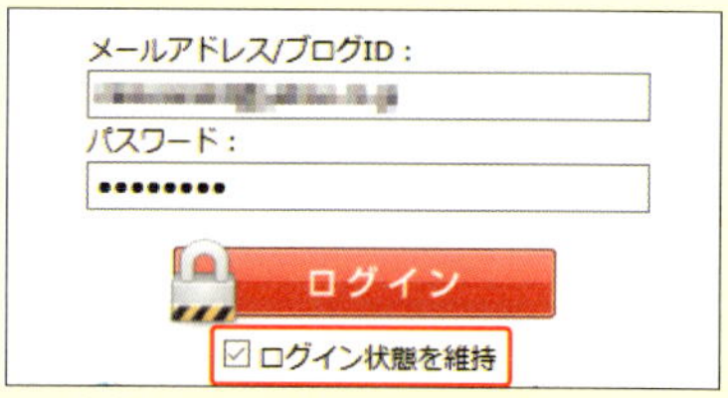

Section 04 管理画面の見方を知ろう

✔キーワード
- 管理画面
- 「お知らせ」画面
- メインメニュー

記事の投稿やブログの設定は、管理画面から行います。管理画面はいくつかの画面で構成されていますが、なかでもログインすると最初に表示される「お知らせ」画面は、さまざまな操作を行う際のスタート地点となります。「お知らせ」画面に表示されるメインメニューからは、ブログに関する各種操作を行えます。

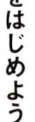

1 「お知らせ」画面の構成

❶ ブログID	自分のブログID（18ページ参照）が表示されます。
❷ サイドメニュー	ブログの各操作を行う画面に移動します。
❸ ブログの確認	自分のブログを閲覧することができます。
❹ インフォメーション	FC2からのお知らせが表示されます。
❺ メインメニュー	ブログの管理に関するさまざまな操作のアイコンが表示されています。
❻ ログアウト	ブログからログアウトします。

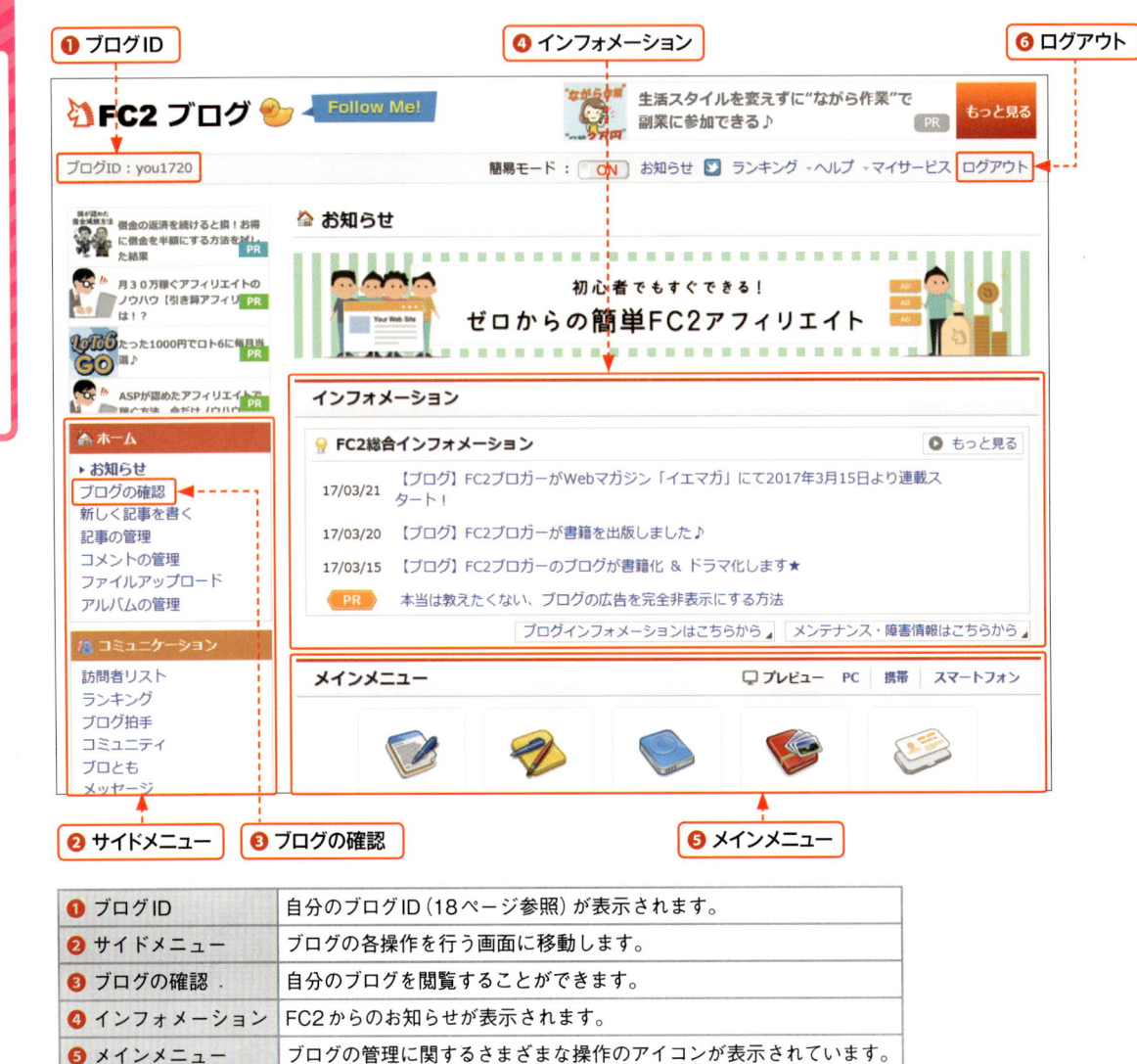

2 メインメニューの構成

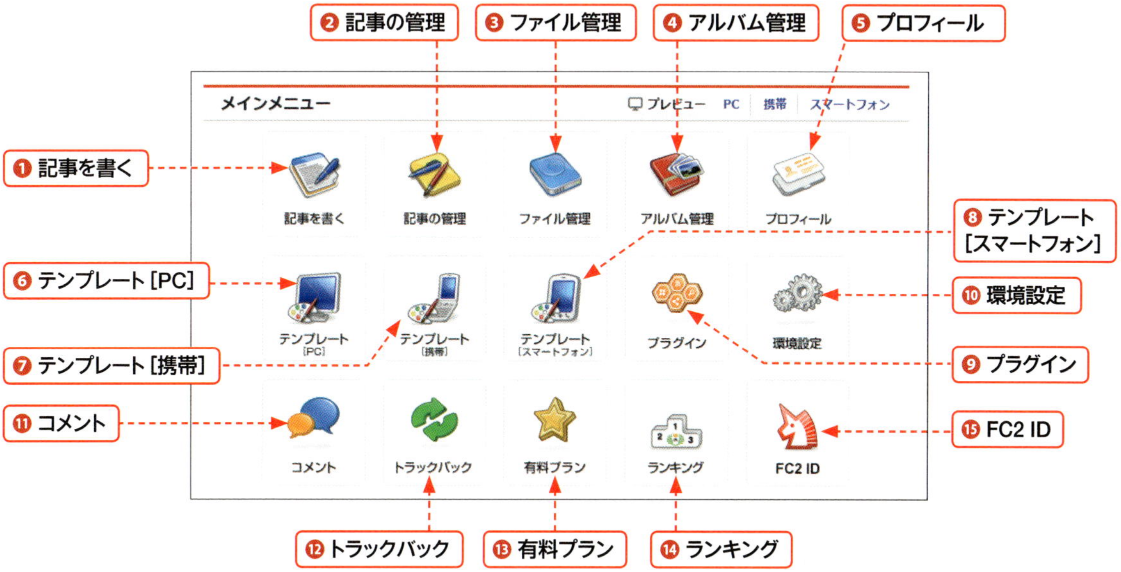

❶ 記事を書く	投稿画面を開きます（Sec.12参照）。
❷ 記事の管理	これまでに書いた記事の一覧が表示され、編集や削除ができます（Sec.18参照）。
❸ ファイル管理	ブログに掲載する写真や動画などのファイルをアップロードします。
❹ アルバム管理	複数の写真をまとめた「アルバム」を作成します（Sec.25参照）。
❺ プロフィール	ブログに掲載する自己紹介やプロフィール画像を編集します（Sec.09参照）。
❻ テンプレート［PC］	パソコンから見た場合のブログのデザインを設定します（Sec.07参照）。
❼ テンプレート［携帯］	フィーチャーフォン（ガラケー）から見た場合のブログのデザインを設定します。
❽ テンプレート［スマートフォン］	スマートフォンから見た場合のブログのデザインを設定します（Sec.37参照）。
❾ プラグイン	ブログにさまざまな機能を追加します（Sec.29、30参照）。
❿ 環境設定	基本情報の編集や登録したメールアドレスの変更などを行います。
⓫ コメント	自分のブログについたコメントを確認します（Sec.49参照）。
⓬ トラックバック	トラックバックの管理を行います（153ページ参照）。
⓭ 有料プラン	FC2ブログの有料プランに申し込めます。
⓮ ランキング	ジャンル、サブジャンルごとのランキングを確認できます。
⓯ FC2 ID	FC2 IDを利用するほかのサービスを表示します。

ステップアップ 「お知らせ」画面を開く

メインメニューが表示される「お知らせ」画面は、FC2ブログのトップページからログインすると最初に表示されます。FC2ブログ内のほかの画面から「お知らせ」画面を表示する場合は、画面の上部に表示されているメニューから＜お知らせ＞をクリックします。

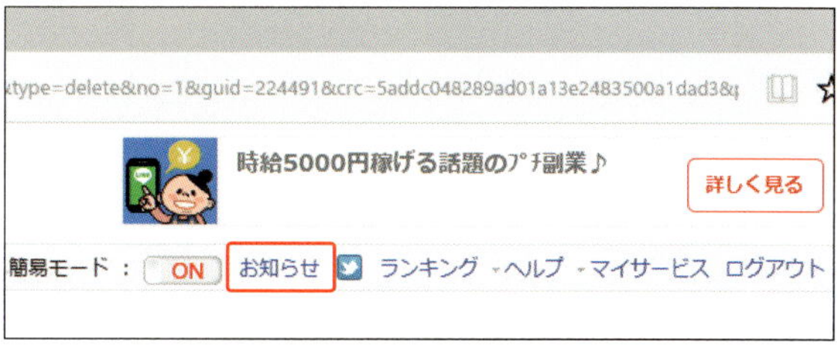

Section 05

自分のブログを確認してみよう

✔キーワード
- ブログの確認
- ブログ記事
- 記事一覧

管理ページを見ているだけでは、実際にブログがどのように表示されているのかわかりません。<ブログの確認>をクリックすると、自分のブログが訪問者にどのように見えているのか確認できます。ブログの閲覧画面は、記事のタイトルと本文、サイドバーに表示される各種のプラグインなどで構成されています。

1 自分のブログを表示する

キーワード ブログ記事

1回に投稿する文章や写真のまとまりを「記事」と呼びます。ブログは複数の記事の集まりで構成されており、新しく記事を投稿することを、ブログの「更新」と呼びます。

1 「お知らせ」画面を表示します。

2 <ブログの確認>をクリックします。

3 新しいタブでブログのトップページが表示されます。

4 記事一覧から表示したい記事のタイトルをクリックすると、

キーワード 記事一覧

記事一覧には、現在公開中のブログ記事が新しいものから順に表示されます。なお、記事一覧の表示形式は使用するテンプレート(Sec.06参照)によって異なります。

5 ブログ記事が表示されます。

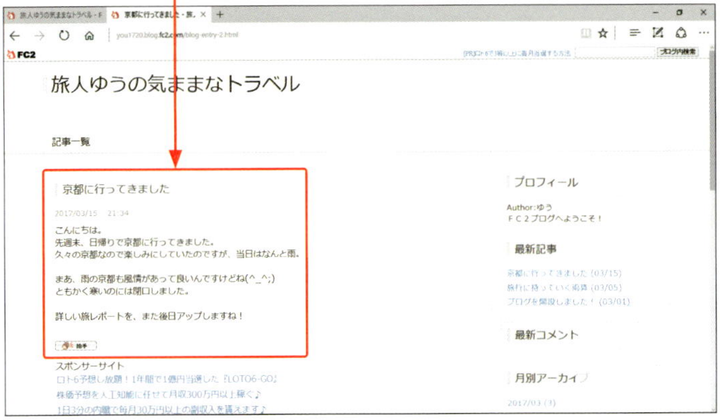

メモ 「お知らせ」画面に戻る

ブログの確認を終了し、管理画面に戻るときは、元のタブを表示するか、タブの☒をクリックします。

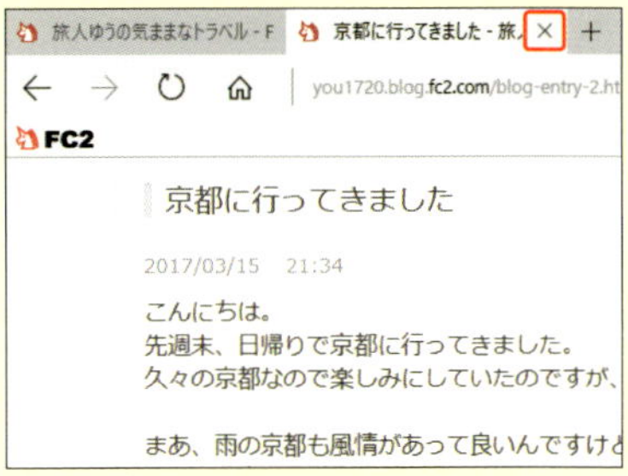

2 閲覧画面の基本的な画面構成

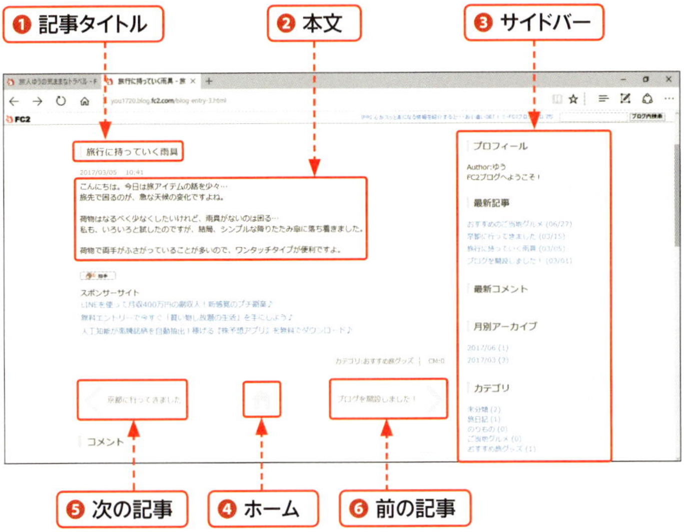

❶ 記事タイトル	表示中のブログ記事のタイトルが表示されます。
❷ 本文	記事の本文が表示されます。
❸ サイドバー	ブログを便利にするさまざまなプラグインが表示されます。表示されるプラグインの種類は変更することができます（Sec.29、30参照）。
❹ ホーム	ブログのトップページが表示されます。
❺ 次の記事	ひとつ後ろに投稿した記事が表示されます。
❻ 前の記事	ひとつ前に投稿した記事が表示されます。

メモ ブログの外見はテンプレートで変わる

ブログの見た目はテンプレートによって変わります（Sec.06、07参照）。そのため、使用しているテンプレートによっては、ここで紹介している画面構成と異なる場合があります。

Section 06

テンプレートについて知ろう

✔キーワード
- テンプレート
- プラグイン
- テンプレートの種類

ブログのデザインを変更したいときは、テンプレートを使用します。FC2ブログには、色や装飾、レイアウトなどが異なるさまざまなテンプレートが用意されているので、自分のイメージや目的に合ったものを探してみましょう。テンプレートを変更するだけで、ブログ全体の印象は大きく変化します。

1 テンプレートとは

ブログ全体のデザインを変えたいときは、「テンプレート」を変更してみましょう。テンプレートとは、ヘッダーや背景の色や絵柄、ブログに追加できる機能（プラグイン。詳しくはSec.28参照）の表示方法といった要素がセットになったものです。FC2ブログには、さまざまなタイプのテンプレートが豊富に用意されており、自分のブログに合わせて好みのものを選ぶことで簡単にブログのイメージを変えることができます。

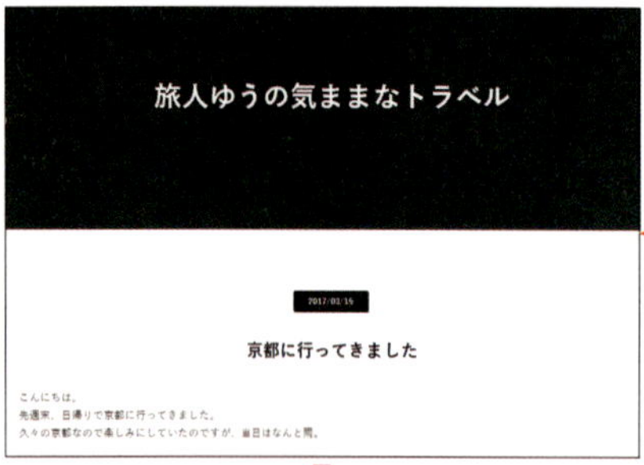

テンプレートを設定することで、好みに合わせたデザインにすることができます。

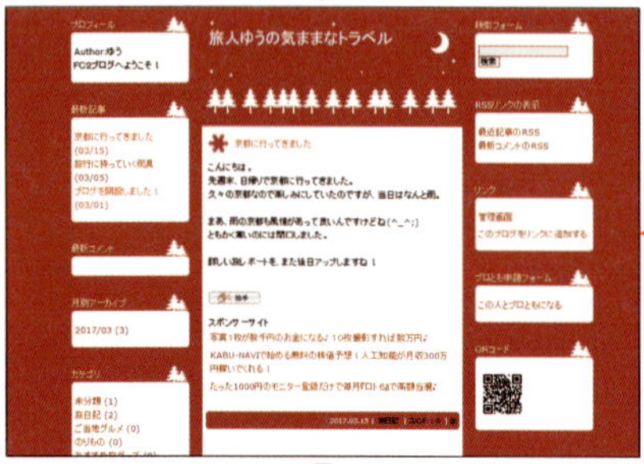

テンプレートは豊富な種類の中から選ぶことができます。

プラグインの表示方法もテンプレートによって変わります。

2 テンプレートの種類

FC2ブログのテンプレートには、さまざまな種類があり、テンプレートの提供者による分類と、ブログを表示する機器による分類に大きく分けられます。提供者による分類では､FC2が提供する公式テンプレートと、一般ユーザーが提供する共有テンプレートに分けられます。また、表示する機器によってPC用、スマートフォン用、ケータイ用に分けられます。

・提供者による分類

公式テンプレート	FC2によって提供されているテンプレートです。FC2自体のほかにも、多くの作者によって作成されており、さまざまなバリエーションのデザインを利用できます。パソコンの画面での表示に合わせた「PC用」、スマートフォンの画面に適したレイアウトの「スマートフォン用」、フィーチャーフォン（ガラケー）で表示される「ケータイ用」がそれぞれが用意されていますが、本書では特に断りがない場合は、「PC用」のみを指します。
共有テンプレート	一般ユーザーによって作成・配布されたテンプレートです。利用方法は公式テンプレートと大きく変わらず､公式テンプレートよりもさらに多くの種類が提供されています。共有テンプレートも､「PC用」、「スマートフォン用」、「ケータイ用」がそれぞれが用意されていますが、本書では特に断りがない場合は、「PC用」のみを指します。

・表示する機器による分類

PC用テンプレート	パソコンの画面サイズに合わせたテンプレートです。記事の投稿において「プレビュー」を利用すると､PC用のテンプレートで記事が表示されます（Sec.12参照）。
スマートフォン用テンプレート	スマートフォンの画面に合わせて作られたテンプレートです。縦長の表示に合わせてレイアウトされています。PC用テンプレートの設定はスマートフォンの画面には反映されないので、別途設定する必要があります（Sec.37参照）。
ケータイ用テンプレート	フィーチャーフォン（ガラケー）の画面に合わせて作られたテンプレートです。

3 FC2ブログで利用できるテンプレートの例

bluesky

左右両側にプラグインを表示するサイドバーが配置されます。

house

右側だけにプラグインが配置されるテンプレートです。

Section 07

テンプレートでブログのデザインを変更しよう

✓キーワード
- テンプレートの追加
- テンプレートの適用
- テンプレートの削除

テンプレートは初期設定では白い背景のものが適用されていますが、これを変更することでブログのイメージを大きく変えることができます。テンプレートは色やイメージ、レイアウトなどの条件を指定することで、好みのものを探すことが可能です。自分のブログに合ったテンプレートを見つけましょう。

1 テンプレートを選択する

キーワード テンプレートの追加

新しいテンプレートを使う場合、最初に自分のブログのテンプレート一覧にテンプレートを「追加」する必要があります。実際にテンプレートを利用したい場合、追加してからそのテンプレートを「適用」する流れとなります。複数のテンプレートを追加することもできるので、気になるものをひとまず追加しておき、あとから実際に使うものをじっくり選ぶことも可能です。

ステップアップ 共有テンプレート

手順2で<共有テンプレート追加>をクリックすれば、手順3以降も公式テンプレートと同様の手順で共有テンプレートの検索と追加ができます。

メモ 「テンプレートの設定」画面

メインメニューの<テンプレート（PC）>をクリックすることによって、「テンプレートの設定」画面を表示できます。「テンプレートの設定」画面からは、テンプレートを追加したり、ブログに適用するテンプレートを選択できるほか、スタイルシートを編集してブログの見た目を変えることもできます（Sec.35、36参照）。

1 メインメニューの<テンプレート（PC）>をクリックします。

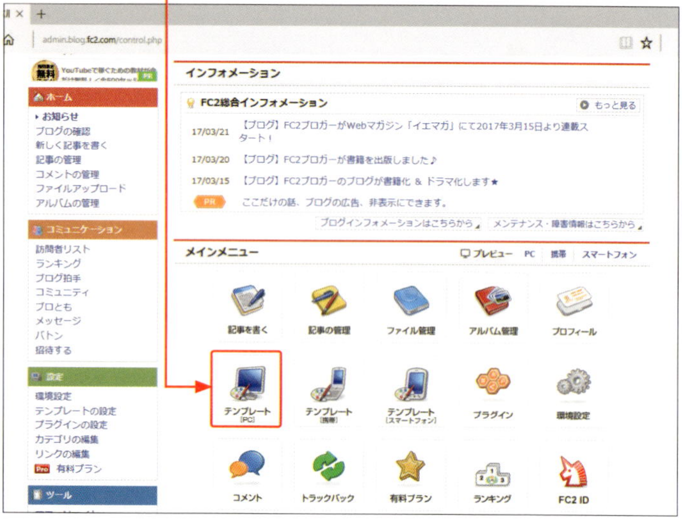

2 PC用の<公式テンプレート追加>をクリックします。

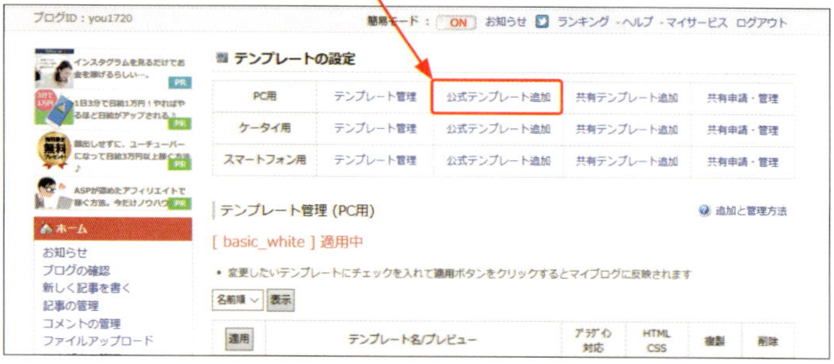

3 検索条件を選択します。

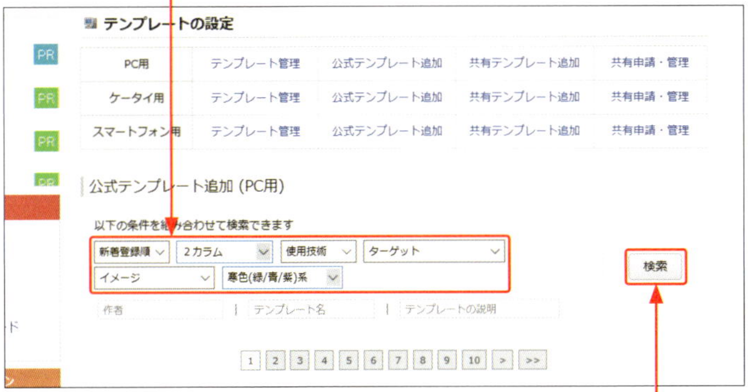

4 <検索>をクリックします。

5 検索結果から使用したいテンプレートの<プレビュー>をクリックすると、

6 自分のブログにテンプレートを適用した場合のイメージが表示されます。

7 確認したら☒をクリックします。

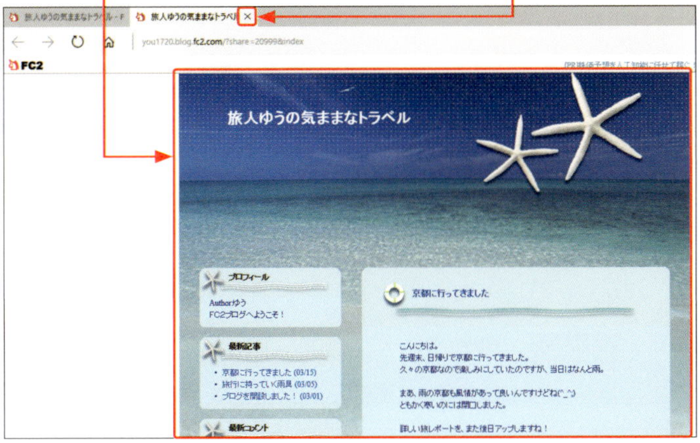

メモ　検索条件で指定できるもの

テンプレートの検索では、下記のようなさまざまな条件を組み合わせることが可能です。手順**3**の画面では<レイアウト>を「2カラム」、<ベースカラー>を「寒色（緑／青／紫）系」で検索しています。ただし、条件を絞り過ぎると「該当するテンプレートはありませんでした」と表示される場合があるので、その場合には指定する条件を減らします。

・レイアウト
カラム数（本文やプラグインが表示される列の数）やサイドバーの位置などのレイアウトを指定できます。

・ターゲット
性別や「初心者」「上級者」などブログの対象読者を指定できます。

・イメージ
「シンプル」「可愛い／キレイ」など、ブログ全体のイメージを指定できます。

・ベースカラー
「暖色」「寒色」「淡色」など、デザインに使われる色を指定できます。

ヒント　プレビューでイメージと違うと感じたら

プレビューを確認してイメージしたものと違うと感じたら、テンプレート検索の画面に戻って別のテンプレートを探します。検索結果に気に入ったものがなければ、検索条件を変更したり、公式テンプレートだけでなく共有テンプレートからも検索したりするとよいでしょう。

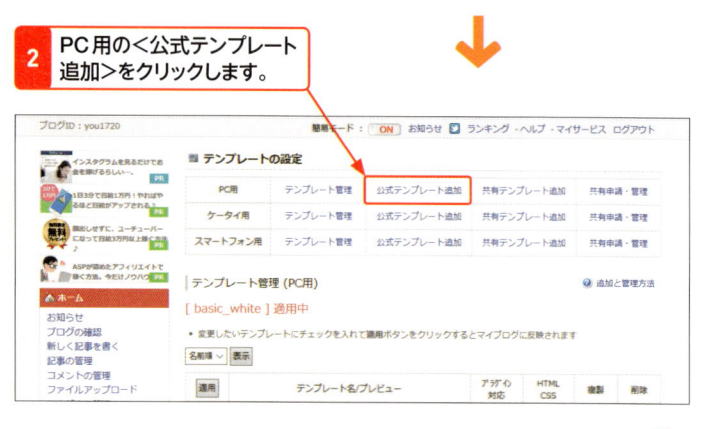

メモ 詳細画面に表示される情報

テンプレートの詳細画面には、最終更新日やテンプレートの説明、そのテンプレートを追加した人の数などが表示されます。

メモ テンプレートの適用

テンプレートの詳細画面で<追加>をクリックすると、自分のブログで使用できるテンプレートの候補に追加されます。これだけではブログには反映されていないので、実際に利用するにはテンプレートを適用する必要があります。

8 検索結果の画面に戻ります。

9 <詳細>をクリックします。

10 <追加>をクリックします。

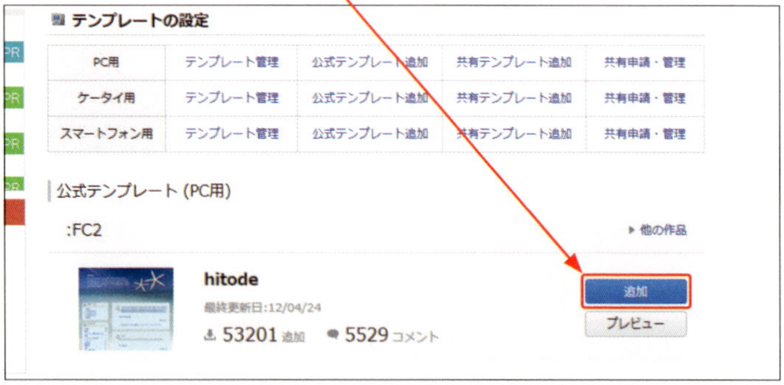

2 テンプレートを適用する

1 「PC用」の<テンプレート管理>をクリックします。

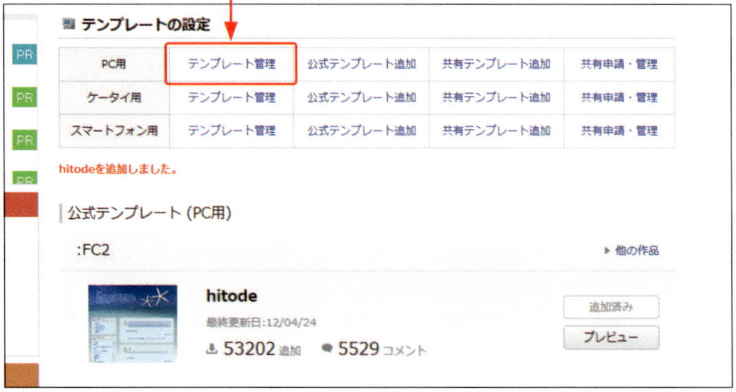

2 テンプレートを選択して、 **3** <適用>をクリックします。

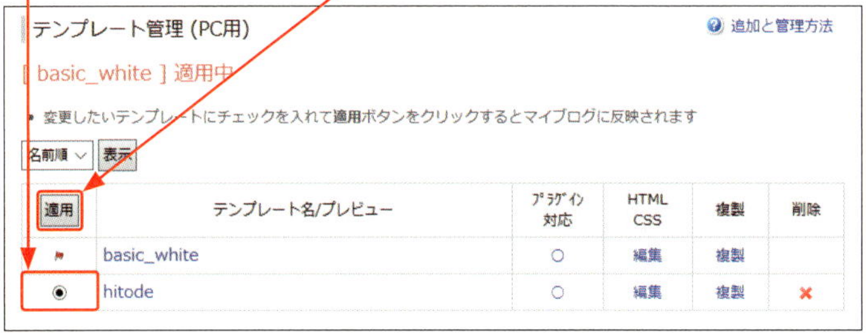

4 テンプレートが変更されます。

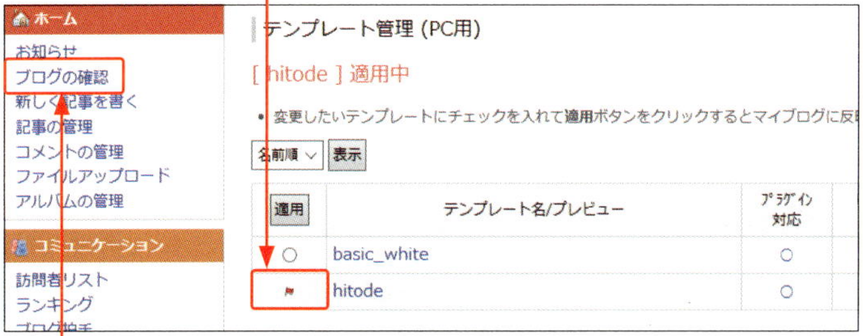

5 <ブログの確認>クリックします。

6 ブログのテンプレートが変更されます。

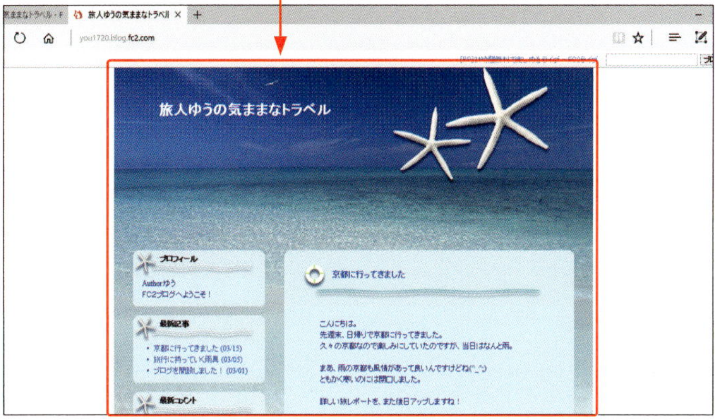

メモ 適用中のテンプレートを見分けるには

現在ブログに適用されているテンプレートには、<テンプレートの管理>画面のテンプレート一覧で赤い旗のアイコンが表示されています。

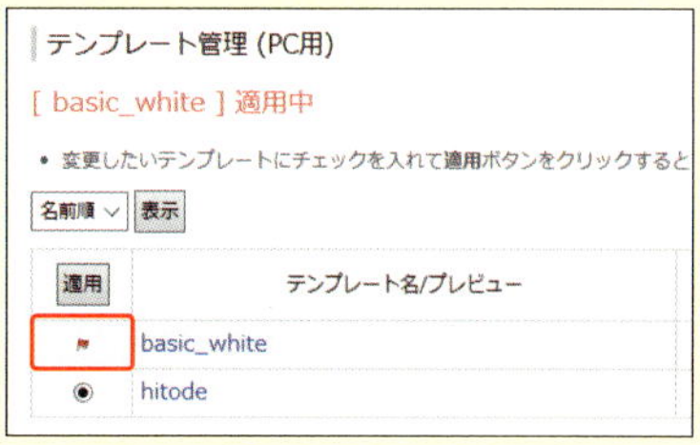

ステップアップ テンプレートを削除する

追加したテンプレートが不要になった場合は、削除することが可能です。メインメニューの<テンプレート [PC] >をクリックし、一覧に表示されるテンプレートのうち、削除したいものの×をクリックします。ただし、適用中のテンプレートを削除することはできません。

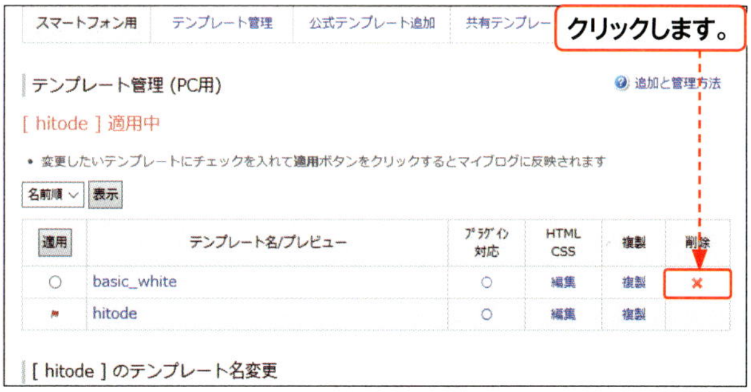

Section 08

ブログの説明文を書こう

✔キーワード
- ▶説明文
- ▶ブログテーマ
- ▶環境設定

ブログのタイトルだけでは、扱っている内容やテーマ、コンセプトを訪問者に伝えきれない場合もあるかもしれません。そのようなときは、自分のブログの概要を表す説明分を追加してみましょう。説明文はタイトル付近に表示されるので、簡潔にわかりやすくまとめることがポイントです。

1 説明文を追加する

キーワード ブログの説明

ブログのタイトル付近に表示される短い文章で、そのブログで扱う内容やコンセプトなどを説明するために使います。テンプレートの種類によっては表示されないこともあります。

1 メインメニューの<環境設定>をクリックします。

2 <ブログの説明>に説明文を入力します。

3 <更新>をクリックします。

メモ ユーザー情報の設定

「ユーザー情報の設定」では、ブログの説明文を設定できるほか、ブログのジャンルの変更も行えます。また、ユーザー名（ニックネーム）やブログの名前の変更も、「ユーザー情報の設定」から行います（Sec.65参照）。

2 説明文を確認する

1 <ブログの確認>をクリックします。

2 ブログの説明文が表示されるようになります。

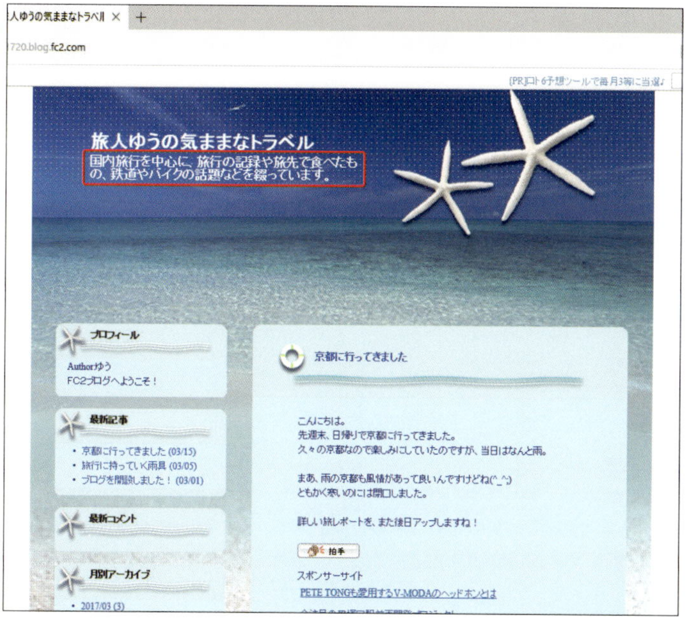

ヒント 説明文の長さ

説明文は、最大で200文字まで入力できます。表示のされ方はテンプレートによっても異なるので、確認しながら決めるとよいでしょう。

メモ 説明文を修正・削除する

設定した説明文を修正したいときは「環境設定」画面に戻って編集し、再度<更新>をクリックします。また、説明文の欄を空白にして<更新>をクリックすれば、説明文を削除できます。

Section 09

プロフィールを設定しよう

✔ キーワード
- ▶プロフィール
- ▶自己紹介文
- ▶プロフィール画像

ブログを訪れた人に自分のことを知ってもらうために、プロフィールを表示しましょう。文章での自己紹介のほか、写真を入れることもできるので、自分らしさが伝わるものを選ぶとよいでしょう。設定したプロフィールは、ブログのサイドバーなどに表示されます。

1 自己紹介文を設定する

キーワード プロフィール

ブログのサイドバーなどに表示されるブログ管理人の自己紹介で、ニックネームと自己紹介文、プロフィール画像で構成されています。

1 メインメニューの<プロフィール>をクリックします。

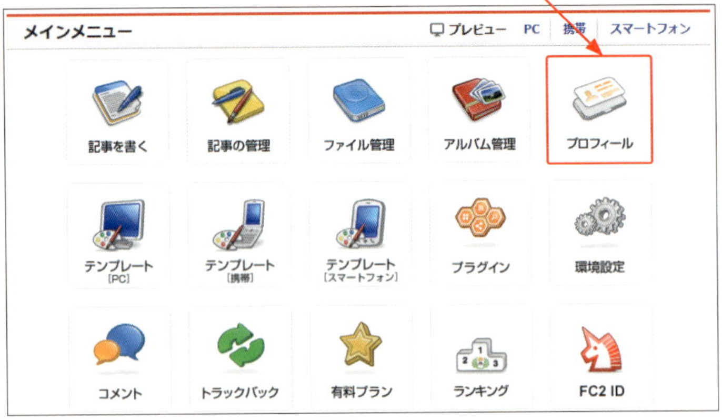

2 「FC2ブログへようこそ！」の文字を削除します。

メモ プロフィールは誰でも閲覧可能

ブログに掲載したプロフィールは誰でも閲覧できる状態になります。公開しても構わない情報だけを載せるようにしましょう。

3 自己紹介文を入力します。

4 <更新>をクリックします。

2 プロフィール画像を用意する

1 Windows 10の⊞をクリックします。

2 アプリの一覧から<フォト>をクリックします。

3 プロフィール画像に使う写真をクリックします。

ヒント 自己紹介は改行が可能

自己紹介文の入力中に Enter キーを押せば、その位置で改行できます。また、Enter キーを2回押すことで、空白の行を入れることも可能です。必要に応じて活用することで、自己紹介がより読みやすくなります。

キーワード 「フォト」アプリ

「フォト」アプリは、Windows 10に標準搭載されている写真の管理や修正・加工を行うためのアプリです。シンプルな操作で写真の明るさなどを調整したり、切り抜きなどの加工をしたりできます。

ヒント 「フォト」アプリに写真が表示されない場合

「フォト」アプリには、パソコンの「ピクチャ」フォルダ内の写真が表示されます。そのため、デスクトップや「ドキュメント」など、ほかの場所に写真を保存している場合は表示されません。「フォト」で写真を編集したいときは、エクスプローラーの「ピクチャ」フォルダに、編集したい写真をコピーまたは移動しましょう。

4 写真が表示されます。

5 <編集>をクリックして、

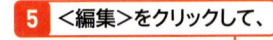

6 <クロップと回転>をクリックします。

7 <縦横比>をクリックして、

8 <四角>をクリックしたら、

9 画面の四隅をドラッグして切り抜きの範囲を選択します。

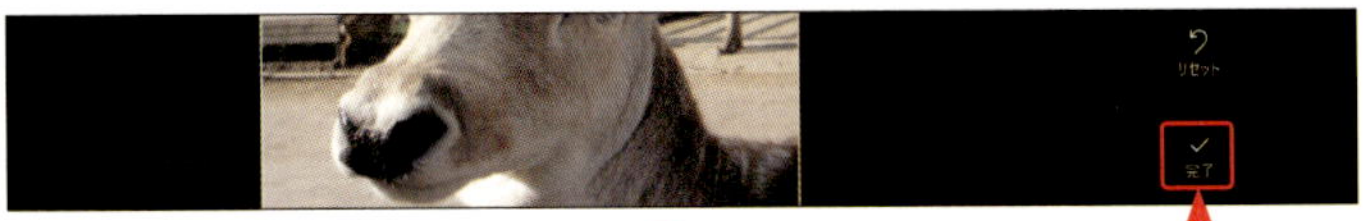

10 <完了>をクリックします。

11 <コピーを保存>をクリックします。

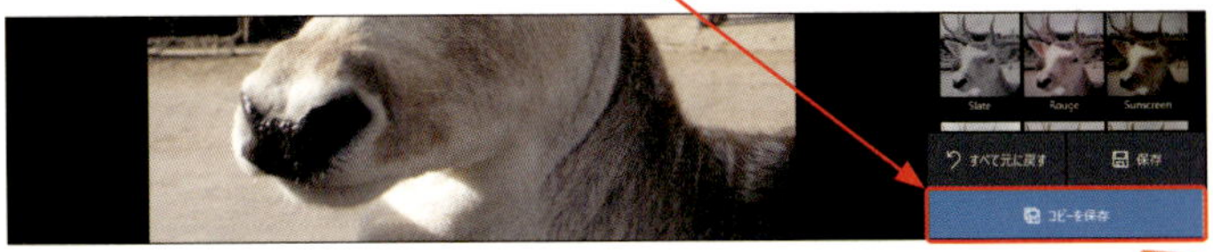

キーワード クロップ

写真の切り抜きを「フォト」アプリでは「クロップ」と呼び、範囲を選択して不要な部分を切り落とすことで、被写体を大きく見せることができます。なお、この操作は、アプリによっては「トリミング」といわれることもあります。

メモ 縦横比

縦横比とは、画像の縦の長さと横の長さの比率のことです。ここでは正方形に画像を切り抜くので、縦横の比率が1:1となる「四角」を選択します。

メモ コピーを保存

手順11で<コピーを保存>をクリックすると、元の写真とは別に編集した画像が保存されます。元の画像に上書き保存する場合は、<保存>をクリックします。

3 プロフィール画像を設定する

1 プロフィールの編集画面を表示します（34、35ページ参照）。

2 <参照>をクリックします。

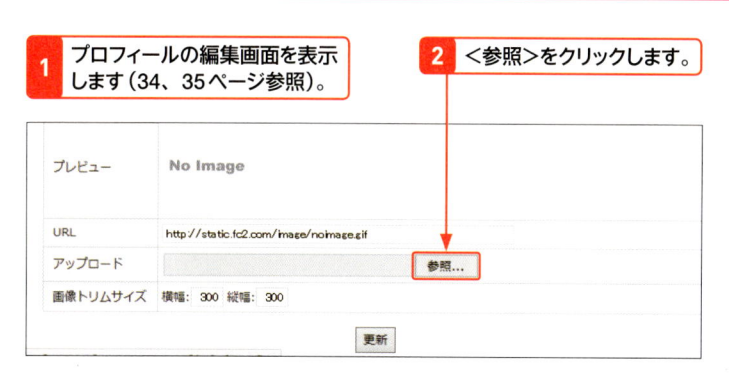

3 <開く>ダイアログボックスで、プロフィールに使用する写真を選択してクリックします。

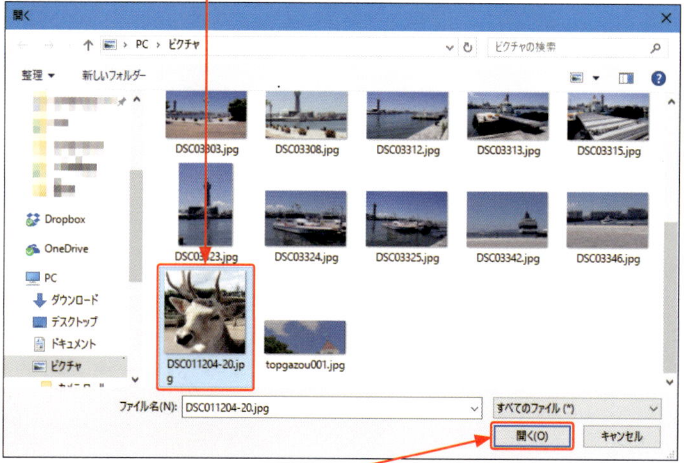

4 <開く>をクリックします。

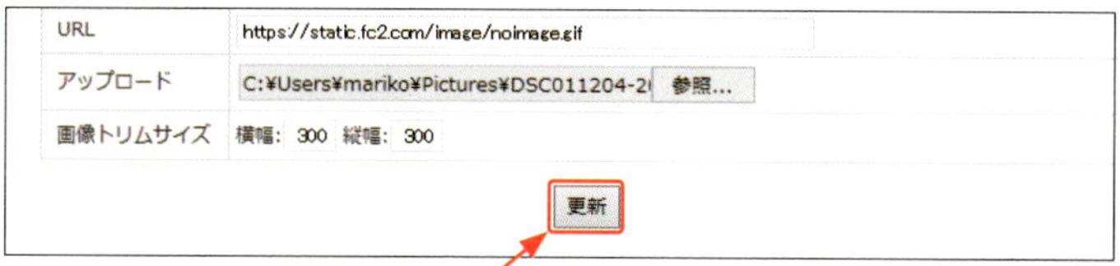

5 <更新>をクリックします。

6 プロフィール画像が設定されます。

メモ プロフィールの編集画面を表示する

自己紹介文の設定のあとにページを閉じてしまった場合など、プロフィールの編集画面を再度表示する必要がある場合は、メインメニューの<プロフィール>をクリックします。プロフィールの編集画面が表示されるので、手順2以降の操作を行いプロフィール画像を設定します。

メモ 写真はパソコンに取り込んでおく

プロフィールに使用する写真は、あらかじめパソコンに保存しておく必要があります。<参照>をクリックしたあとに表示される<開く>ダイアログボックスで、<ピクチャ>などの写真を保存しているフォルダを開いて写真を選択します。

4 プロフィールを確認する

メモ プレビューで写真を確認する

写真をアップロードすると、<プレビュー>欄に表示されます。アップロードしたあとから写真の明るさなどを調整することはできないので、必要な場合は事前に「フォト」アプリなどで修正しておきましょう（Sec.21参照）。

1 <ブログの確認>をクリックします。

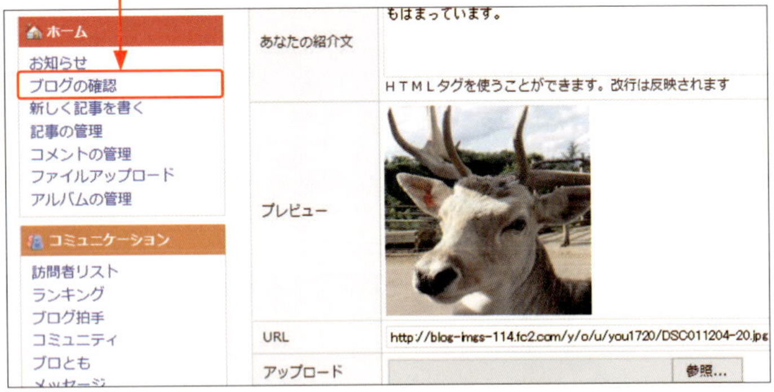

2 ブログにプロフィールが表示されるようになります。

メモ プロフィール画像を削除する

一度プロフィール画像をアップロードしたあとに画像を削除する場合は、37ページの手順2の画面で<プロフィール画像の設定を初期化する>をクリックします。<プレビュー>の写真が消え、ブログのプロフィール欄に写真が掲載されなくなります。なお、プロフィール画像を変更したい場合は、<参照>をクリックし、別の写真を選択して、<更新>をクリックします。

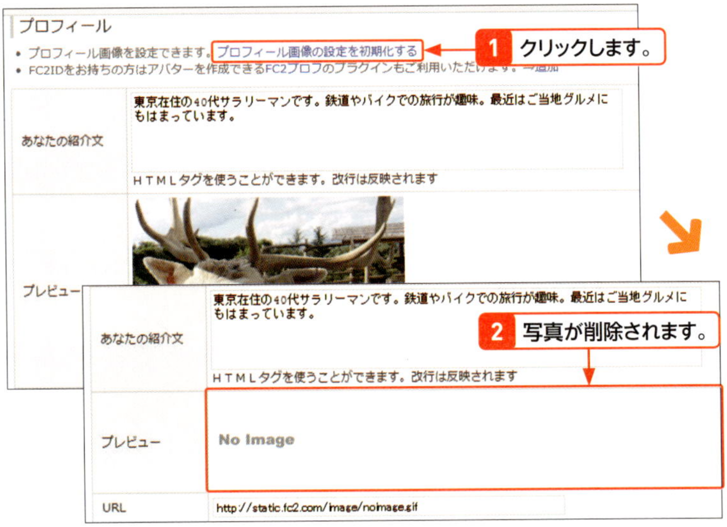

1 クリックします。

2 写真が削除されます。

第2章

記事を投稿してみよう

Section 10

ブログに投稿する流れを知ろう

✔キーワード
- 記事
- 投稿
- 投稿画面

まずは、ブログに記事を投稿するまでの流れを把握しましょう。投稿までの操作はシンプルなので、一度覚えてしまえばスムーズに新しい記事を投稿できるようになります。記事を投稿するまでには、書きかけの記事を公開せずに保存しすることも可能です。

1 投稿の流れ

タイトルと本文を入力する

タイトルを入力して、

本文を入力します。

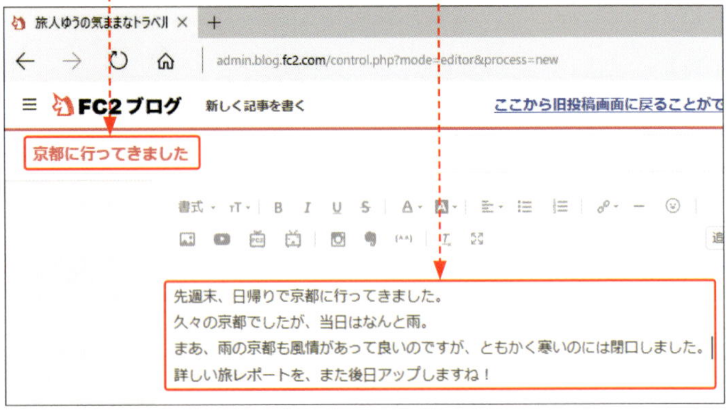

書式を設定する

本文の文字サイズや色を変更します。

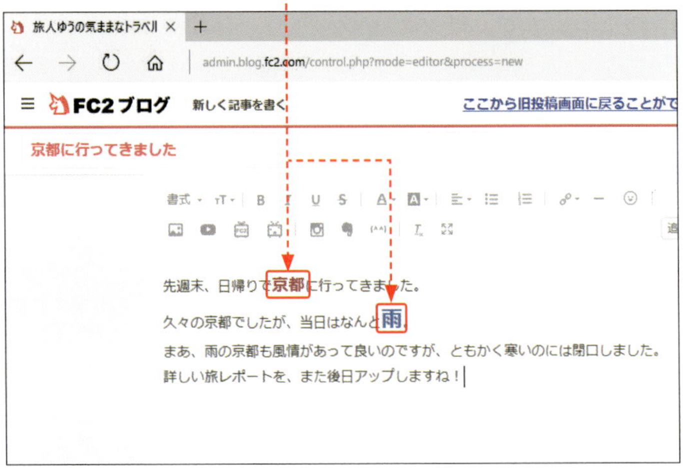

キーワード 投稿画面

投稿画面とは、ブログのタイトルや記事を入力したり、その記事に関する各種設定を行ったりするための画面です。詳しい操作方法はSec.12を参照してください。

キーワード 書式設定

記事の本文には、文字の大きさや色といった書式を変更できます。書式設定は投稿エディター上部に表示されている編集ツールを使用することで、簡単に設定することができます。

カテゴリーを設定する

カテゴリーを設定します。

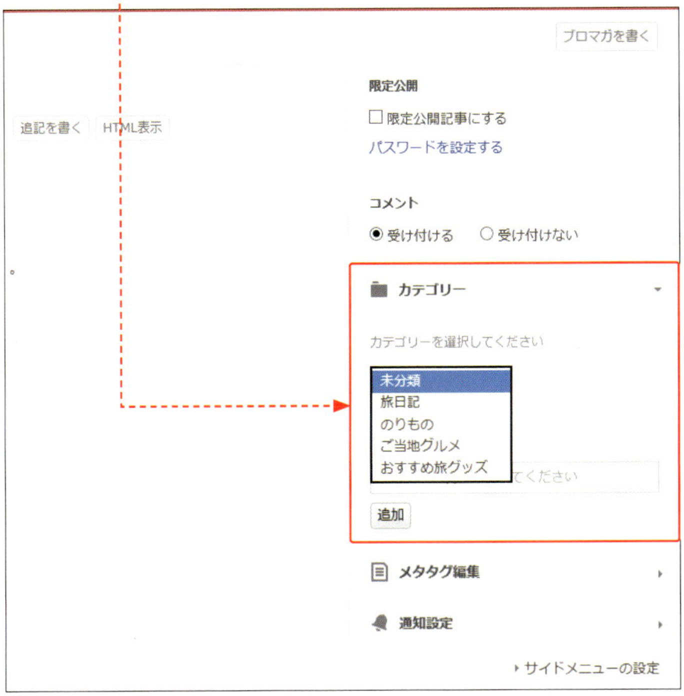

記事をプレビューで確認して投稿する

ヒント　カテゴリーを設定する

カテゴリーを設定することによって、ブログの内容をテーマごとに分類できるようになります。また、カテゴリーごとにブログ内の記事を表示することもできるので、読みたいテーマに関する記事を読者が効率的に探せるようになります。

メモ　サイドメニュー

サイドメニューは投稿画面の右側に表示され、カテゴリーなど投稿に関する各種の設定を行うことができます。なお、設定した内容はその記事のみに適用されます。

キーワード　プレビュー

記事を公開する前に、実際のブログの閲覧画面のレイアウトで、内容を確認できる機能です。プレビューで確認したあとは、再び投稿画面に戻って記事を編集、または そのまま投稿することができます。

Section 11

投稿画面の見方を知ろう

✔キーワード
- 投稿画面
- 記事を書く
- 投稿画面の切り替え

記事を書くときに使用する投稿画面には、タイトルや本文の入力欄のほか、文字のサイズや色の変更に使用するツールが表示されます。また、記事の公開状態の設定やカテゴリ選択に使用するサイドメニュー、投稿前に使用するプレビューボタンも利用できます。

1 投稿画面の見方

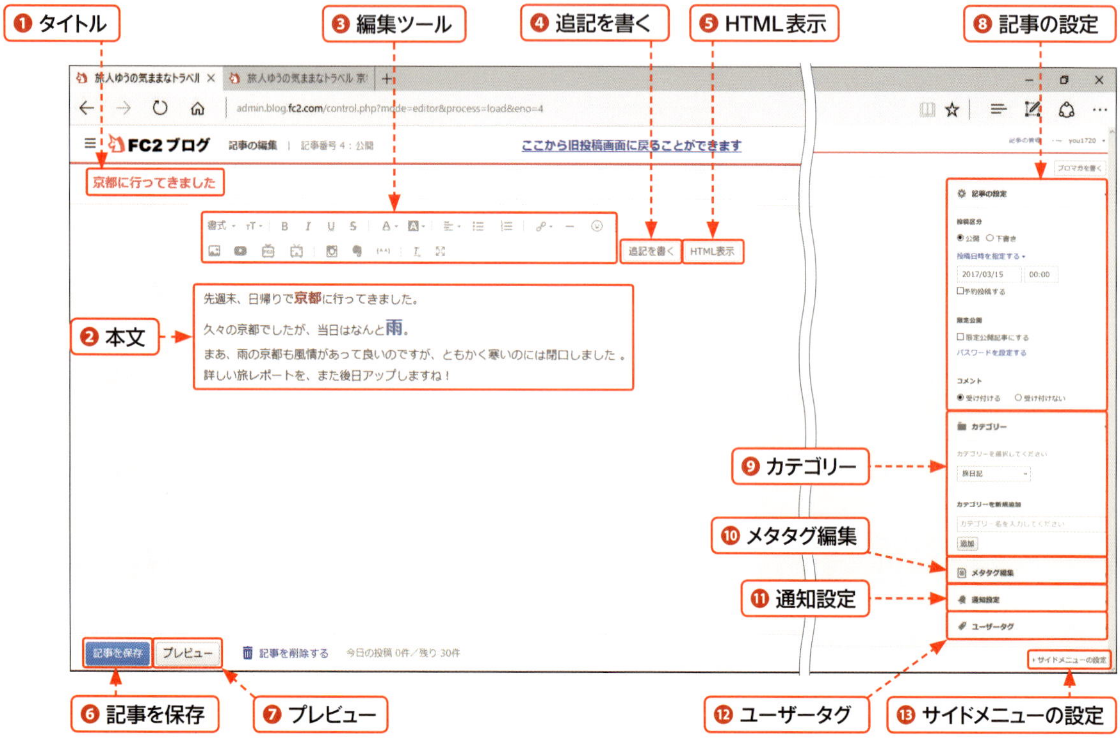

❶ タイトル	記事のタイトルを入力します。
❷ 本文	記事本文を入力します。
❸ 編集ツール	文字の大きさや色を変えたり、写真を挿入することができます。
❹ 追記を書く	記事が長くなる場合に追記を入れることができます。
❺ HTML表示	本文をHTML（Sec.72参照）の形式で表示することができます。
❻ 記事を保存	記事を公開します。
❼ プレビュー	投稿前に記事を確認することができます。

❽ 記事の設定	下書きとして保存するなど、記事の投稿に関する設定をすることができます。
❾ カテゴリー	記事の分類の設定をすることができます。
❿ メタタグ編集	ブログのイメージ画像を設定できます。
⓫ 通知設定	新規に記事を投稿した際に、FC2ブログや各種SNSに行われる通知について設定することができます。
⓬ ユーザータグ	記事のキーワード設定できます。
⓭ サイドメニューの設定	サイドメニューに表示する項目を選択できます。

2 新しい投稿画面に切り替える

1 メインメニューの<記事を書く>をクリックします。

2 投稿画面が表示されます。

3 <さっそく試してみる>をクリックします。

4 投稿画面が切り替わります。

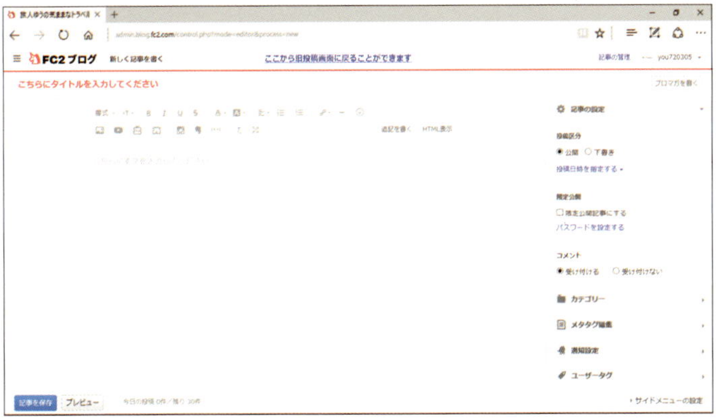

ヒント 投稿画面のバージョン

2017年8月の時点で、FC2ブログには新旧2種類の投稿画面が用意されています。旧画面では文章に書式（Sec.14、15参照）を設定しても、初期設定では編集画面には反映されませんでしたが、新画面では書式の変更が編集画面に直接反映されるので、完成後のイメージをしながら編集しやすくなりました。なお、本書ではすべて新バージョンの画面で解説します。

メモ 切り替えの操作は最初だけ

投稿画面の切り替え操作は、はじめて投稿画面を開いたときのみ行います。一度切り替え操作を行えば、以後は投稿画面を開くと、最初から新バージョンの画面が表示されるようになります。

Section 12

記事を投稿してみよう

✔キーワード
- 記事を書く
- プレビュー
- 記事を保存

準備が整ったら、実際にブログの記事を投稿してみましょう。記事の投稿画面は、メインメニューの<記事を書く>をクリックして表示します。タイトルと本文さえ入力すれば、手軽に記事を作成し投稿することができます。また、公開する前に、どのように記事が表示されるか、実際の画面で確認することもできます。

1 投稿画面を表示する

ヒント 左のメニューボタンから投稿画面を開く

「お知らせ」画面左にあるメニュー一覧からでも、投稿画面を開くことができます。「ホーム」の<新しい記事を書く>をクリックすると、投稿画面が開きます。

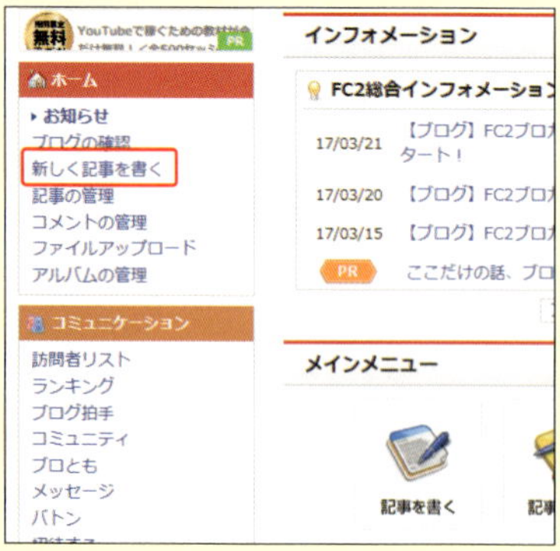

1 メインメニューの<記事を書く>をクリックします。

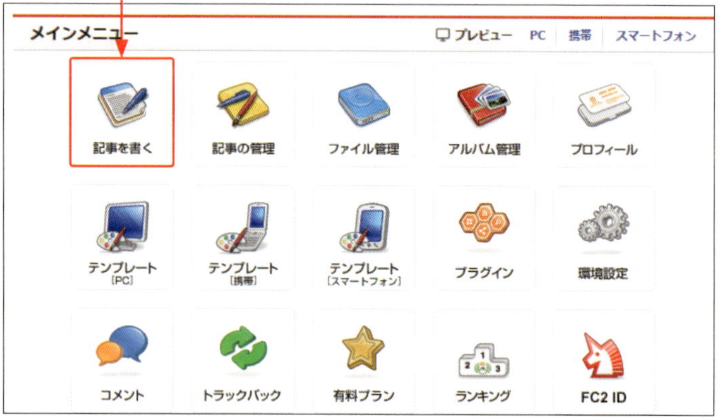

2 投稿画面が表示されます。

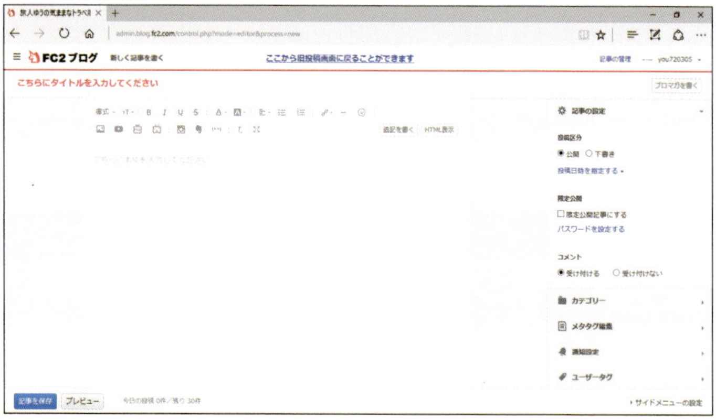

2 新しい記事を投稿する

1 ここをクリックして、

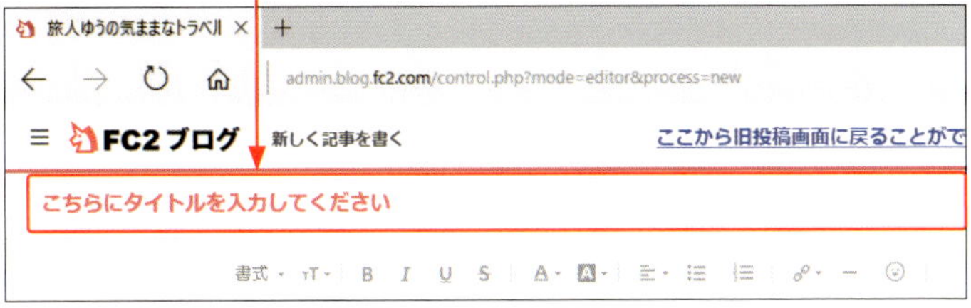

2 ブログのタイトルを入力します。

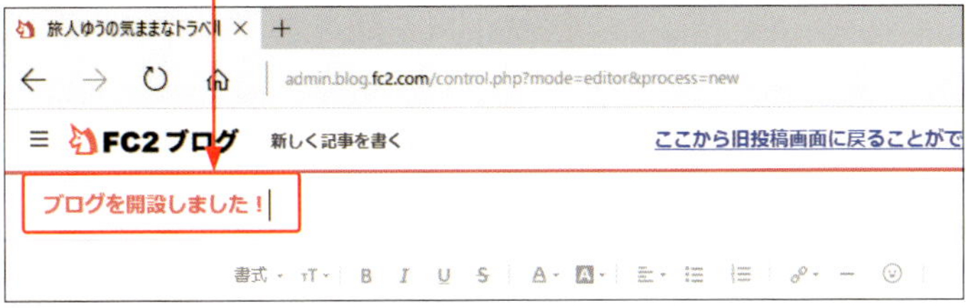

3 ここをクリックして、

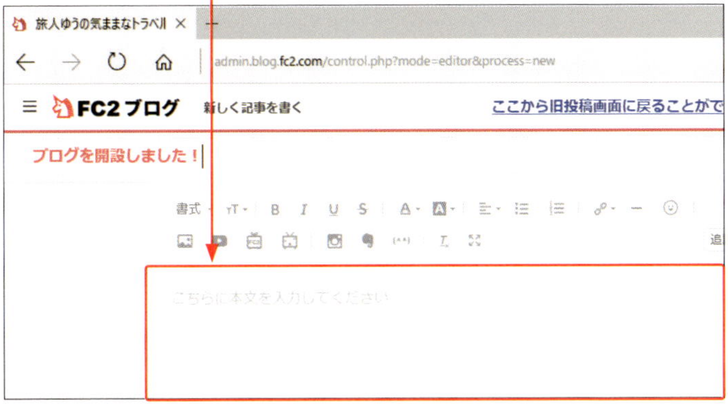

4 本文を入力します。

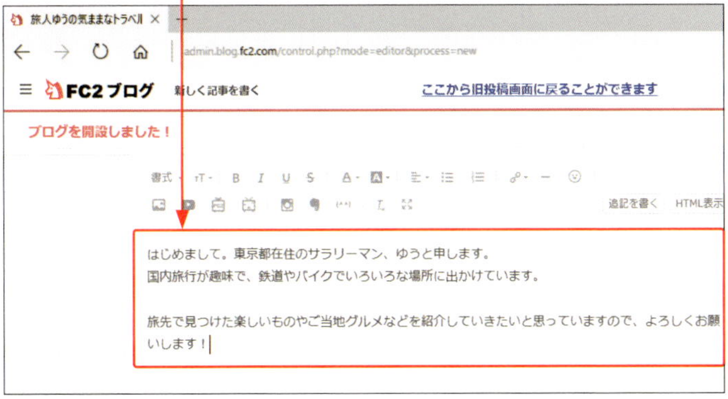

ヒント 入力欄にもとから入っている文字

投稿画面を開くと、タイトル欄には「こちらにタイトルを入力してください」、本文入力欄には「こちらに本文を入力してください」という文字があらかじめ表示されています。これらの文字はタイトルや本文を入力すれば自動的に消えるので、そのまま入力して問題ありません。

メモ 入力操作の結果を元に戻す／やり直す

本文の入力中に、キーボードの Ctrl ＋ Z を押すと、入力した操作結果を、元に戻すことができます。誤って入力内容を消去した場合にこの操作を行うと、消去した内容も元に戻せます。

また、キーボードの Ctrl ＋ Y をクリックすると、元に戻した操作を取り消してやり直すことができます。

3 記事を確認して投稿する

キーワード プレビュー

プレビューとは、公開された後と同じ形式の画面で、事前に記事を確認できる機能です。公開した記事はインターネット上で誰でも見られる状態になりますが、プレビュー画面は自分しか見ることができないので、安心してチェックを行えます。プレビューで修正したい場所を見つけたら、投稿画面に戻って修正しましょう。

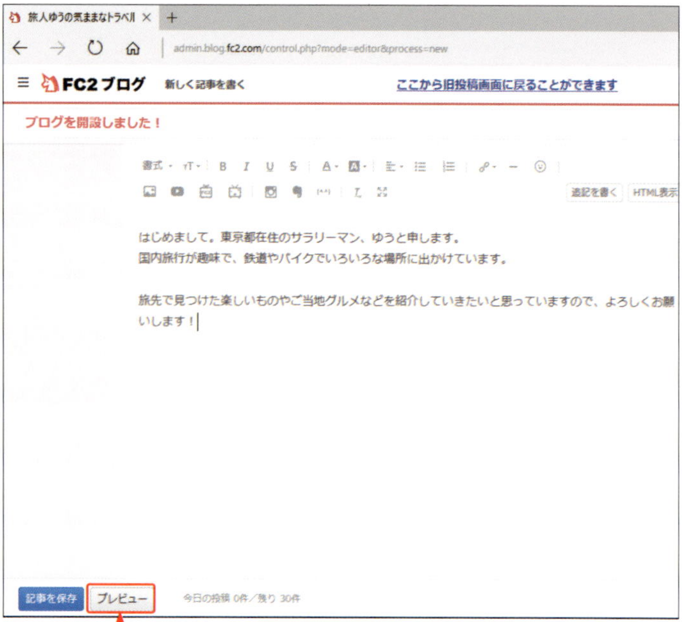
旅人ゆうの気ままなトラベル
admin.blog.fc2.com/control.php?mode=editor&process=new
FC2ブログ
新しく記事を書く
ここから旧投稿画面に戻ることができます
ブログを開設しました！
はじめまして。東京都在住のサラリーマン、ゆうと申します。
国内旅行が趣味で、鉄道やバイクでいろいろな場所に出かけています。
旅先で見つけた楽しいものやご当地グルメなどを紹介していきたいと思っていますので、よろしくお願いします！
記事を保存
プレビュー
今日の投稿 0件／残り 30件

1 ＜プレビュー＞をクリックすると、

2 公開される画面のイメージが表示されます。

3 内容を確認して×をクリックします。

旅人ゆうの気ままなトラベル
you1720.blog.fc2.com/?editor
旅人ゆうの気ままなトラベル
国内旅行を中心に、旅行の記録や旅先で食べたもの、鉄道やバイクの話題などを綴っています。
プロフィール
ブログを開設しました！
はじめまして。東京都在住のサラリーマン、ゆうと申します。
国内旅行が趣味で、鉄道やバイクでいろいろな場所に出かけています。
旅先で見つけた楽しいものやご当地グルメなどを紹介していきたいと思っていますので、よろしくお願いします！
拍手
Author:ゆう
東京在住の40代サラリーマンです。鉄道やバイクでの旅行が趣味。最近はご当地グルメにもはまっています。
2017/03/01 20:00 未分類 : コメント (0)
最新記事
| ホーム |

ヒント プレビューが不要な場合

プレビューを利用すると、投稿前に記事を確認できますが、プレビューせずに記事を投稿することもできます。プレビューが不要な場合は、タイトルと本文を入力したら、＜記事を保存＞をクリックします。記事の投稿が完了すると、右ページの手順7の画面が表示されます。

メモ プレビューを閉じる

プレビューは新しいタブが開いて表示されます。プレビューを確認したら、プレビューが表示されているタブを閉じるか、投稿画面が表示されているタブに表示を切り替えて、投稿の続きを行います。

4 投稿画面に戻ります。

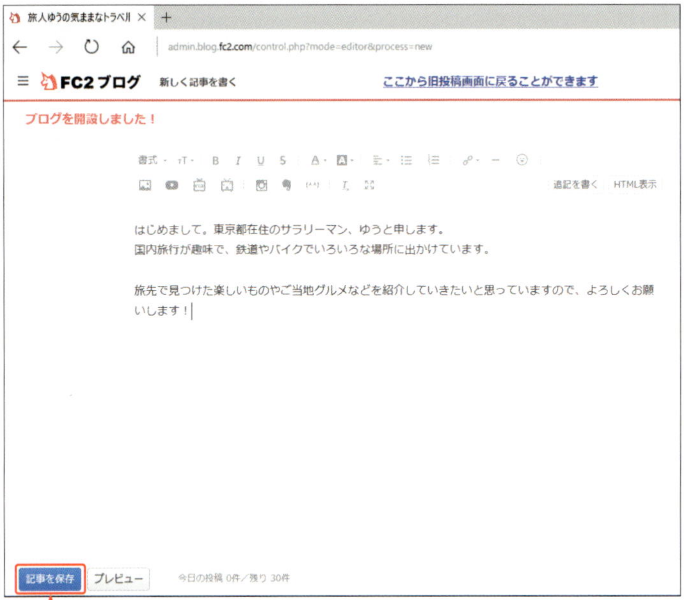
旅人ゆうの気ままなトラベル
admin.blog.fc2.com/control.php?mode=editor&process=new
FC2ブログ 新しく記事を書く
ここから旧投稿画面に戻ることができます
ブログを開設しました！
追記を書く HTML表示
はじめまして。東京都在住のサラリーマン、ゆうと申します。
国内旅行が趣味で、鉄道やバイクでいろいろな場所に出かけています。
旅先で見つけた楽しいものやご当地グルメなどを紹介していきたいと思っていますので、よろしくお願いします！
記事を保存
プレビュー
今日の投稿 0件／残り 30件

5 ＜記事を保存＞をクリックします。

6 記事の投稿が完了します。

7 ＜記事を確認＞をクリックします。

FC2ブログ
記事を公開しました［記事番号 1］
反映には時間がかかることがあります。
記事を確認
過去記事一覧へ
再編集する
この記事をSNSで通知する
Twitterでツイート
Facebookでシェア

8 投稿した記事が表示されます。

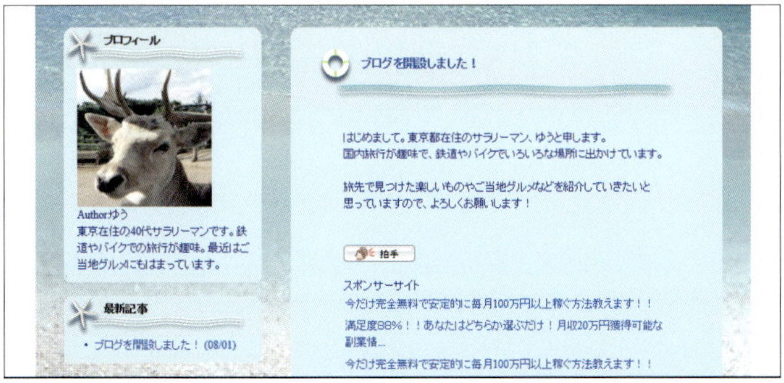
プロフィール
ブログを開設しました！
はじめまして。東京都在住のサラリーマン、ゆうと申します。
国内旅行が趣味で、鉄道やバイクでいろいろな場所に出かけています。
旅先で見つけた楽しいものやご当地グルメなどを紹介していきたいと思っていますので、よろしくお願いします！
Author:ゆう
東京在住の40代サラリーマンです。鉄道やバイクでの旅行が趣味。最近はご当地グルメにもはまっています。
最新記事
・ブログを開設しました！ (08/01)
拍手
スポンサーサイト

ヒント 残り件数とは

FC2ブログでは、1日に投稿できる記事数の上限が30件に定められています。そのため、投稿画面下部に「今日の投稿○件／残り○件」の文字が表示されます。投稿件数が上限に迫った場合は気を付けましょう。

プレビュー
今日の投稿 0件／残り 30件

メモ 投稿した記事を再編集する

投稿した記事を、投稿直後に再編集したい場合は、手順**7**の画面で、＜再編集する＞をクリックします。再び投稿画面が表示されるので、新規に投稿するのと同様に記事を編集します。

また、＜過去記事一覧へ＞をクリックすると、これまでに投稿した記事の一覧を表示することができます。

Click!
反映には時間がかかることがあります。
記事を確認
過去記事一覧へ
再編集する
Twitterでツイート

Section

13 カテゴリーで記事を分類しよう

✓キーワード
▶カテゴリー
▶カテゴリーの追加
▶カテゴリー別に表示

記事をカテゴリーに分類すると、その記事が何について書かれたものなのかすぐにわかるようになります。また、記事の数が増えたときでも訪問者が目的の記事を探しやすくなるなど、ブログの利便性向上に役立ちます。カテゴリーの設定は投稿画面から行います。

1 投稿画面からカテゴリーを追加する

キーワード カテゴリー

カテゴリーはブログの記事を分類するためのもので、1つの記事につき1つのカテゴリーを設定できます。カテゴリーを設定する方法には、新しいカテゴリーを追加する方法と、既存のカテゴリーから選択する方法があります。

1 Sec.12と同様の手順で新規投稿を編集します。

2 <カテゴリー>をクリックします。

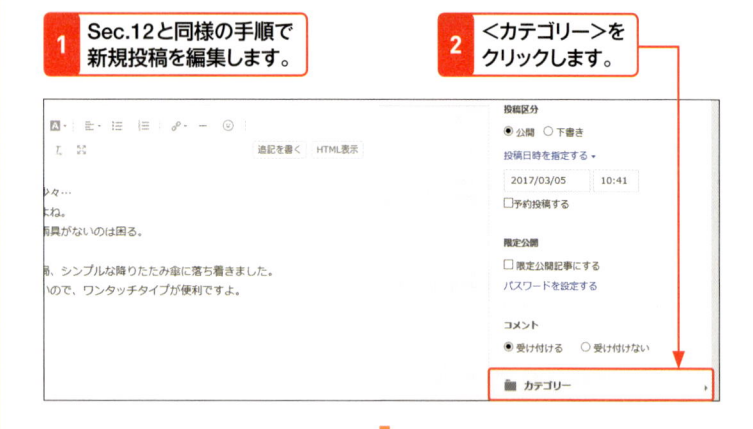

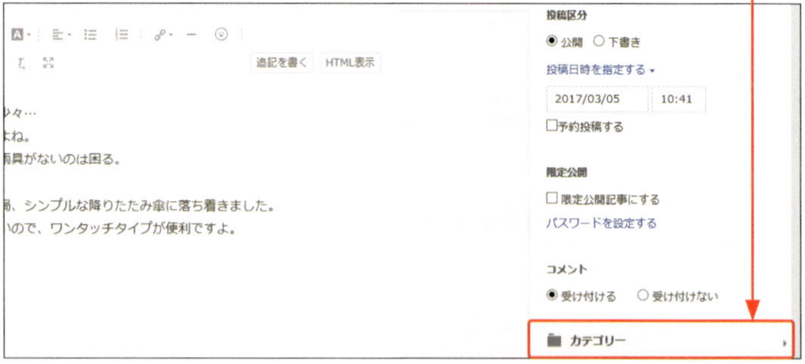

3 カテゴリー名を入力し、

4 <追加>をクリックすると、

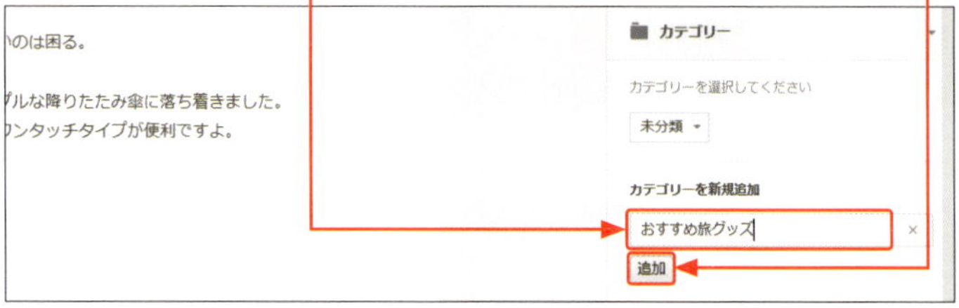

5 カテゴリーが追加されます。

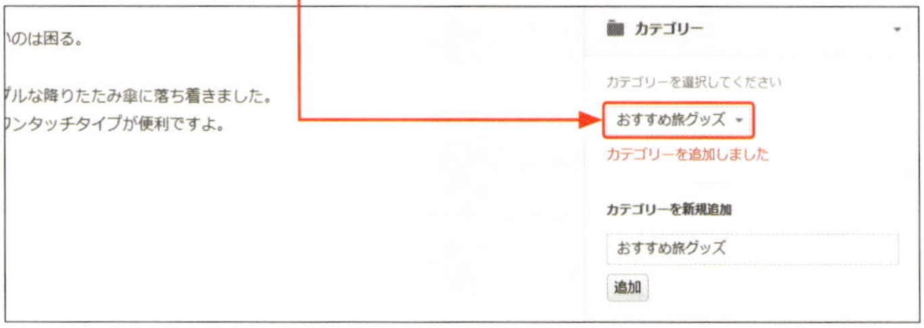

メモ 「お知らせ」からカテゴリーを追加する

新しいカテゴリーは、「お知らせ」画面から追加することも可能です。「お知らせ」画面のサイドメニューの<カテゴリの編集>をクリックして、カテゴリー名を入力したら、<追加>をクリックします。

6 ＜記事を保存＞をクリックします。

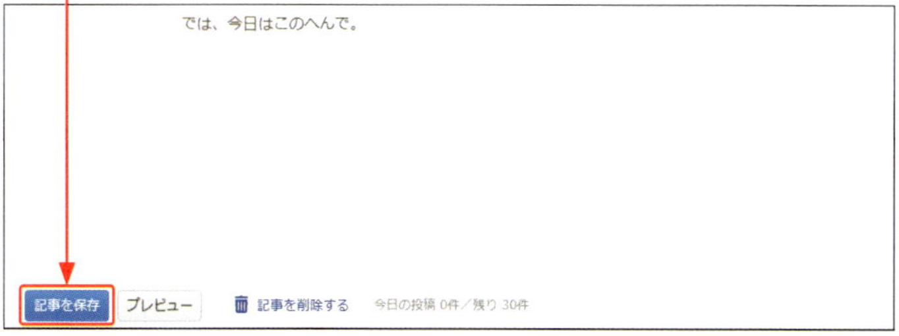
では、今日はこのへんで。
記事を保存
プレビュー
記事を削除する
今日の投稿 0件／残り 30件

7 記事にカテゴリーが設定されます。

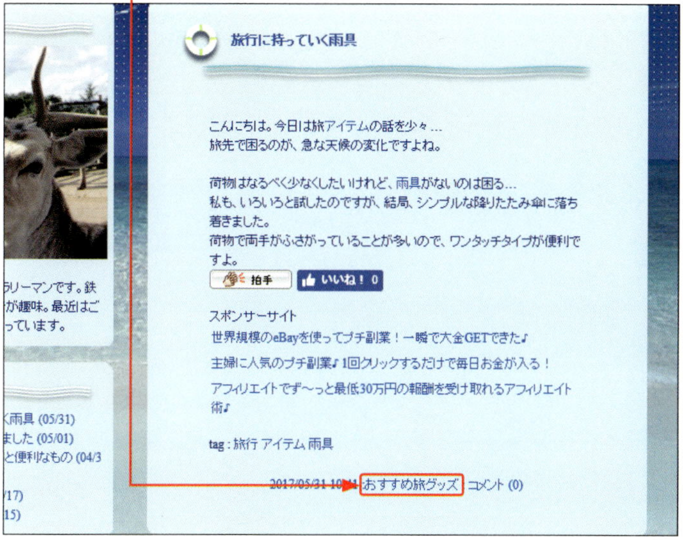
旅行に持っていく雨具
こんにちは。今日は旅アイテムの話を少々…
旅先で困るのが、急な天候の変化ですよね。
荷物はなるべく少なくしたいけれど、雨具がないのは困る…
私も、いろいろと試したのですが、結局、シンプルな折りたたみ傘に落ち着きました。
荷物で両手がふさがっていることが多いので、ワンタッチタイプが便利ですよ。
拍手
いいね！ 0
スポンサーサイト
世界規模のeBayを使ってプチ副業！一瞬で大金GETできた♪
主婦に人気のプチ副業♪1回クリックするだけで毎日お金が入る！
アフィリエイトですーっと最低30万円の報酬を受け取れるアフィリエイト術♪
tag : 旅行 アイテム 雨具
おすすめ旅グッズ
コメント (0)

2 カテゴリーを選択して記事に設定する

1 Sec.12と同様の手順で新規投稿を編集します。

2 ＜カテゴリー＞をクリックして、

追記を書く
HTML表示
限定公開
限定公開記事にする
パスワードを設定する
コメント
受け付ける
受け付けない
カテゴリー
カテゴリーを選択してください
未分類
カテゴリーを新規追加
カテゴリー名を入力してください
追加

3 ここをクリックします。

ヒント カテゴリーを設定しない場合

カテゴリーを設定せずに投稿した記事は、自動でカテゴリーが「未設定」として設定されます。

メモ 追加されたカテゴリーを設定する

一度追加して記事に設定したカテゴリーは、再びほかの記事に設定することができます。追加済みのカテゴリーを利用することで、内容などに応じて記事を分類することができます。

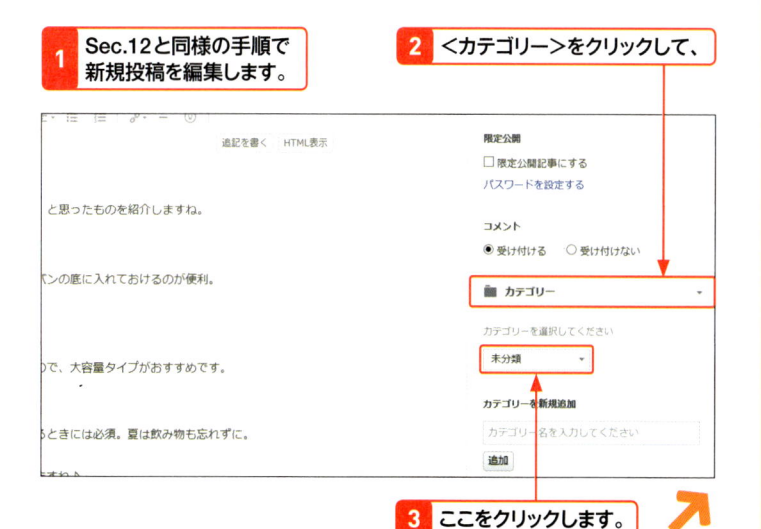

ヒント カテゴリーを変更する

カテゴリーは、記事を投稿してからでも変更することができます。投稿した記事のカテゴリーを変更するには、メインメニューの＜記事の管理＞をクリックし、カテゴリーを変更したい記事の＜編集＞をクリックします。投稿画面が表示されるので、再度カテゴリーを設定して、＜記事を保存＞をクリックし、変更を保存します。

ステップアップ カテゴリー名を変更する

追加したカテゴリー名を変更したいときは、「お知らせ」画面左側のメニューから、＜カテゴリの編集＞をクリックします。カテゴリー一覧が表示されるので、「カテゴリ名」の入力欄に新しい名前を入力し、＜保存＞をクリックします。変更されたカテゴリー名は、すでにカテゴリーが設定された記事にも、自動で反映されます。

4 設定したいカテゴリー名をクリックします。

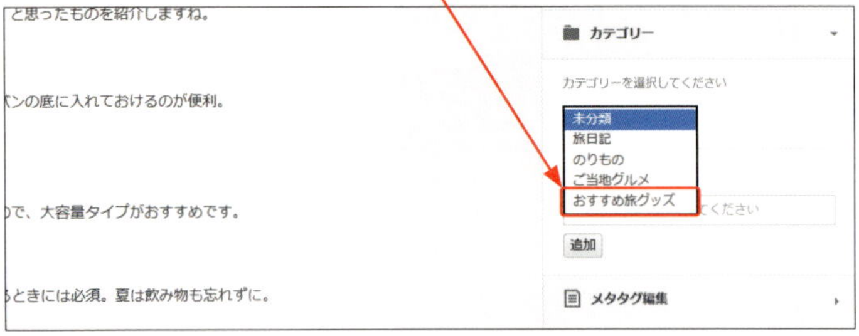

5 カテゴリーが設定されます。

6 ＜記事を保存＞をクリックします。

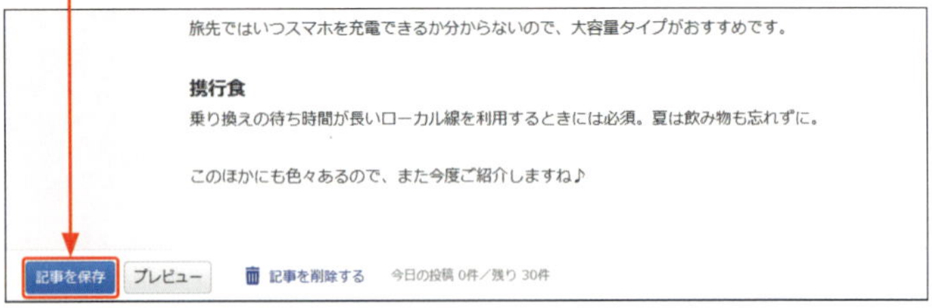

7 ＜記事を確認＞をクリックします。

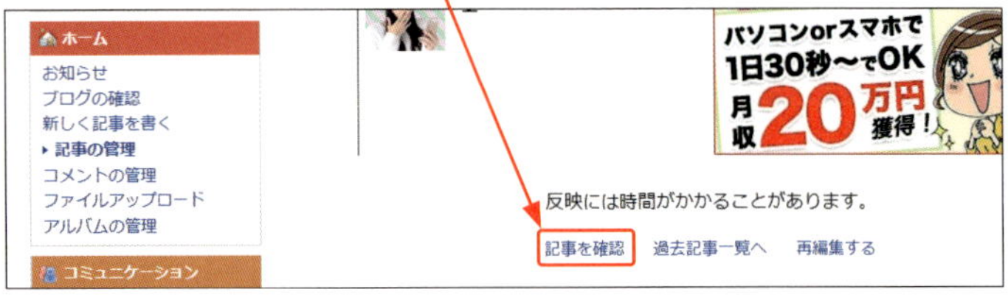

8 記事にカテゴリーが設定されます。

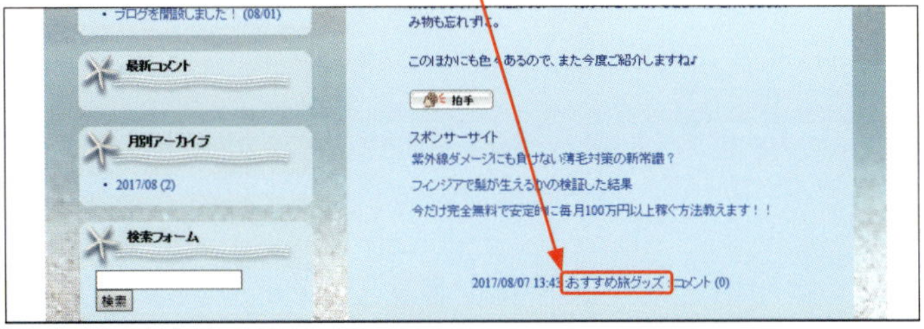

3 同じカテゴリーの記事を表示する

1 記事内に表示されているカテゴリー名をクリックすると、

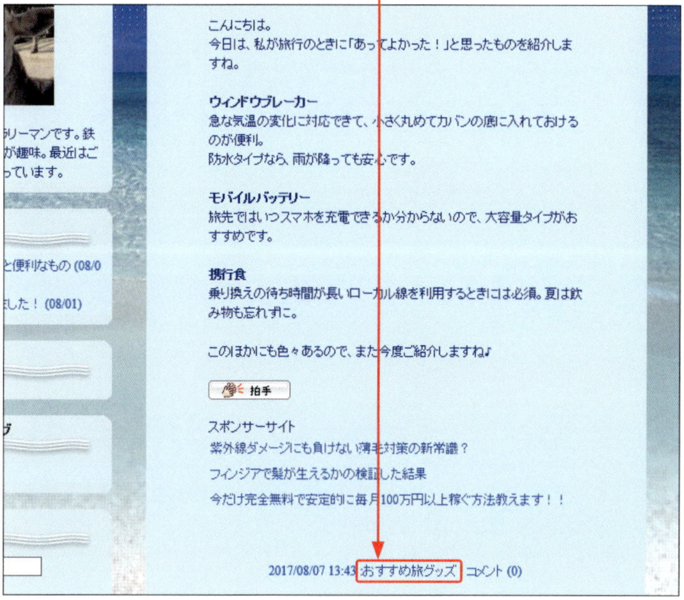
こんにちは。
今日は、私が旅行のときに「あってよかった！」と思ったものを紹介しますね。
ウィンドブレーカー
急な気温の変化に対応できて、小さく丸めてカバンの底に入れておけるのが便利。
防水タイプなら、雨が降っても安心です。
モバイルバッテリー
旅先ではいつスマホを充電できるか分からないので、大容量タイプがおすすめです。
携行食
乗り換えの待ち時間が長いローカル線を利用するときには必須。夏は飲み物も忘れずに。
このほかにも色々あるので、また今度ご紹介しますね♪
拍手
スポンサーサイト
紫外線ダメージにも負けない薄毛対策の新常識？
フィンジアで髪が生えるかの検証した結果
今だけ完全無料で安定的に毎月100万円以上稼ぐ方法教えます！！
2017/08/07 13:43 おすすめ旅グッズ コメント (0)

2 同じカテゴリーの記事が表示されます。

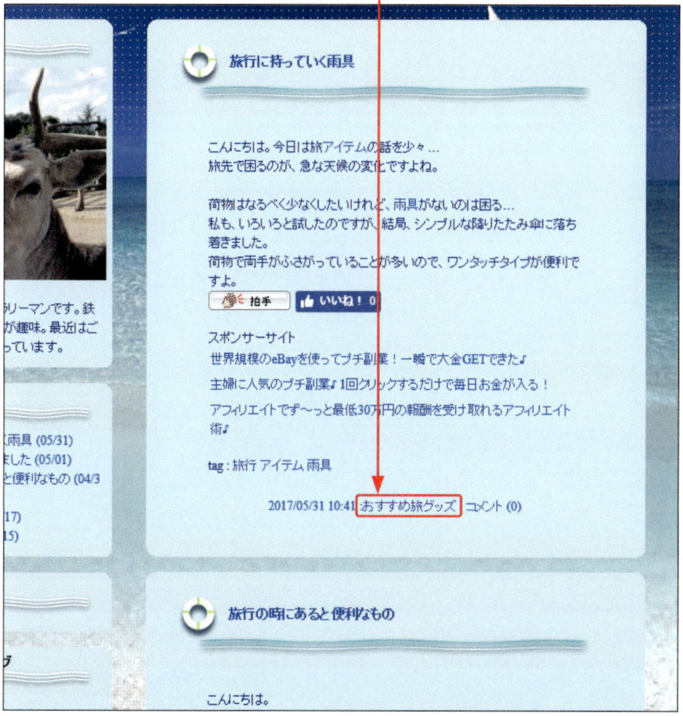
旅行に持っていく雨具
こんにちは。今日は旅アイテムの話を少々…
旅先で困るのが、急な天候の変化ですよね。
荷物はなるべく少なくしたいけれど、雨具がないのは困る…
私も、いろいろと試したのですが、結局、シンプルな降りたたみ傘に落ち着きました。
荷物で両手がふさがっていることが多いので、ワンタッチタイプが便利ですよ。
拍手
いいね！ 0
スポンサーサイト
世界規模のeBayを使ってプチ副業！一瞬で大金GETできた♪
主婦に人気のプチ副業♪1回クリックするだけで毎日お金が入る！
アフィリエイトですーっと最低30万円の報酬を受け取れるアフィリエイト術♪
tag : 旅行 アイテム 雨具
2017/05/31 10:41 おすすめ旅グッズ コメント (0)
旅行の時にあると便利なもの
こんにちは。

メモ カテゴリーごとに表示する

カテゴリーが設定された記事にはカテゴリー名が表示されます。カテゴリーをクリックすると、同じカテゴリーが設定された記事を一覧表示することができます。

ヒント 「カテゴリー」プラグインを利用する

「カテゴリー」プラグインを使用することでも、記事をカテゴリーごとに分類して表示することが可能です。プラグインに表示されたカテゴリー名をクリックすることで、そのカテゴリーの記事一覧を表示できます。プラグインの設定方法については、詳しくはSec.29を参照してください。

Section 14

文字に色をつけたり大きくしたりしよう

✓キーワード
- 書式設定
- 文字の色
- 文字の大きさ

FC2ブログでは、投稿画面で簡単にブログ本文の書式設定を行えます。文字のサイズを大きくしたり、文字色や背景色を変えることで、強調したい部分を目立たせたりブログを読みやすくしたりてみましょう。また、設定を取り消したい場合は＜書式スタイルのクリア＞を利用します。

1 文字に色をつける

ヒント 文字色

投稿エディターでは、文字や文章の背景に色をつけることができます。文字自体に色を着ける場合は＜文字色＞を、文章の背景に色を着ける場合は＜背景色＞をクリックします。設定する色は、どちらも＜文字色＞や＜背景色＞をクリックしたときに表示される一覧の中から選択します。

ヒント 編集ツールをクリックできない場合

投稿画面がHTML表示になっていると、編集ツールがクリックできない状態になります。その場合は投稿エディター右上の＜HTML表示＞をクリックしてください。

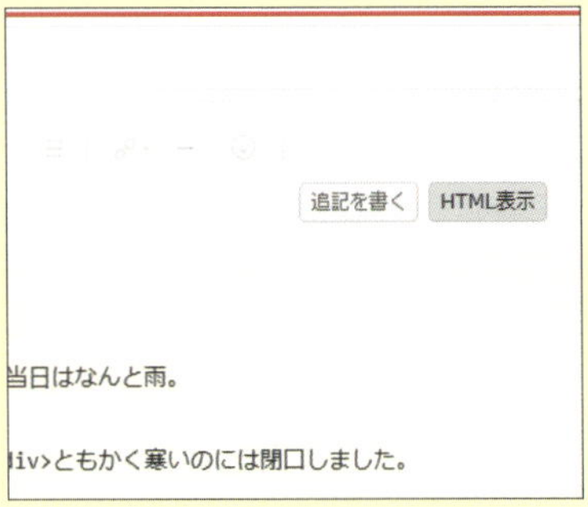

1 Sec.12と同様の手順で新規投稿を編集します。

2 色を変更したい部分を選択して、

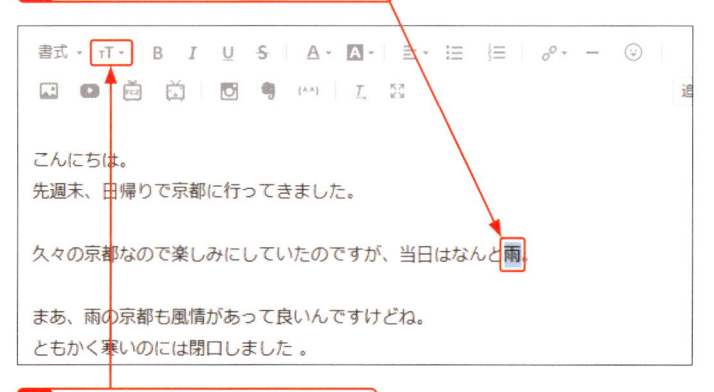

3 ＜文字色＞をクリックします。

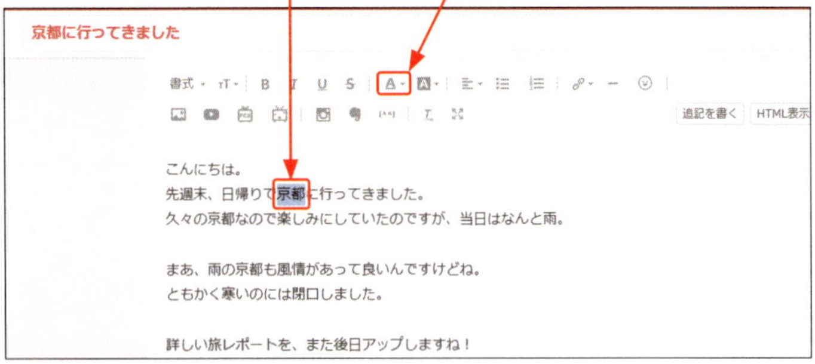

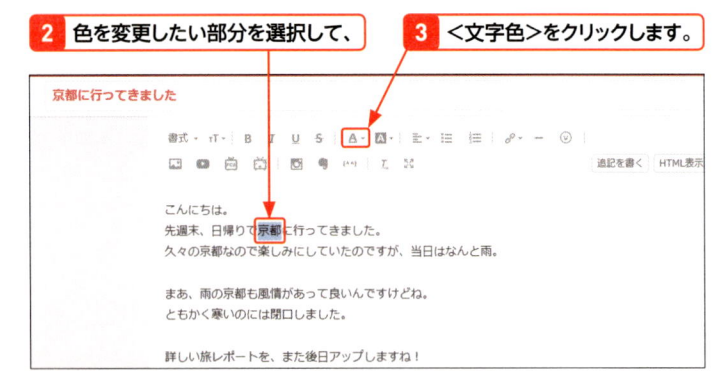

4 使用する色をクリックすると、

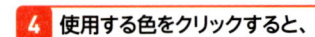

5 選択部分の文字色が変更されます。

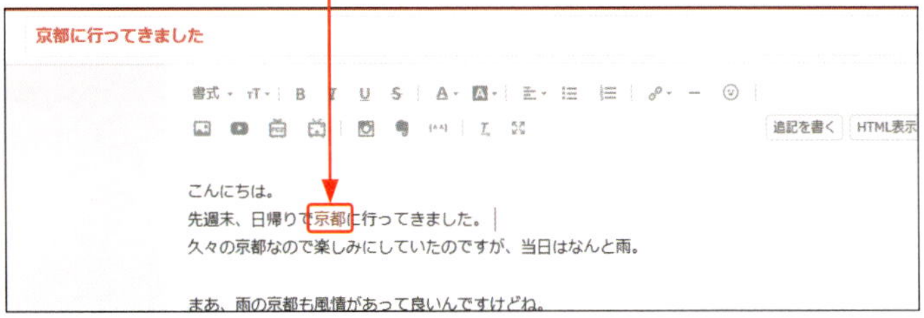

2 文字を大きくする

1 Sec.12と同様の手順で新規投稿を編集します。

2 サイズを変更したい部分を選択して、

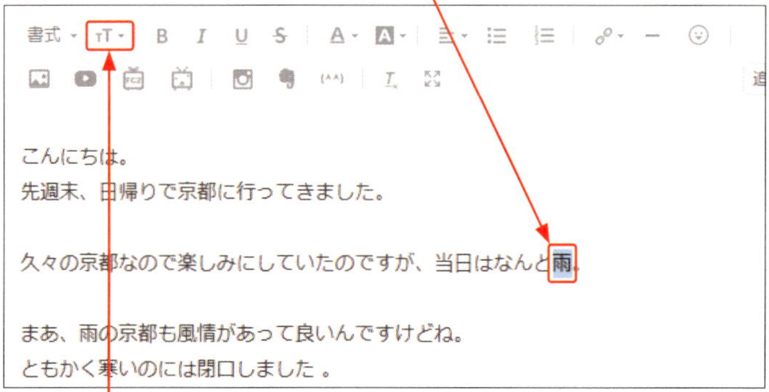

3 <文字の大きさ>をクリックします。

4 サイズを選択すると、

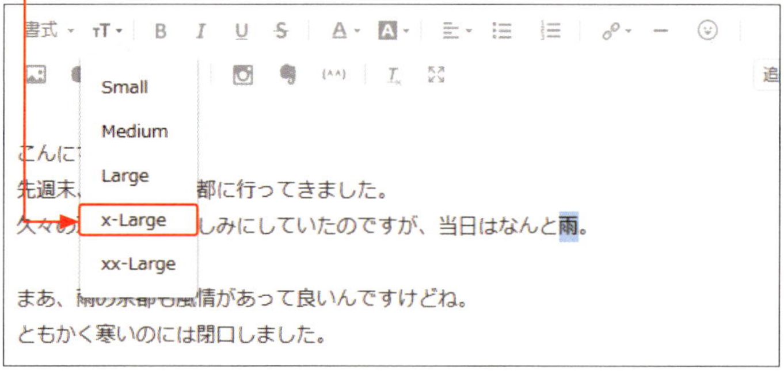

5 選択部分の文字が大きくなります。

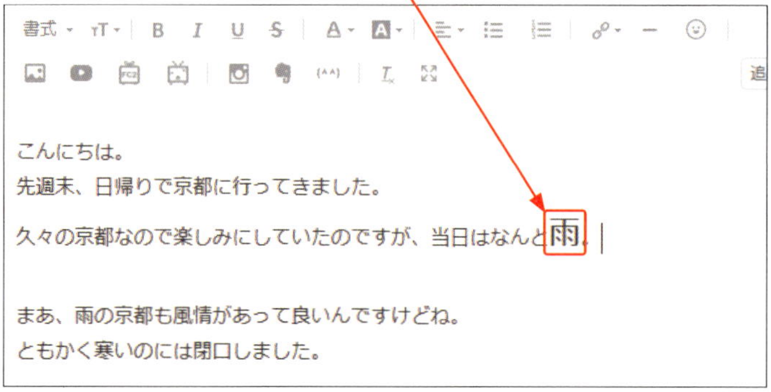

メモ 文字サイズの種類

文字のサイズには、初期設定の文字サイズよりやや大きめの「Medium」をはじめ、小さい文字の「Small」、大きい文字の「Large」「x-Large」「xx-Large」が用意されています。

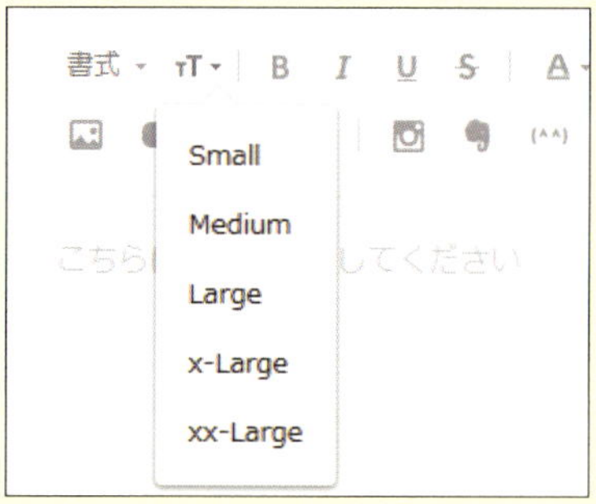

メモ 文字サイズを戻す

大きくした文字を元のサイズに戻したい時は、その文字を選択して<書式スタイルのクリア>をクリックします。

ヒント サイズと色の両方を変更する

文字の書式は複数の効果を同時に設定することもできます。例えば、同じ文字にサイズと色など複数の設定を行う場合は、対象部分を選択して最初の設定を行ったあと、選択を解除せずにそのまま次の設定をすることができます。

3 文字に背景色をつける

キーワード 文字の背景色

文字の背景色とは、文字の上からマーカーを引いたように色をつける設定で、特定の部分を目立たせたい場合などに活用できます。

1 Sec.12と同様の手順で新規投稿を編集します。

2 背景色を変更したい部分を選択して、

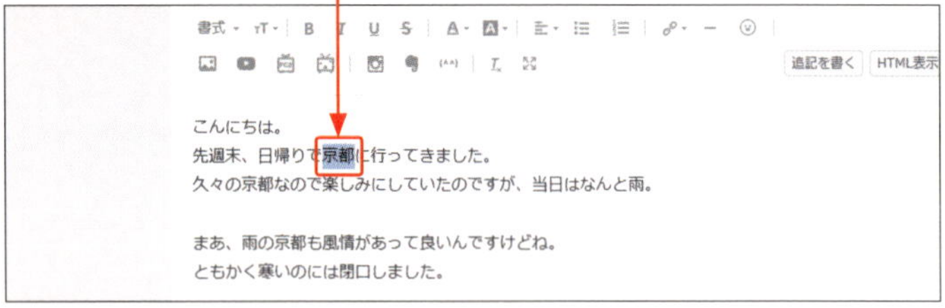

3 <背景色>をクリックします。

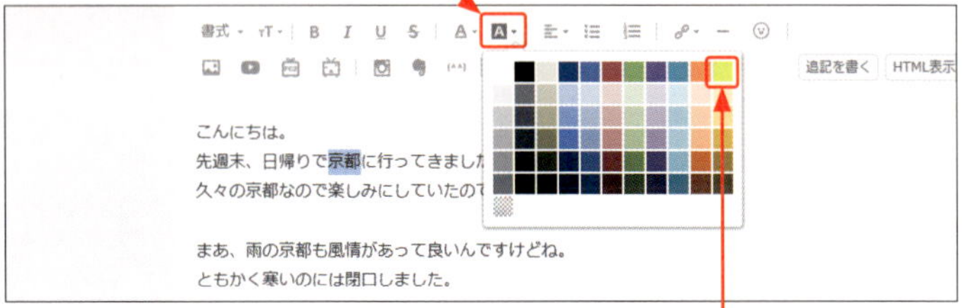

4 使用する色をクリックします。

5 文字の背景色が変更されます。

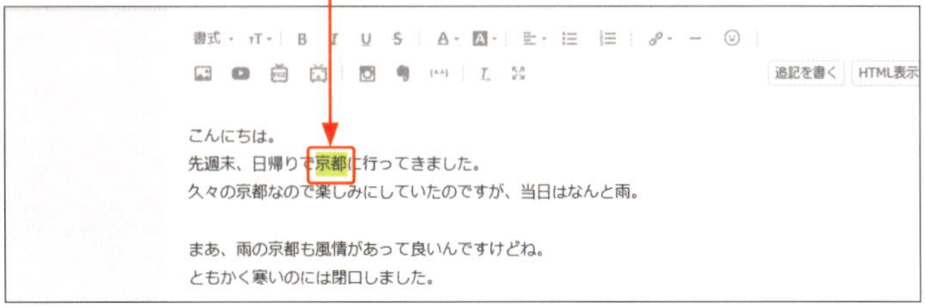

ステップアップ 背景色設定のポイント

黒い文字の上に濃い色の背景色を設定すると、文字が読みづらくなってしまいます。その場合は、文字色を薄い色に変えるなど工夫するとよいでしょう。

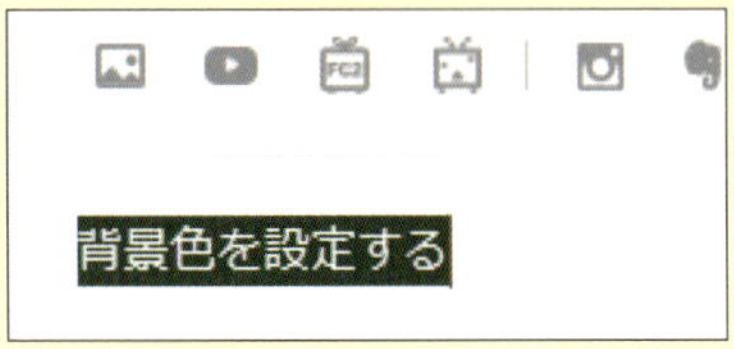

4 書式設定をクリアする

本文に書式が設定されています。

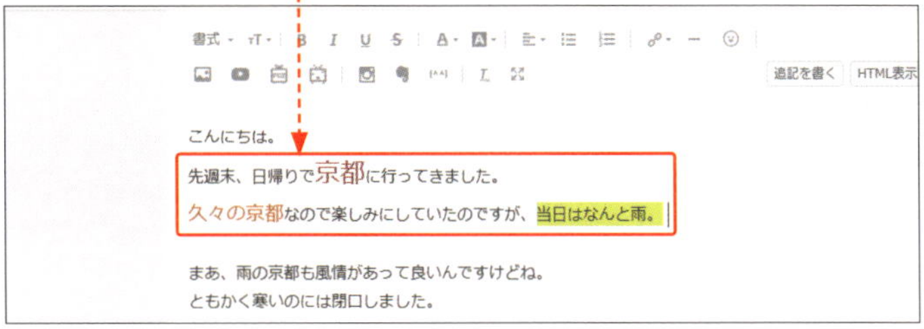

1 書式設定を解除したい部分を選択して、

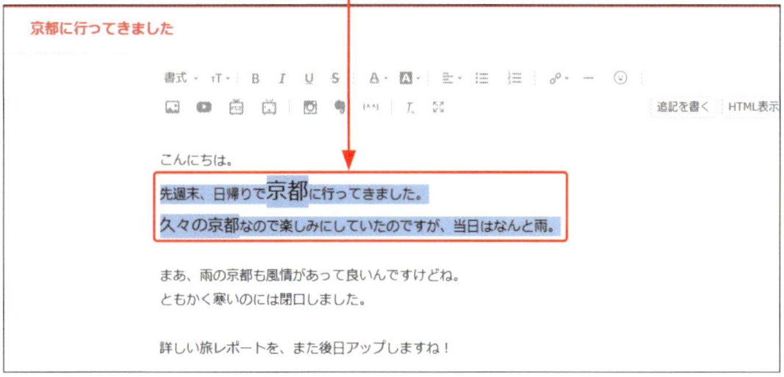

2 <書式スタイルのクリア>をクリックします。

3 書式設定が解除されます。

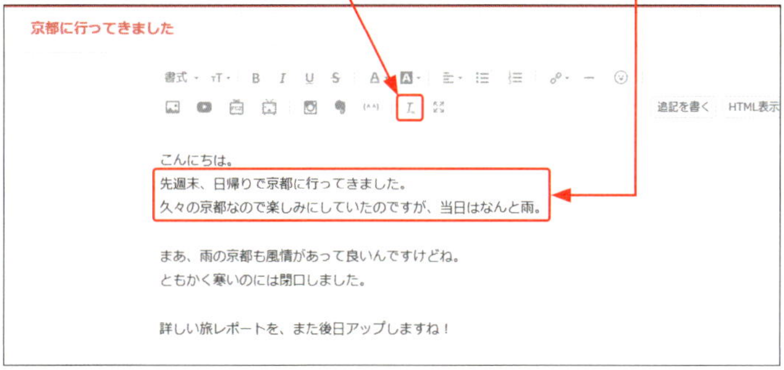

ヒント 間違えて書式を解除してしまったら

書式設定を誤って解除してしまった場合は、キーボードの Ctrl ＋ Z キーを押します。キーを押すと、書式を解除する前の状態に戻すことができます。

メモ その他の書式設定

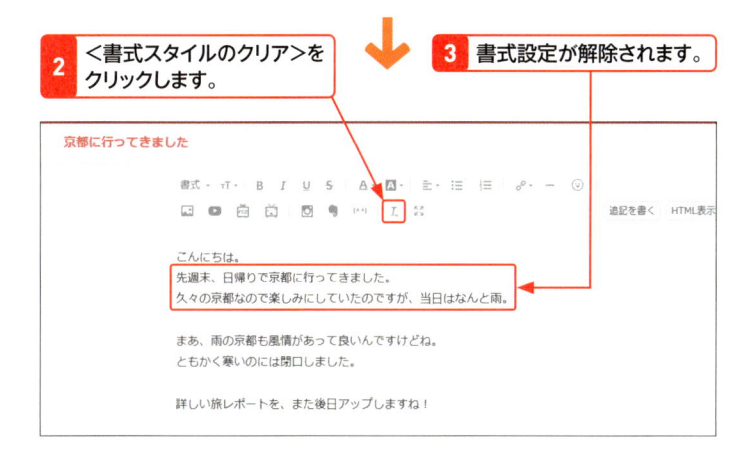

編集ツールでは、このほかにも文字を太字や斜体にしたり、取り消し線を入れたりといった設定を行えます。また、行を揃える位置を変えたり、選択した行を箇条書き形式にしたりすることも可能です。

❶ 書式	見出し用の書式や引用の書式を設定します。
❷ 文字の大きさ	文字の大きさを設定します。
❸ 太字	文字を太くします。
❹ 斜体	文字を斜体にします。
❺ 下線	文字に下線を引きます。
❻ 打ち消し線	文字に打ち消し線を入れます。
❼ 文字色	文字の色を設定します。
❽ 背景色	文字の背景の色を設定します。
❾ 行揃え	文章の中央や右端の位置を揃えます。
❿ 番号なしリスト	選択した行を箇条書きにします。
⓫ 番号ありリスト	選択した行を番号付きのリストにします。

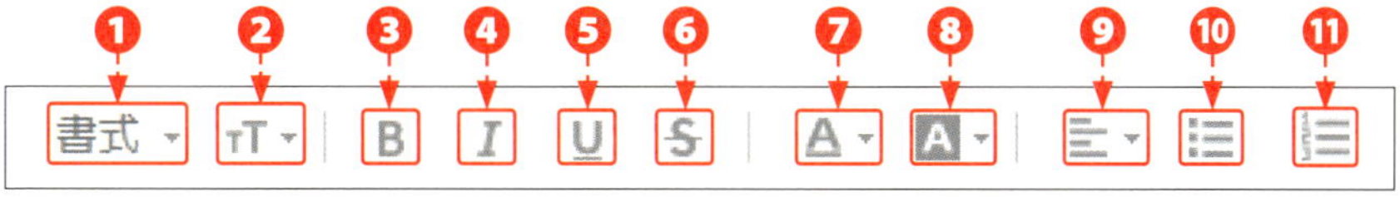

記事の中に見出しを入れよう

✔キーワード
- 見出し
- 書式
- 標準テキスト

記事を読みやすくしたいときは、途中に見出しを入れてみましょう。FC2ブログにはサイズの異なる3種類の見出しが用意されており、選択するだけで見出しの入った記事を作成できます。「見出し1」は表示位置が中央揃えになり、そのほかの2つは左揃えとなります。

1 見出しを設定する

キーワード 見出し

記事内をいくつかの項目に分けたい場合などに、各項目のタイトルとなる部分に見出しを設定できます。見出しを設定した箇所は、標準の文字より大きなサイズの太字で表示されます。

メモ 見出しの種類

＜書式＞で設定できる見出しは、3種類の大きさに分類されています。「見出し1(h3)」から順に、文字が大きく、太く設定されるので、見出しの大きさごとに使い分けることができます。

1 Sec.12と同様の手順で、新規投稿を編集します。

2 見出しを設定する文章を選択します。

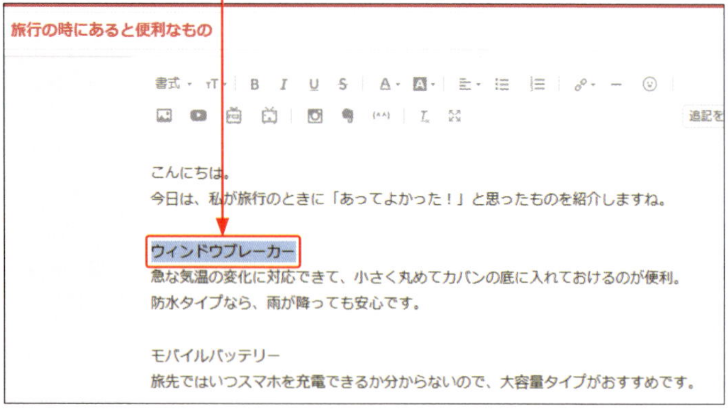
旅行の時にあると便利なもの
こんにちは。
今日は、私が旅行のときに「あってよかった！」と思ったものを紹介しますね。
ウィンドウブレーカー
急な気温の変化に対応できて、小さく丸めてカバンの底に入れておけるのが便利。
防水タイプなら、雨が降っても安心です。
モバイルバッテリー
旅先ではいつスマホを充電できるか分からないので、大容量タイプがおすすめです。

3 ＜書式＞をクリックして、

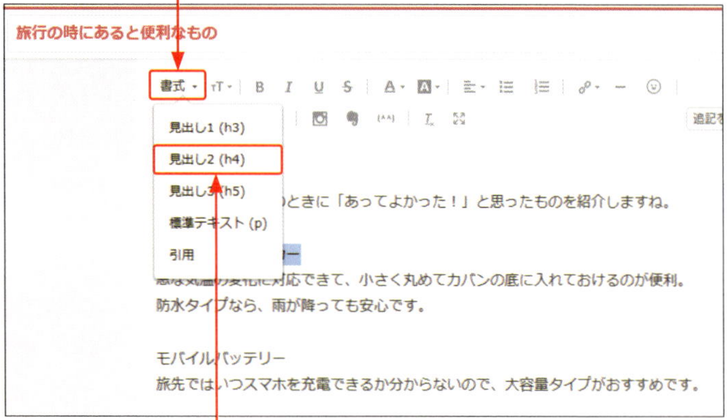
旅行の時にあると便利なもの
書式
見出し1 (h3)
見出し2 (h4)
見出し3 (h5)
標準テキスト (p)
引用

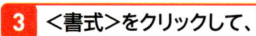

4 使用する見出しの大きさをクリックします。

5 見出しが設定されます。

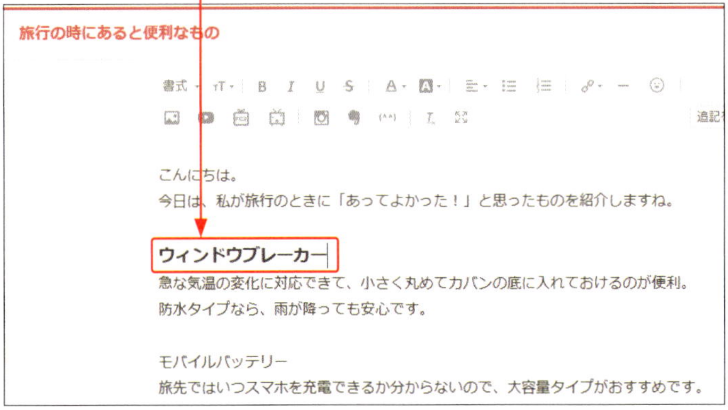

6 ほかの文章にも同様に見出しを設定します。

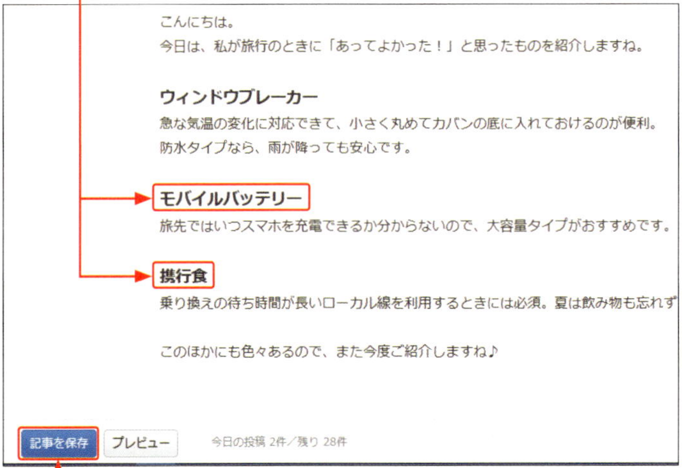

7 <記事を保存>をクリックします。

記事に見出しが入ります。

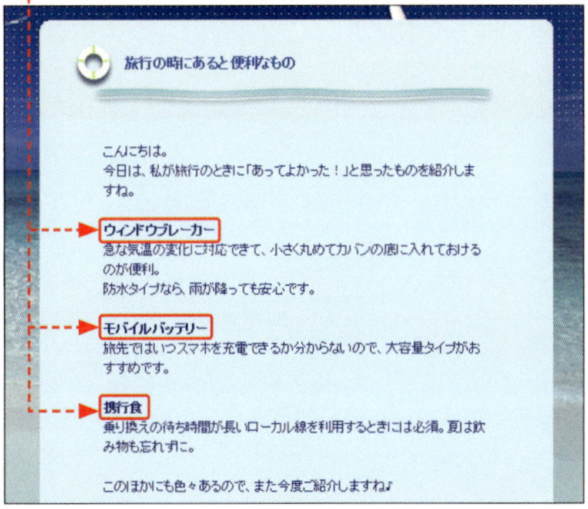

ヒント 通常の書式に戻す

見出しを設定した文字を通常の書式に戻したい場合は、「標準テキスト」を文章に設定します。「標準テキスト」は見出しや引用（下記のメモ参照）が設定されていない書式で、該当箇所を選択してから、<書式>の<標準テキスト>をクリックして設定します。

メモ 引用

「書式」のドロップダウンリストからは、3種類の「見出し」のほかに、「引用」の書式を選択できます。「引用」を設定すると行頭が下がり、引用であることがわかりやすく表示されます。

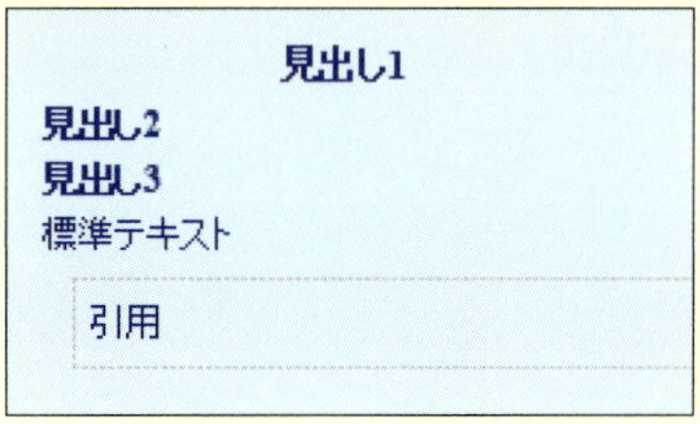

ステップアップ ほかの書式スタイルとあわせて使用する

見出しにも、文字色や背景色などの書式スタイルの設定が可能です。文字色などの設定については、Sec.14を参照してください。

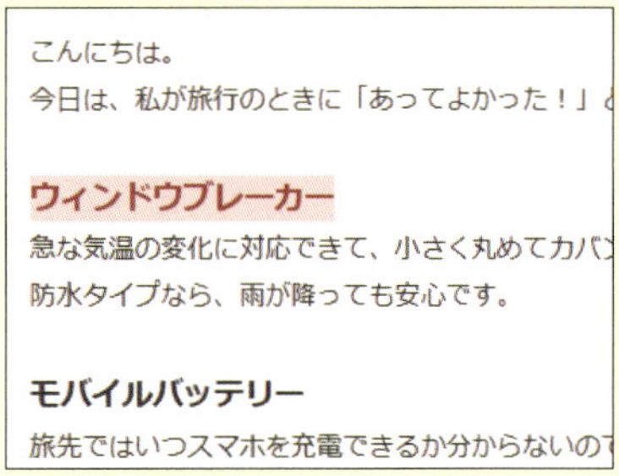

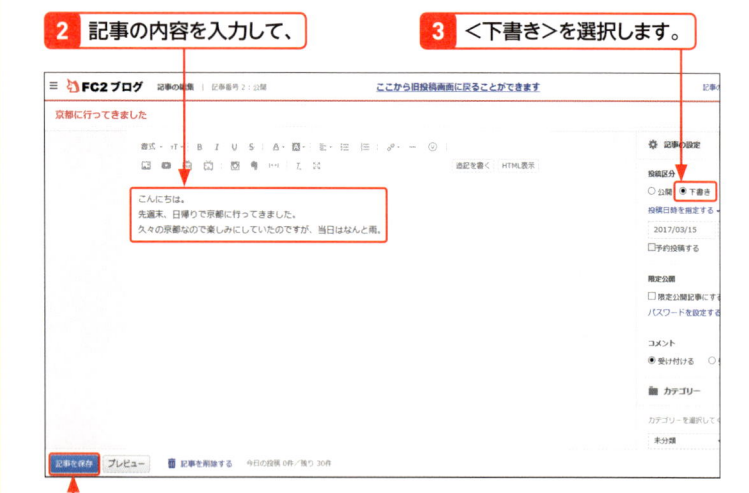

Section 16

記事を下書き保存しよう

✔キーワード
- 下書き保存
- 投稿区分
- 下書きの編集

記事を公開せずに保存する「下書き」を使えば、記事を書きかけで中断し、あとから続きを書くことができます。下書き保存した記事はメインメニューの<記事の確認>をクリックすると、確認・続きの編集をできます。じっくり推敲したいときや、空き時間に少しずつ記事を書きたいときに役立つ機能です。

1 書きかけの記事を保存する

キーワード 投稿区分

「投稿区分」では、記事の投稿方法を設定することができます。記事をすぐに公開する「公開」または公開せずに保存する「下書き」を選択できるほか、投稿する日を決めて「予約投稿する」にチェックを入れれば、指定した日時に自動的に投稿することもできます。

1 Sec.12と同様の手順で新規投稿を編集します。

2 記事の内容を入力して、

3 <下書き>を選択します。

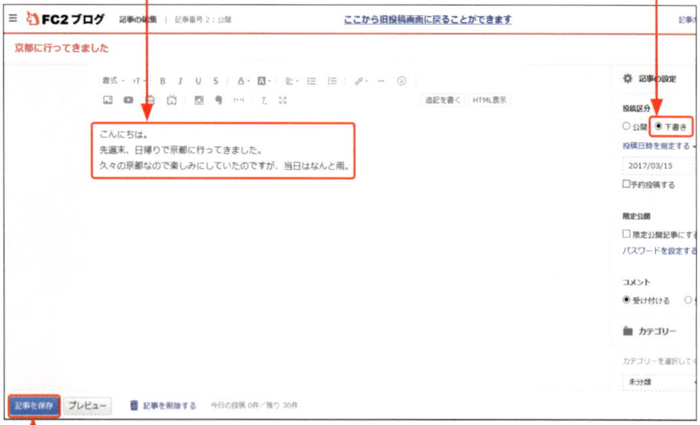

4 <記事を保存>をクリックします。

5 記事が下書き保存されます。

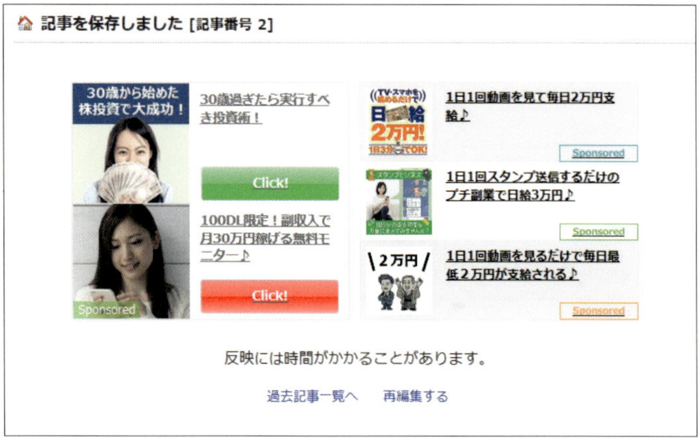

キーワード 下書き

下書きとは、書きかけの記事を公開せずに保存しておくことができる機能です。記事の入力を途中で中断して、あとから続きを書きたいときに利用します。

2 下書き保存した記事の続きを書く

1 メインメニューの<記事の管理>をクリックします。

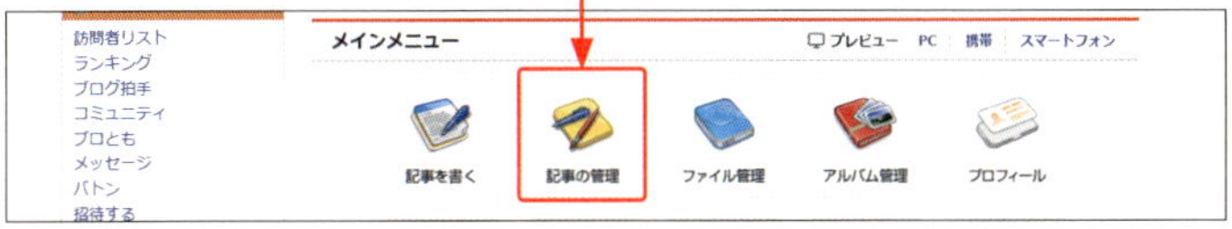

2 下書き保存した記事の<編集>をクリックします。

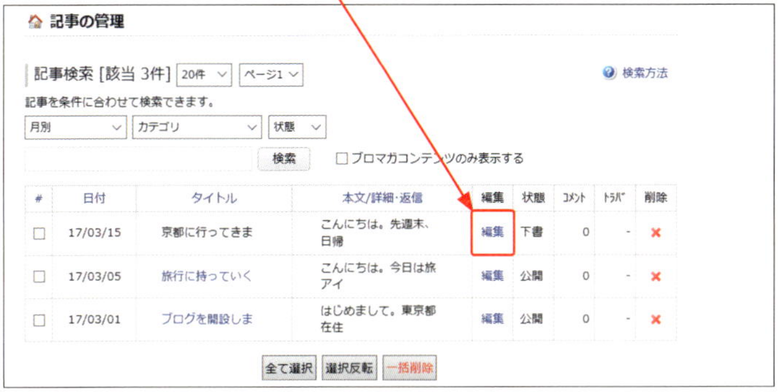

3 記事を編集します。

4 <公開>を選択して、

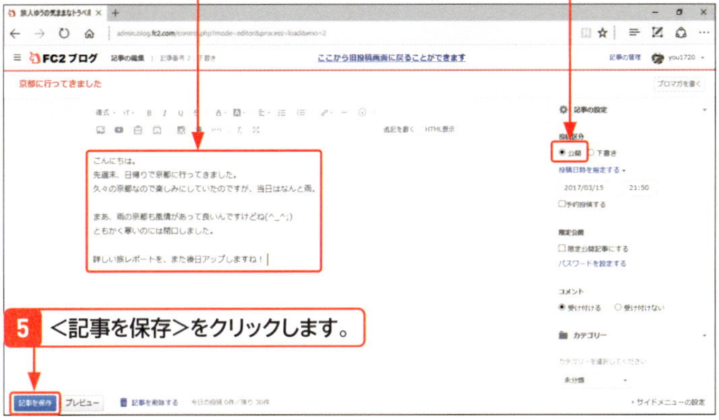

5 <記事を保存>をクリックします。

6 記事が公開されます。

ヒント 記事の状態を確認する

手順2の画面の記事一覧で「状態」列に「下書」と表示されているものが、下書き保存されている記事です。公開済みの記事は、この欄が<公開>となっています。

メモ 再度下書きとして保存する

下書き保存した記事を編集し、もう一度下書きとして保存したい場合は、手順4で「投稿区分」の<下書き>を選択して、<保存>をクリックします。

ヒント 保存完了画面の表示

記事を下書き保存した場合は、保存直後の画面に「記事を保存しました」と表示されます。記事を公開した場合には「記事を公開しました」と表示されるので、下書き保存されたか確認したい場合は、この表示を確認しましょう。

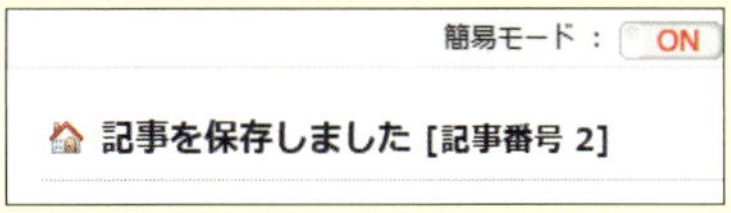

Section 17

長い記事を追記で編集しよう

✔キーワード
- 追記
- 追記を書く
- 続きを読む

ブログの閲覧画面で、トップページに長い記事の全文が表示されると、前後の記事が読みづらくなる恐れがあります。記事が長くなる場合は、＜追記＞の機能を利用して、記事の一部だけが表示されるように設定しましょう。追記にした部分は、記事の個別ページを開くと読むことができます。

1 記事に追記を入れる

キーワード 追記

標準的なテンプレートでは、ブログのトップページの記事一覧には、それぞれの記事の全文が表示されます。長い記事などの場合、＜追記＞の機能を利用することで、記事の一部だけを表示させることができます。

1 Sec.12と同様の手順で新規投稿を編集します。

2 ブログ本文の追記にしたい部分の手前をクリックして、

3 ＜追記を書く＞をクリックします。

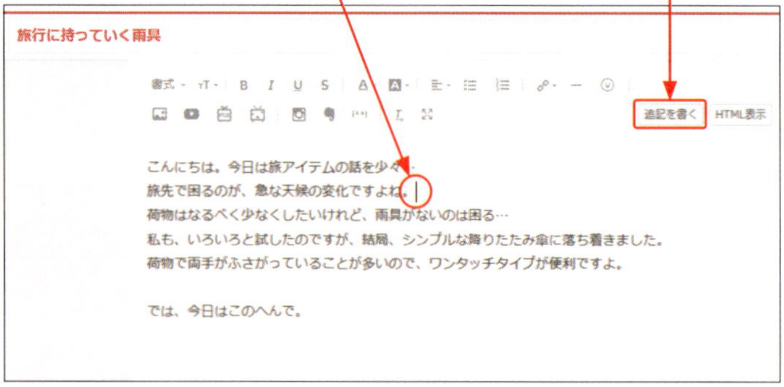

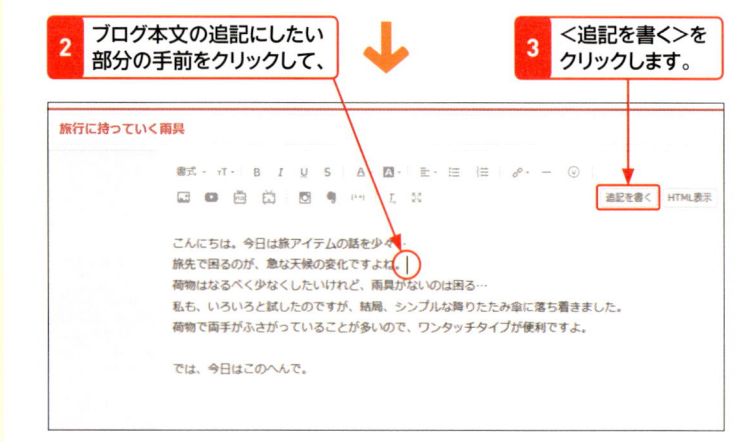

4 ＜ここから追記＞の表示が挿入されます。

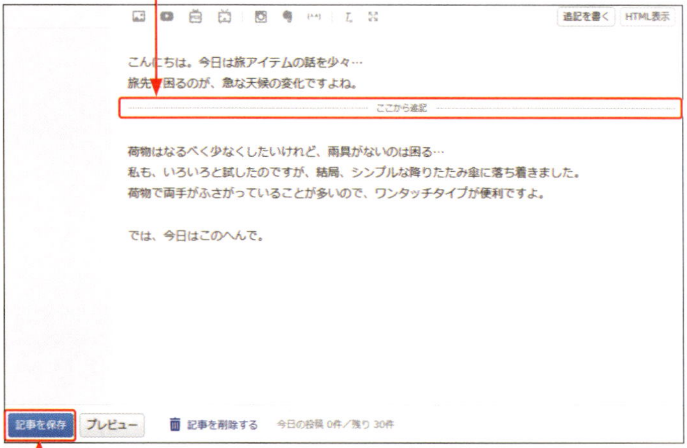

5 ＜保存＞をクリックします。

6 <記事を確認>をクリックします。

7 追記を入れた部分に<続きを読む>の文字が表示されます。

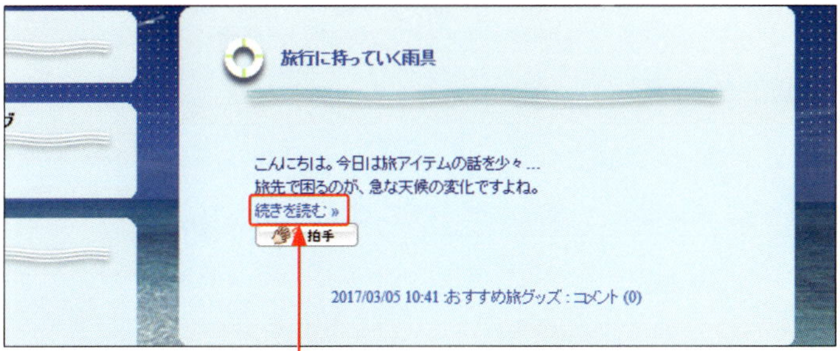

8 <続きを読む>をクリックします。

9 記事の全文が表示されます。

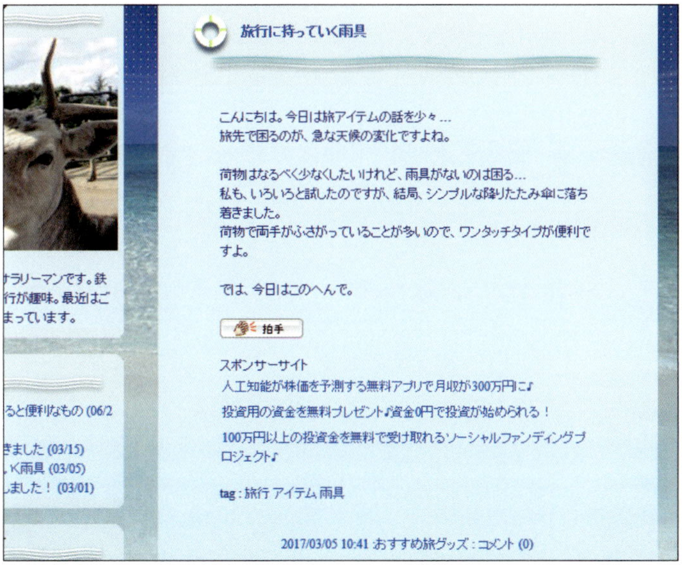

旅行に持っていく雨具
こんにちは。今日は旅アイテムの話を少々…
旅先で困るのが、急な天候の変化ですよね。
荷物はなるべく少なくしたいけれど、雨具がないのは困る…
私も、いろいろと試したのですが、結局、シンプルな折りたたみ傘に落ち着きました。
荷物で両手がふさがっていることが多いので、ワンタッチタイプが便利ですよ。
では、今日はこのへんで。
拍手
スポンサーサイト
人工知能が株価を予測する無料アプリで月収が300万円に♪
投資用の資金を無料プレゼント♪資金0円で投資が始められる！
100万円以上の投資金を無料で受け取れるソーシャルファンディングプロジェクト♪
tag : 旅行 アイテム 雨具
2017/03/05 10:41 おすすめ旅グッズ : コメント (0)

メモ 続きを読む

追記を設定すると、「ここから追記」以下の内容は追記としてブログの記事一覧で表示が省略されます。追記を読むには、追記を入れた記事で<続きを読む>をクリックします。その記事の個別ページが表示され、追記を含めた記事の全文が表示されます。

ヒント タイトルをクリックして全文を読む

記事の全文を表示するには、<続きを読む>をクリックする以外にも、記事のタイトルをクリックする方法があります。記事のタイトルをクリックしても、記事の個別ページが表示され、全文を読むことができます。

Section 18

投稿した記事を修正／削除しよう

✓キーワード
- 記事の管理
- 記事の修正
- 記事の削除

投稿した記事の内容を修正したいときは、再度編集することが可能です。公開後に誤字や内容のミスに気づいた場合や、新しい情報を付け加えたくなった場合などに利用しましょう。また、不要な記事は削除することもできます。記事の修正と削除は、どちらもメインメニューの<記事の管理>をクリックして行います。

1 公開済みの記事を修正する

キーワード 記事の編集

一度投稿した記事の内容は、あとから修正を加えることができます。新規投稿をする場合と同様に投稿画面が表示され、本文やタイトルを書き換えたりカテゴリを変更したりできます。

キーワード 「記事の管理」画面

メインメニューの<記事の管理>をクリックすると、「記事の管理」画面が表示されます。「記事の管理」画面では、公開済みの記事や、下書き保存した記事が一覧表示され、再編集をしたり削除したりできます。

1 メインメニューの<記事の管理>をクリックします。

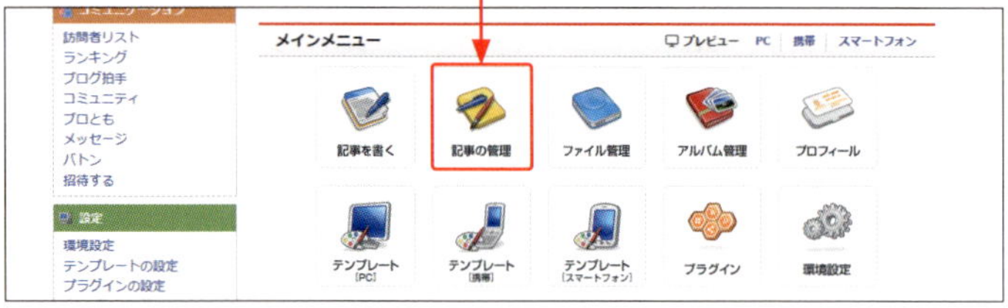

2 修正したい記事の<編集>をクリックします。

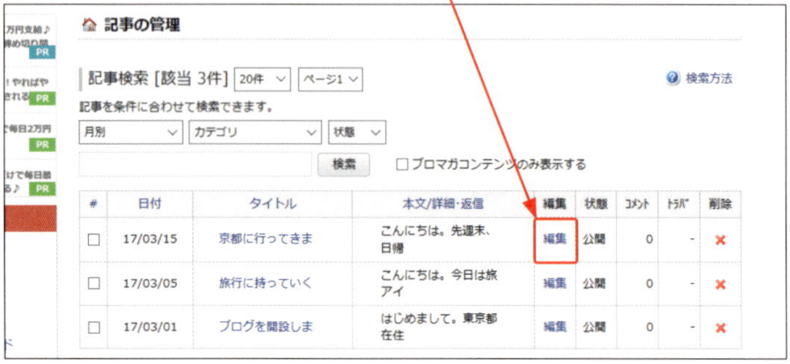

3 投稿画面が表示されます。

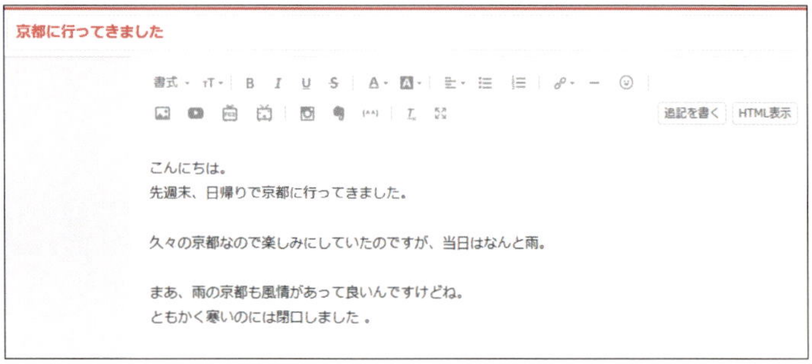

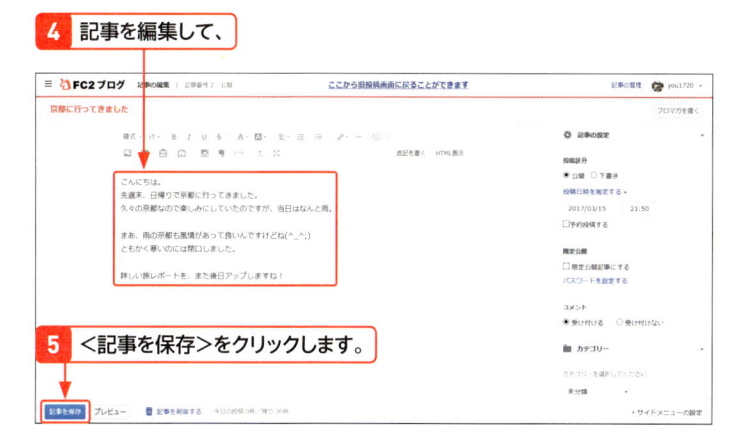

4 記事を編集して、

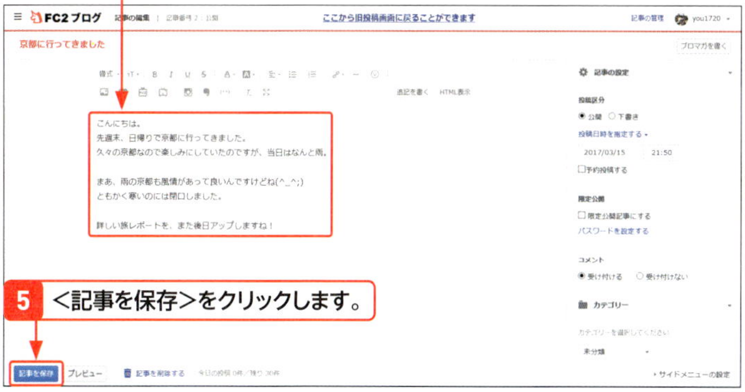

5 ＜記事を保存＞をクリックします。

6 ＜記事を確認＞をクリックします。

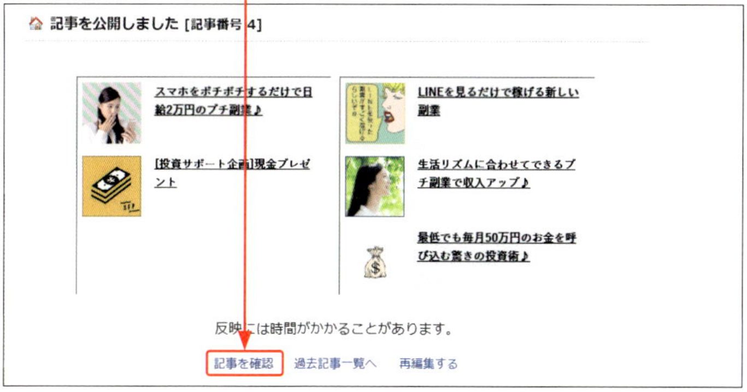

7 修正が反映されます。

ヒント 修正できる記事の要素

投稿したあとから行う記事の修正は、本文のほか、タイトルやカテゴリーなども可能です。いずれの場合も、編集後に＜記事を保存＞をクリックすることで修正内容が反映されます。

ヒント 再編集する

投稿直後に表示される手順**6**の画面で、＜再編集する＞をクリックすると、投稿した記事をすぐに修正することができます。＜再編集する＞をクリックすると、手順**4**の画面と同様の画面が表示されるので、記事を修正して＜記事を保存＞をクリックします。

メモ 記事を編集した場合の投稿日時

公開済みの記事を編集した場合、記事に表示される投稿日時は最初に投稿したときのものになります。

2 記事を削除する

注意 削除した記事は戻せない

一度削除した記事は、元に戻すことができません。誤って別の記事を削除したりすることのないように、削除の操作は慎重に行いましょう。

メモ 削除を中止する

確認メッセージが表示された段階で削除を中止したい場合は、手順3の画面で＜キャンセル＞をクリックします。記事の削除は行われず、元の状態のまま残ります。

ステップアップ 複数の記事をまとめて削除する

手順2の画面で記事一覧左側のチェックボックスにチェックを入れて、＜一括削除＞をクリックすると、チェックした記事をまとめて削除できます。また、＜全て選択＞をクリックすると、全記事にまとめてチェックを付けることができます。＜選択反転＞をクリックすると、チェックを入れたものだけチェックが外れた状態にできます。

1 メインメニューの＜記事の管理＞をクリックします。

2 削除したい記事の × をクリックします。

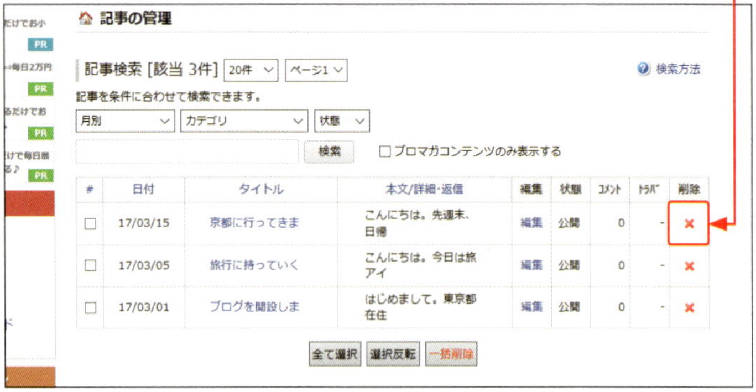

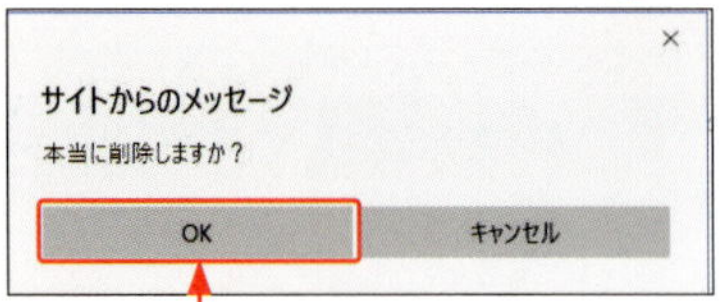

3 ＜OK＞をクリックすると、

4 記事が削除されます。

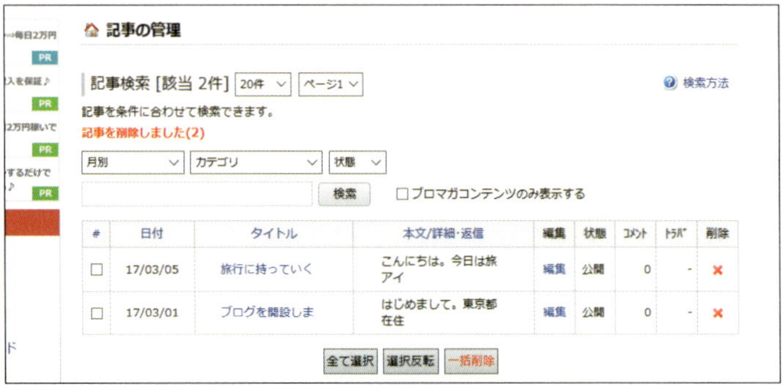

第3章

記事をもっと楽しくしよう

Section 19

文章以外をブログに投稿しよう

✔ キーワード
- 写真
- 動画
- リンク

ブログの記事は文章以外にもさまざまな要素を加えることができます。FC2ブログでは、写真や動画のほか、外部のサイトに移動するためのリンクや、写真をまとめたアルバムなども追加することが可能です。写真や動画などの要素は、投稿画面上部のアイコンをクリックして挿入します。

1 写真や動画を投稿する

メモ 写真や動画の投稿

FC2ブログでは、ブログの記事に写真や動画を投稿することができます。写真は、投稿画面の＜画像の挿入＞をクリックすることで、記事に挿入することができます（Sec.20参照）。動画はFC2動画を利用して、挿入することができます（Sec.22参照）。写真のほかにも、Webサイトのリンクなど、さまざまなものが挿入できます。

FC2ブログでは、写真や動画を用いてブログ記事を作成することができます。写真などの文章以外の要素を記事に入れるのも、投稿画面から行います。投稿画面の上部に表示されるアイコンから、記事に追加したい要素を選びクリックすると、簡単にその要素を追加することができます。

写真を投稿する

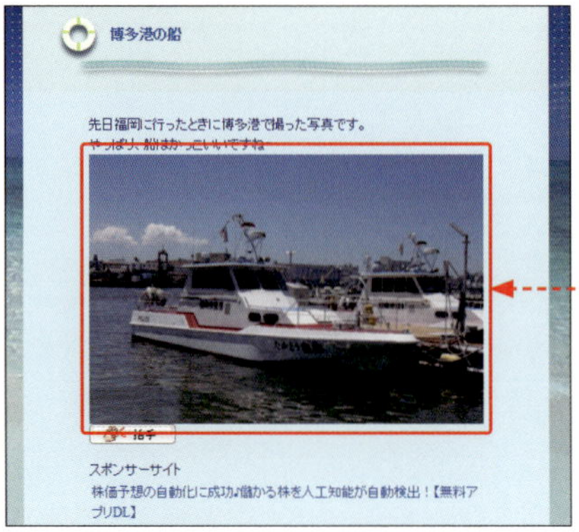

ブログに写真を追加することができます（Sec.20参照）。

動画を投稿する

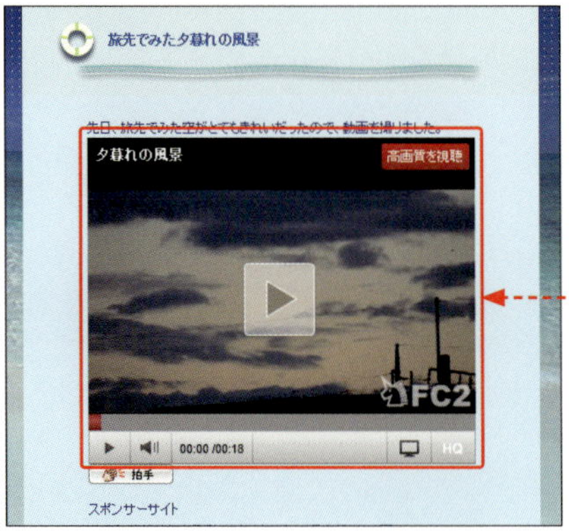

FC2動画を利用することで、動画を投稿することもできます（Sec.22）。

2 編集ツールで挿入できるもの

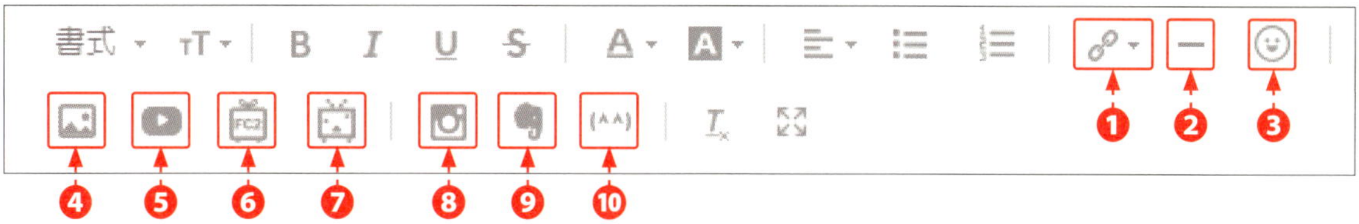

❶リンク
記事内の文章に、Webサイトへのリンクを設定できます(Sec.24参照)。FC2ブログの「アルバム」をブログで紹介する際にも、リンクを利用します(Sec.25参照)。

❷横罫線
記事に水平線を挿入します。文章に区切りを付けることができます。

❸絵文字
文章中に絵文字を使用できます。絵文字は大手通信キャリアで使われているものを選べます。

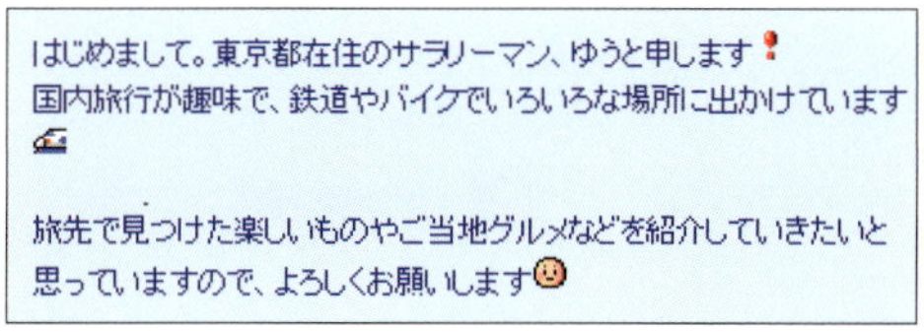

はじめまして。東京都在住のサラリーマン、ゆうと申します
国内旅行が趣味で、鉄道やバイクでいろいろな場所に出かけています
旅先で見つけた楽しいものやご当地グルメなどを紹介していきたいと
思っていますので、よろしくお願いします

❹写真の挿入
写真をブログの記事内に挿入できます。追加する写真はアップロードしたファイルから選びます(Sec.20参照)。

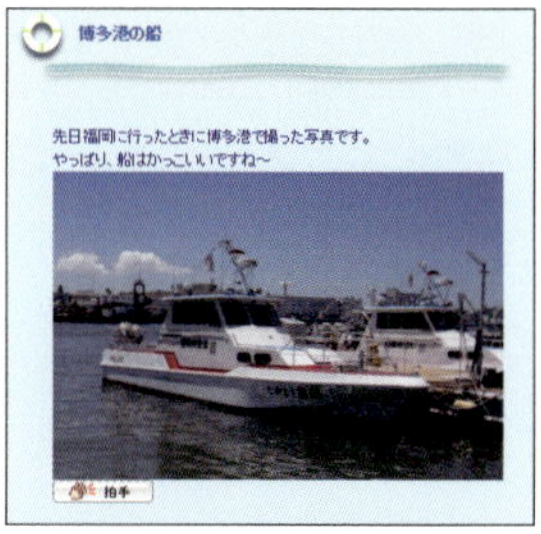

❺Youtube
動画サイトの「YouTube」で公開されている動画を記事に挿入できます(Sec.23参照)。

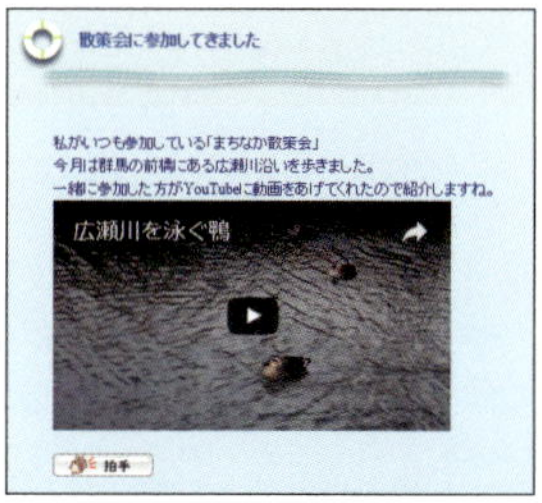

❻FC2動画
デジカメやスマートフォンで撮影した動画を記事に挿入できます。動画の挿入は、「FC2動画」と連携して行います(Sec.22参照)。

❼ニコニコ動画
動画サイトの「ニコニコ動画」で公開されている動画をブログに挿入できます。

❽Instagram
写真共有SNS「Instagram」に投稿した写真を、記事に挿入できます。挿入するにはInstagramとの連携設定が必要です。

❾Evernote
Webサービスの「Evernote」に保存した内容を、ブログ記事内に挿入できます。Evernoteとの連携設定が必要です。

❿顔文字を挿入する
記事の文章中に顔文字や「♥」などの記号を使用できます。顔文字は表情の種類ごとに分類されています。

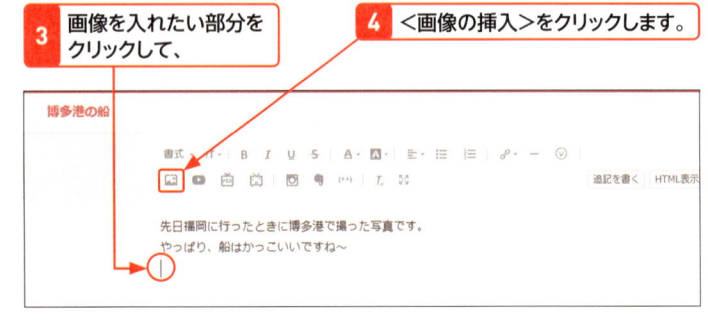

Section 20

写真入りの記事を投稿しよう

✔キーワード
- 画像のアップロード
- 画像の挿入
- 画像縮小

ブログに写真を入れることで、文章だけでは伝えきれない情報を伝えられます。写真は最初にアップロードを行い、その後、アップロードした写真の中から使用するものを選択します。写真のアップロード・選択は投稿画面から行えるので、記事を書いている途中で写真を入れたくなった場合でも簡単に操作できます。

1 写真をアップロードする

ヒント 写真をパソコンに取り込む

ブログに掲載する写真は、デジカメやスマートフォンなどから、あらかじめパソコンに取り込んでおきます。Windows 10の場合、＜フォト＞アプリを起動してデジカメなどをパソコンに接続し、＜インポート＞をクリックすることで、写真を取り込むことができます。

1 メインメニューの＜記事を書く＞をクリックします。

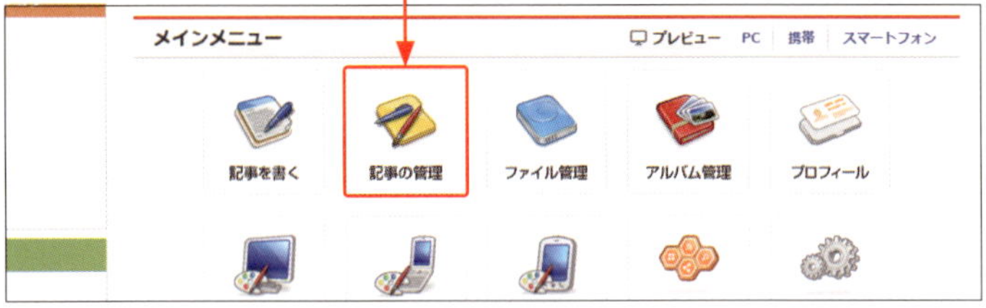

2 Sec.12と同様の手順で新規投稿を編集します。

3 画像を入れたい部分をクリックして、

4 ＜画像の挿入＞をクリックします。

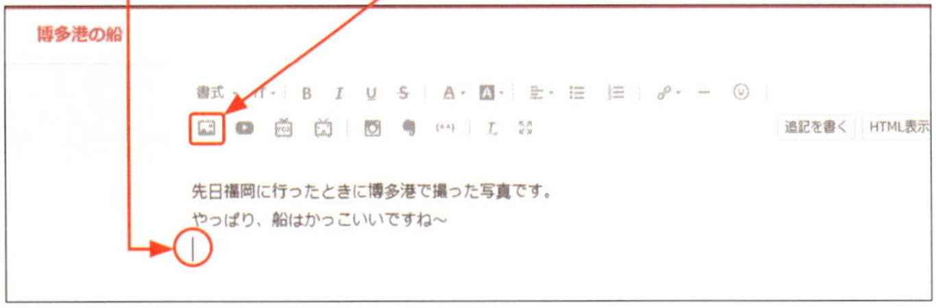

5 ＜ファイル管理＞ウィンドウが表示されます。

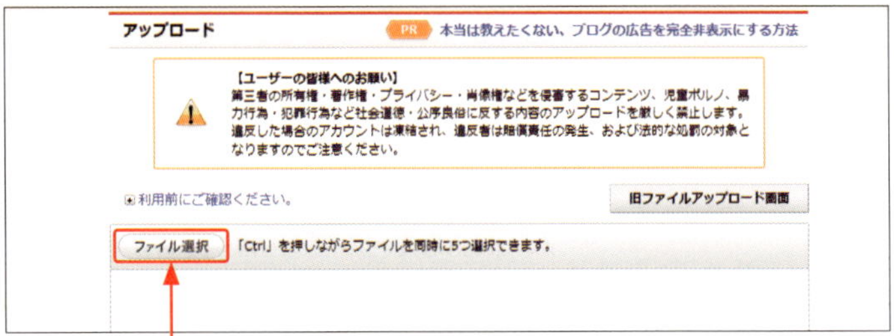

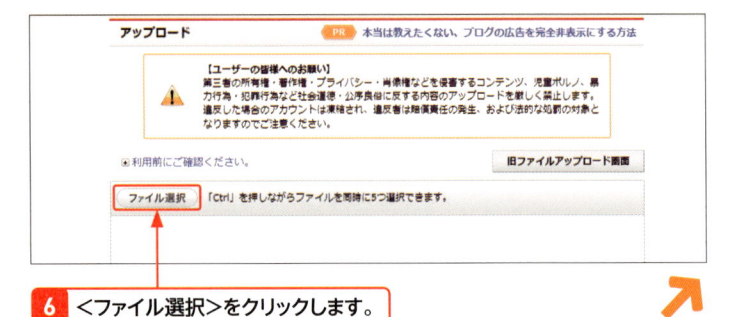

6 ＜ファイル選択＞をクリックします。

キーワード 写真のアップロード

FC2ブログでは、写真をブログに使用する場合、写真のデータをあらかじめFC2ブログのアップロードしておく必要があります。写真のアップロードは、投稿画面のほか、メインメニューの＜ファイル管理＞をクリックしても行えます。

7 使用する写真をクリックして、

8 <開く>をクリックします。

9 <アップロード>をクリックします。

ヒント 使いたい写真が表示されない場合

手順**7**で表示されたフォルダ以外の場所に保存した写真を使いたい場合は、該当するフォルダを開いて写真を選択しましょう。

ステップアップ ドラッグ&ドロップでファイルを追加する

左ページの手順**5**の画面で、「ここにファイルをドロップできます。」と表示されているエリアに、ファイルをドラッグ&ドロップすることでもファイルの追加が可能です。<エクスプローラー>などを起動し、画像を「ここにファイルをドロップできます。」と表示されている部分までドラッグします。

ステップアップ 複数の写真をアップロードする

複数の写真をまとめてアップロードしたい場合は、手順**7**の画面で、最初のファイルをクリックして選択したあと、Ctrl を押しながら2枚目以降のファイルをクリックしていきます。アップロードしたい写真をすべてクリックして、<開く>をクリックすると、選択したファイルがまとめてアップロードされます。なお、一度にアップロードできる写真の数は20枚までです。

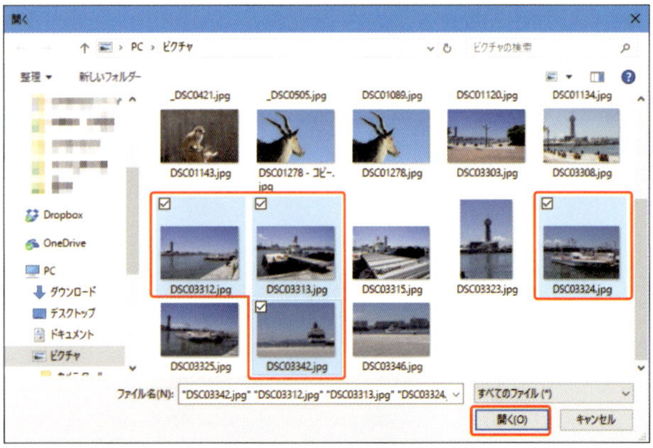

ステップアップ 写真にタイトルを追加する

アップロードした写真にはタイトルをつけることができます。手順11の画面でファイル名の下に表示される入力欄に写真のタイトルを入力しておくと、ブログの公開画面で写真をクリックしたときや、アルバム（Sec.25参照）から写真を表示したときにタイトルが表示されます。

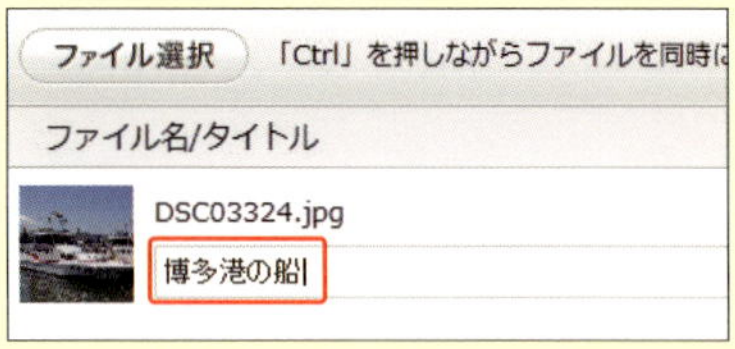

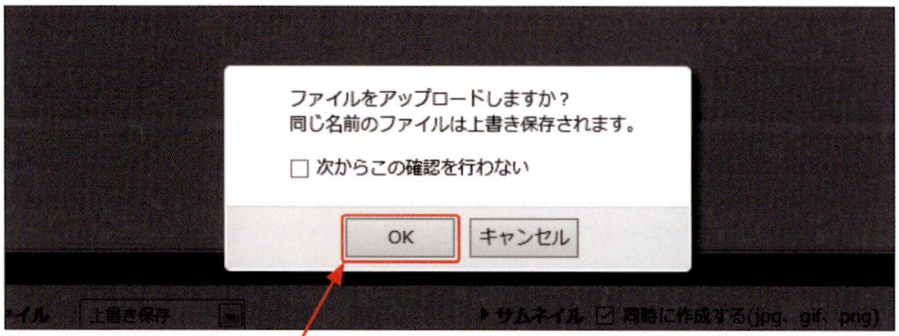

10 ＜OK＞をクリックします。

11 写真がアップロードされます。

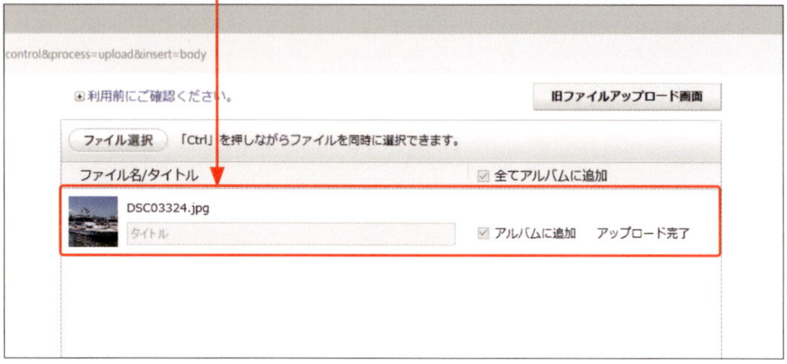

2 記事に写真を挿入する

ヒント 画面を間違って閉じてしまったら

画像のアップロード後に、＜この画像で記事を書く＞をクリックせずに手順1の画面を閉じてしまった場合は、再度投稿画面の＜画像の挿入＞をクリックします。再び手順1の画面が開かれるので、手順に沿って操作を進めます。

1 上記手順11の画面を下にスクロールします。

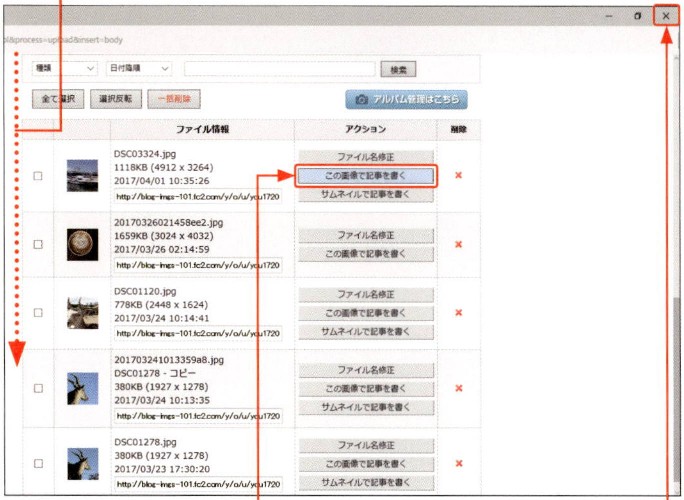

2 ＜この画像で記事を書く＞をクリックします。

3 ×をクリックします。

4 写真が挿入されます。

5 <記事を保存>をクリックします。

6 <記事を確認>をクリックします。

LINEを使って月収400万円の副収入！新感覚のプチ副業♪
1日2秒で1万円が実現できる投資♪
私が人より裕福に暮らし続けられてる理由をこっそりお教えします♪
反映には時間がかかることがあります。
記事を確認
過去記事一覧へ
再編集する

7 写真入りの記事が投稿されます。

メモ 写真を大きく表示する

公開したブログの画面で写真をクリックすると、その写真が大きく表示されます。さらに、画面右上の虫眼鏡アイコンをクリックすれば、より大きく表示することも可能です。

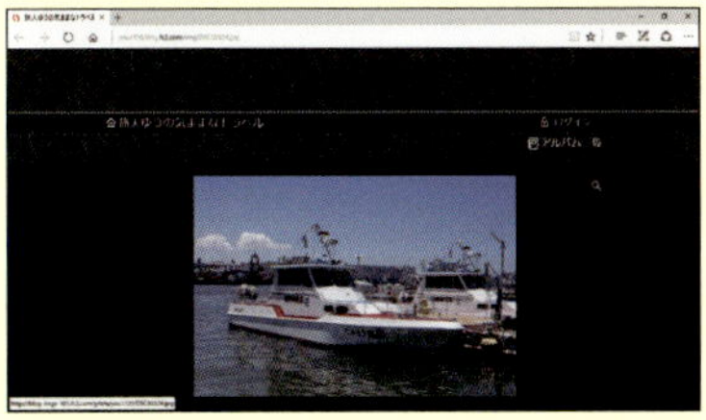

ヒント 挿入した画像を削除する

記事に挿入した画像を削除する場合は、画像の直後の位置をクリックして、キーボードの Back space キーを押します。

ステップアップ 写真の位置情報を削除する

一部の写真には撮影した場所の位置情報や、カメラの製造元の情報が記録されます。これらはExif情報といいますが、69ページの手順**9**の画面で「共通設定」からExif情報は削除できます。Exif情報を削除したい場合は、「共通設定」の「Exif」にチェックが入っているか確認しましょう。

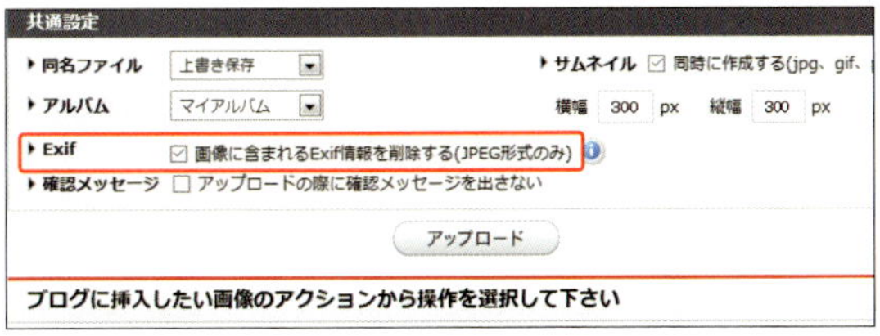

Section 21

写真を修正・加工しよう

✔キーワード
▶写真の修正
▶明るさの調整
▶切り抜き

写真が暗かったり必要のないものが写り込んでいたりした場合は、補正や加工を行ってから投稿するとよいでしょう。ここでは、シンプルな操作で写真の編集や加工ができるWindowsの「フォト」アプリを使った操作を紹介します。修正後の写真は、Sec.20の要領でブログに追加します。

1 写真をワンタッチで補正する

ヒント 「フォト」アプリに写真が表示されない場合

「フォト」アプリには、パソコンの「ピクチャ」フォルダ内の写真が表示されます。そのため、デスクトップや「ドキュメント」など、ほかの場所に写真を保存している場合は表示されません。写真を「フォト」アプリで修正したいときは、エクスプローラーの「ピクチャ」フォルダに、表示したい写真をコピーするか移動しましょう。

キーワード 補正

「フォト」アプリの「補正」は、自動で写真の明るさやコントラストなどを調整して、写真がきれいに見える状態に修正する機能です。写真の修正に慣れていない場合や、すばやく修正を行いたい場合に便利です。

メモ ワンタッチの修正を元に戻す

<補正>ボタンから写真の修正を行った場合、再度<補正>をクリックすれば元の状態に戻すことができます。

1 35ページと同様の手順で、<フォト>を起動します。

2 修正する写真をクリックします。

3 写真が表示されます。

4 <補正>をクリックすると、

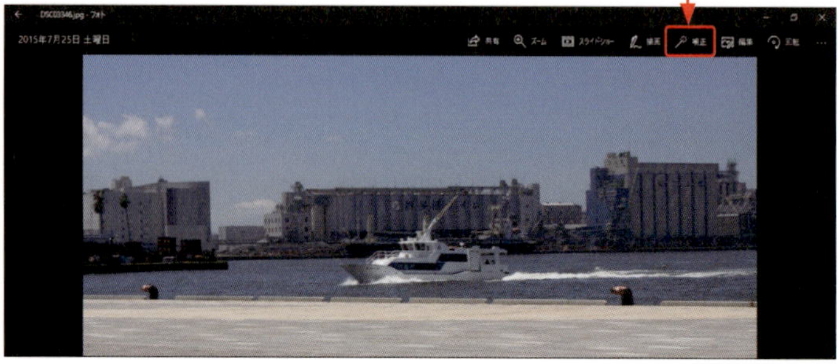

5 写真が自動で修正されます。

6 ✕をクリックします。

第3章 記事をもっと楽しくしよう

2 明るさを調整する

1 前ページと同様の手順で、「フォト」アプリで修正する写真を表示します。

2 <編集>をクリックします。

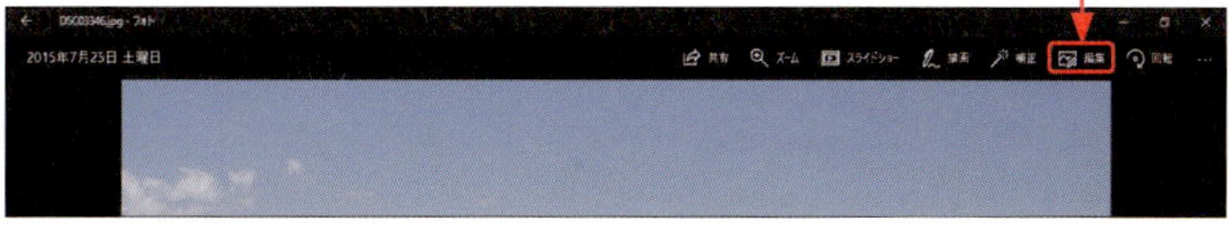

3 <写真の補正>をクリックします。

4 中央に表示されるバーを左右にドラッグして明るさを調整します。

5 コピーを<保存>をクリックします。

キーワード 写真の補正

「フォト」アプリの「写真の補正」では、写真の自然な雰囲気を維持したまま全体の明るさを調整できます。撮影した写真が暗かった場合などに簡単に便利な機能です。

ヒント 「保存」と「コピーを保存」の違い

修正後に<保存>をクリックした場合、元の写真に修正内容が上書きされます。元の写真を残しておいたうえで写真を修正したい場合は、<コピーを保存>をクリックすると、元の写真を残したまま、修正内容を反映したコピーを保存することができます。

ステップアップ フィルターで写真を加工する

フィルターとは、写真を加工して簡単に雰囲気を変えることのできるツールです。「フォト」アプリには、14種類のフィルターが用意されています。左ページと同様の手順で修正したい画像を表示し、<編集>をクリックすると、フィルターの一覧が表示されます。使用するフィルターをクリックすると、写真の見た目が変わります。

1 使用するフィルターを選びます。

2 写真にフィルターが適用されます。

3 <コピーを保存>をクリックします。

Section 22

動画入りの記事を投稿しよう

✔キーワード
▶FC動画
▶動画のアップロード
▶動画の挿入

自分で撮影した動画をブログに投稿したいときは、FC2のサービスのひとつである「FC2動画」を利用します。最初にFC2動画への登録を行い、続いて動画をアップロードします。アップロードした動画は、ブログの投稿画面から追加して、記事で公開することができます。

1 FC2動画に登録する

キーワード FC2動画

FC2動画は、FC2が運営する動画サービスです。自分で撮影した動画をインターネット上で公開して、多くの人に見てもらうことができます。FC2ブログに動画を載せる場合は、FC2動画を利用します。

メモ FC2動画への登録

FC2動画を利用するには、FC2を利用している場合でも、改めてサービスを追加する必要があります。サービスの追加には、ブログ登録時に作成したFC2 IDを利用します。FC2 IDのトップページから、「サービスの追加」をクリックして、動画を追加することで登録できます。

1 メインメニューの<FC2 ID>をクリックします。

2 <サービス追加>をクリックします。

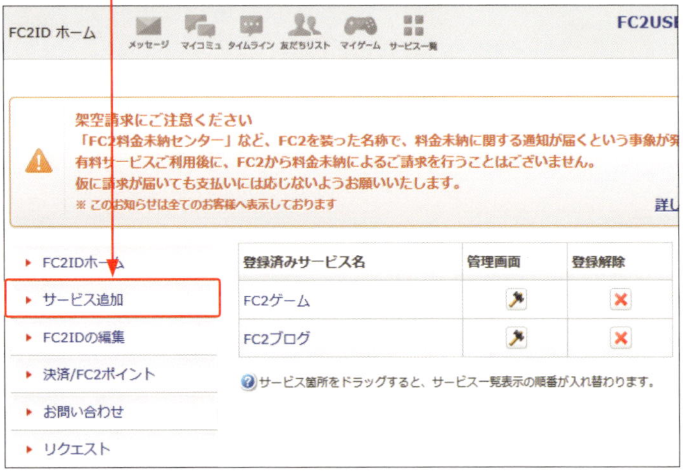

3 動画の＜サービス追加＞をクリックします。

4 「FC2動画利用規約」を確認したら、＜同意します＞をクリックします。

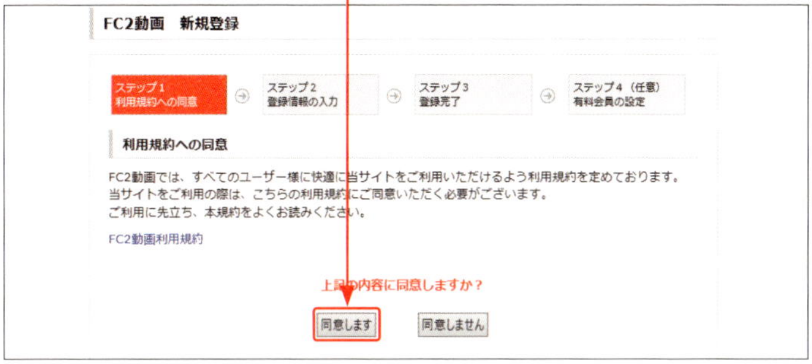

5 FC2動画で使用するニックネームを入力して、

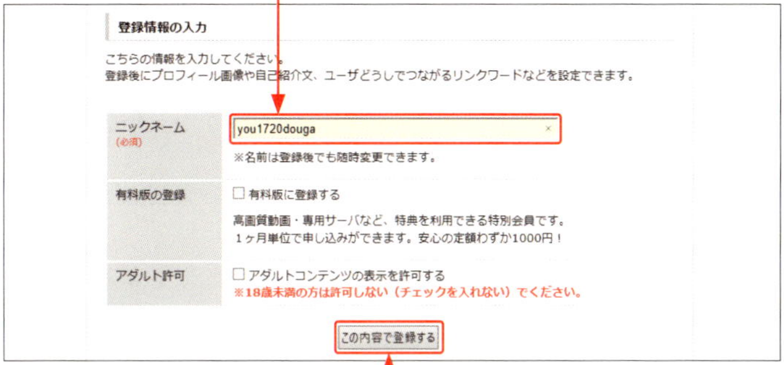

6 ＜この内容で登録する＞をクリックします。

7 FC2動画への登録が完了します。

メモ　サービスを追加済みの場合

FC2動画のサービス追加をすでに終えている場合は、手順**3**の位置に「登録済み」と表示されます。また、左ページ手順**2**の画面にも、登録済みサービス名の一覧に「FC2動画」が表示されます。FC2動画に登録済みの場合は、76ページ以降の手順に沿って、動画を記事に挿入します。

ヒント　ニックネームの設定

初期状態ではニックネーム欄にFC2 IDが表示されているので、そのまま登録しても構いません。

メモ　有料版の案内

FC2動画への登録が完了すると、続けて有料版の案内が表示されます。ここでは無料版を使用するので、そのままアップロードの操作に進みましょう。

2 動画をアップロードする

ヒント FC2動画で使用できるファイル形式

FC2動画には、flv、avi、wmv、各種のMPEGといった、一般的によく利用されるファイル形式の動画をアップロードできます。

ヒント ログイン画面が表示されたら

手順1のあとに、FC2 IDへのログイン画面が表示される場合があります。ログイン画面が表示されたら、登録したメールアドレスとパスワードを入力し、ログインをすると、手順2の画面に移動できます。

メモ アップロード可能なファイルサイズ

アップロードできる動画ファイルのサイズは、1ファイルあたり1GBまでです。サイズ超過でアップロードできない場合は、別のファイルを選択するか、動画編集アプリなどを使ってファイルサイズを小さくします。

1 メインメニューの<FC2 ID>をクリックします。

2 <FC2動画>をクリックします。

3 <アップロード>をクリックします。

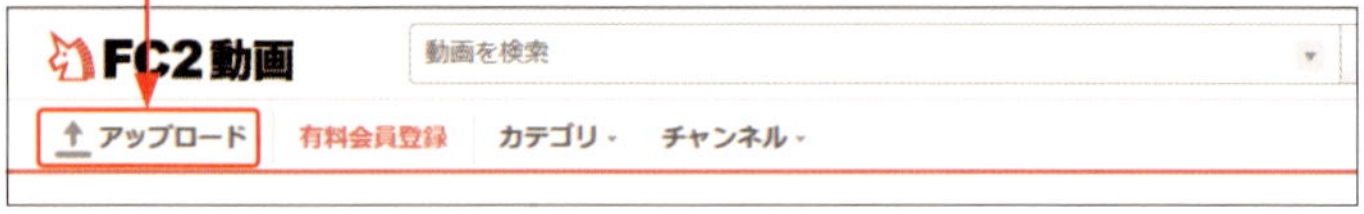

4 「上記の規約に署名します」にチェックを入れます。

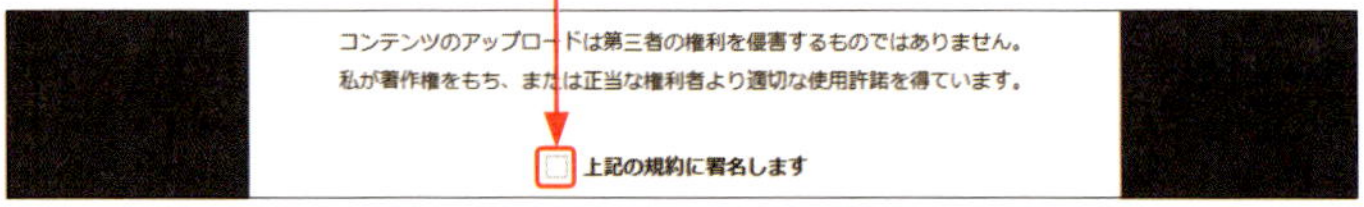

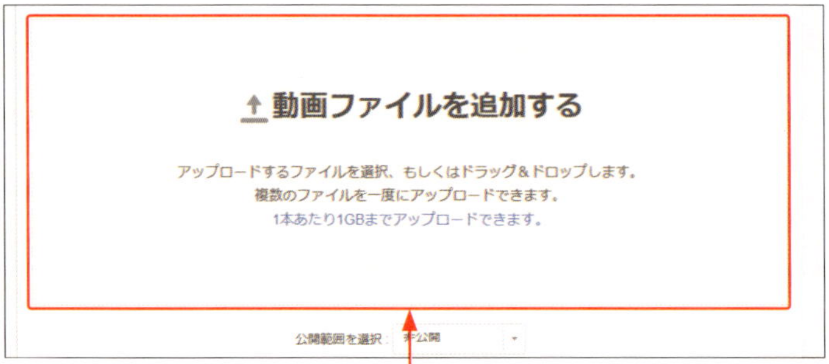

5 <動画ファイルを追加する>をクリックします。

6 使用する動画ファイルをクリックします。

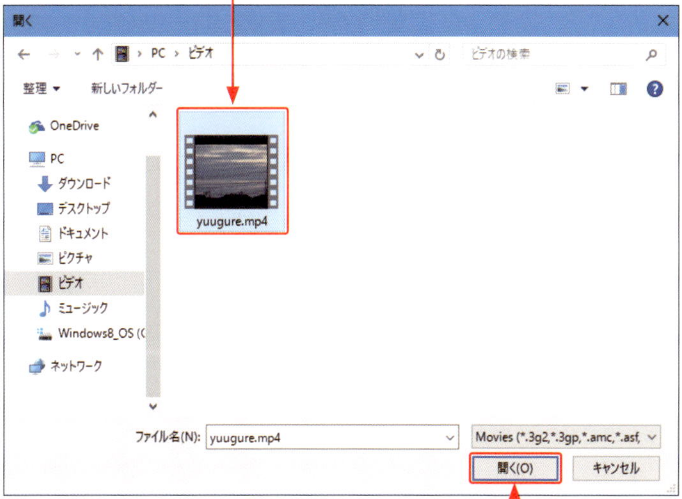

7 <開く>をクリックします。

8 <基本情報>をクリックして、

9 タイトルを編集します。

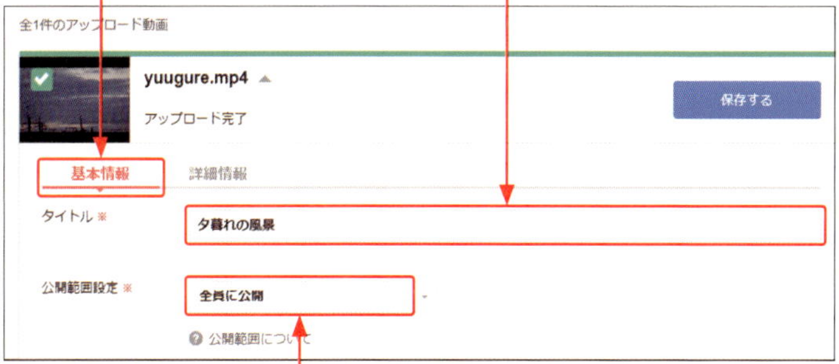

10 <全員に公開>を選択します。

11 <許可>をクリックします。

12 <一般>をクリックして、

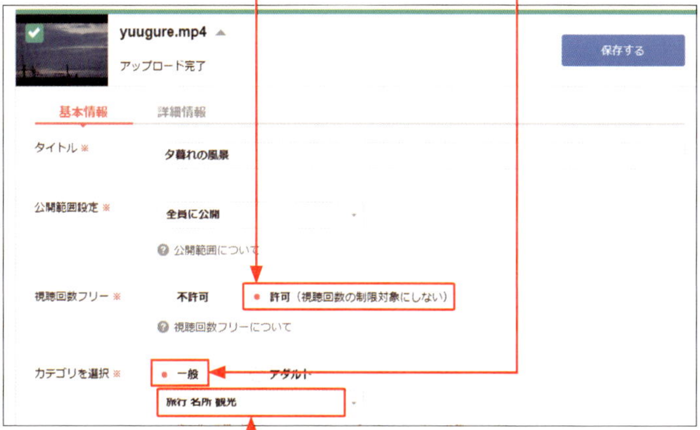

13 動画のカテゴリーを選択します。

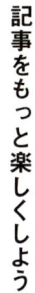

ヒント 動画の情報を設定する

手順8〜16では、動画の情報を編集します。動画の情報の入力は、動画のアップロードが完了していなくても行うことができます。動画のアップロードが完了するまでの時間を利用して入力しておけば、効率的に操作を進められます。

キーワード 公開範囲

公開範囲とは、その動画を視聴できる人の範囲のことです。「全員に公開」に設定した動画は誰でも視聴できる状態になります。ブログに投稿する動画の場合は、「全員に公開」にするとよいでしょう。動画をためしにアップロードする場合などは、「非公開」を選択することで自分だけが視聴できる状態になります。

メモ カテゴリの選択

カテゴリは、必ずいずれか1つを選択する必要があります。動画の内容にもっとも近いものを選択しましょう。

14 <詳細情報>をクリックして、

15 動画の説明文を入力します。

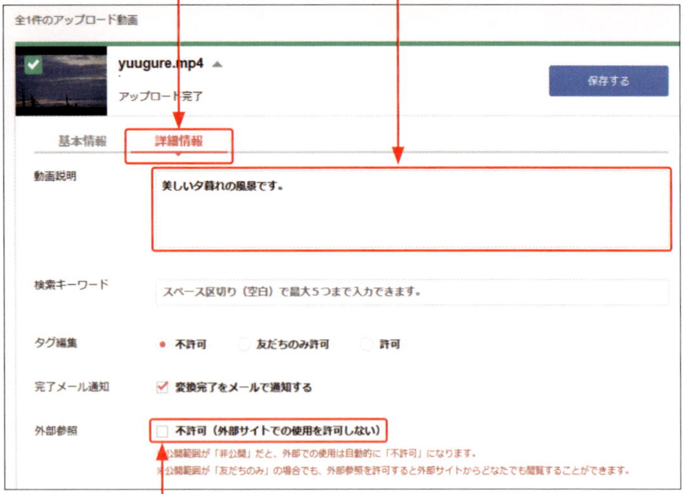

16 「外部参照」のチェックを外します。

17 <保存する>をクリックします。

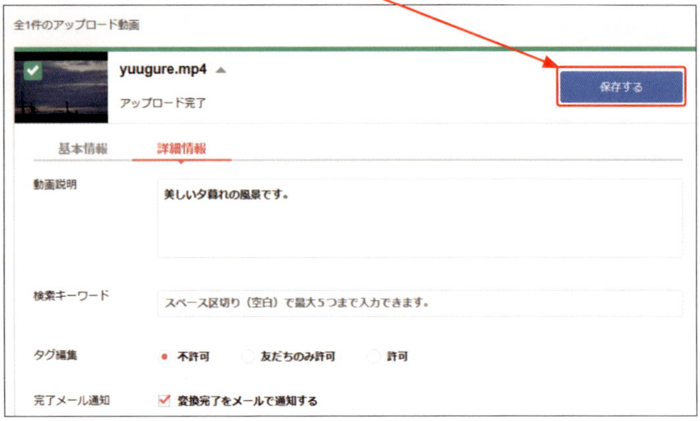

18 動画の登録が完了します。

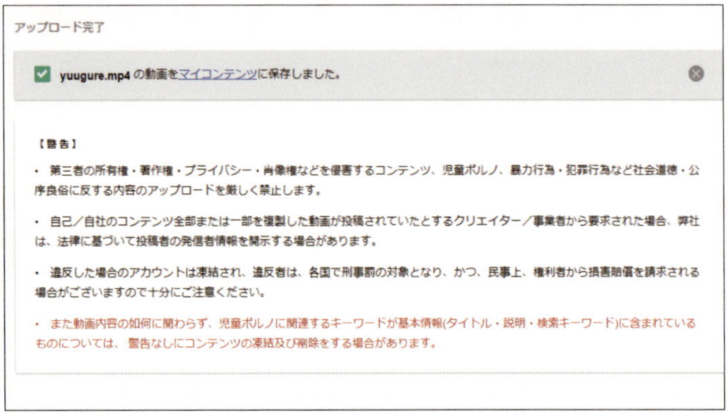

ステップアップ 検索キーワードを設定する

「検索キーワード」欄に動画に関連したキーワードを入力すると、ほかのユーザーがFC2動画内でそのキーワードで検索したときに動画が表示されるようになります。キーワードは間に空白を入れて区切ることで、最大5つまで登録できます。

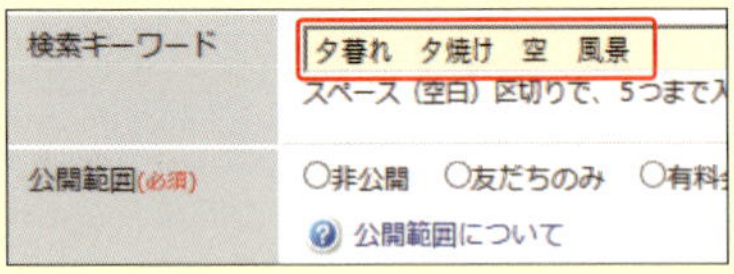

キーワード 外部参照

「外部参照：不許可」の項目にチェックが入っていると、外部サイトで動画を利用できなくなります。FC2ブログも外部のサイトとなるため、ブログ用の動画をアップロードする際はチェックを外しておきましょう。また、77ページの手順**10**で<非公開>を選択すると、外部参照が自動的に不許可になるので、<全員に公開>または<友だちのみ>を選択します。

メモ 完了メール通知

手順**14**の画面で「完了メール通知」にチェックを入れておくと、視聴できる状態になったときに通知メールが届きます。通知が不要な場合はチェックを外しておきましょう。

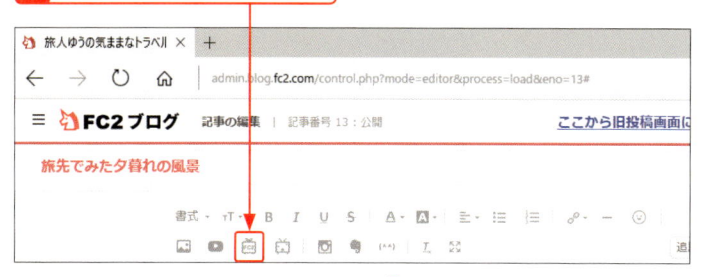

3 記事に動画を挿入する

1 Sec.12と同様の手順で、新規投稿を編集します。

2 <FC2動画>をクリックします。

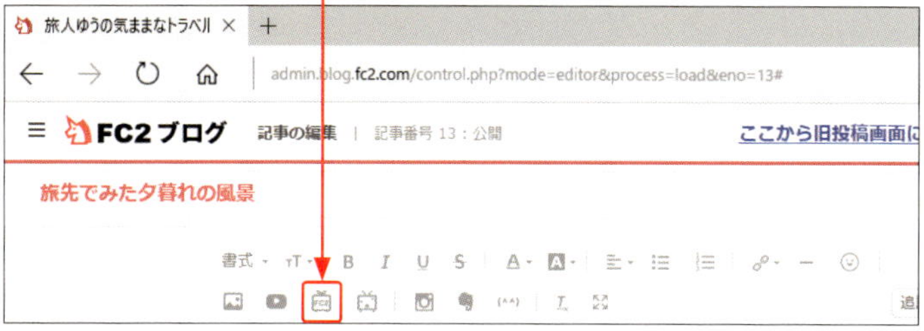

3 <動画を投稿>をクリックし、

4 ×をクリックします。

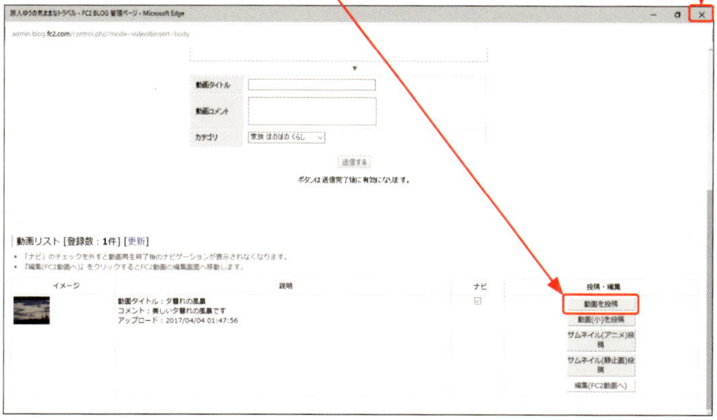

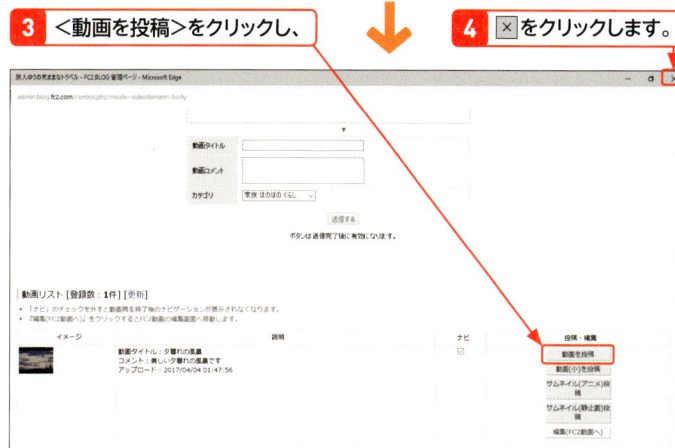

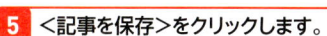

5 <記事を保存>をクリックします。

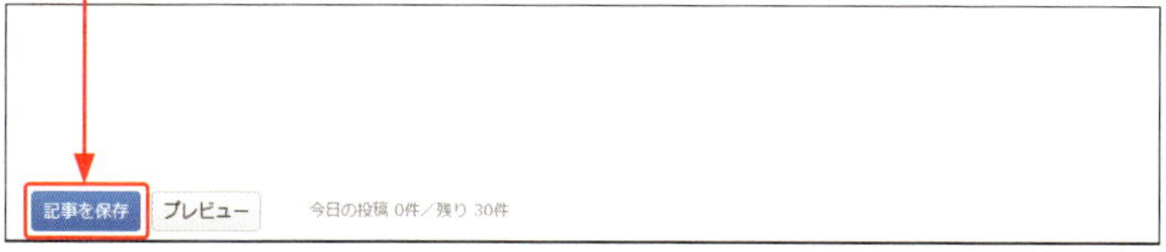

記事を確認すると、動画が挿入されています。

メモ 動画の内容を確認する

手順3の画面で動画リストで<編集(FC2動画へ)>をクリックするとFC2動画のサイトが表示され、動画を再生して確認できます。

ステップアップ 小さなサイズで動画を載せる

手順3では、挿入する動画の表示形式を選択できます。動画を小さなサイズで表示させたいときは、<動画(小)を投稿>をクリックします。

メモ 投稿画面上の表示

FC2動画を記事に追加しても、投稿画面上では動画は表示されません。<記事を保存>をクリックして公開すると動画が表示されます。

Section 23

YouTubeの動画を記事に挿入しよう

✔キーワード
- YouTube
- 共有URL
- ニコニコ動画

YouTubeで公開されている動画をブログで紹介するときは、共有用のURLを取得しましょう。共有用のURLを記事に追加することで、記事に動画再生用のウインドウが表示され、ページを切り替えることなくそのままYouTube動画を再生できるようになります。

1 YouTubeの共有用URLを取得する

1 YouTube（https://www.youtube.com）で、ブログに挿入したい動画を表示します。

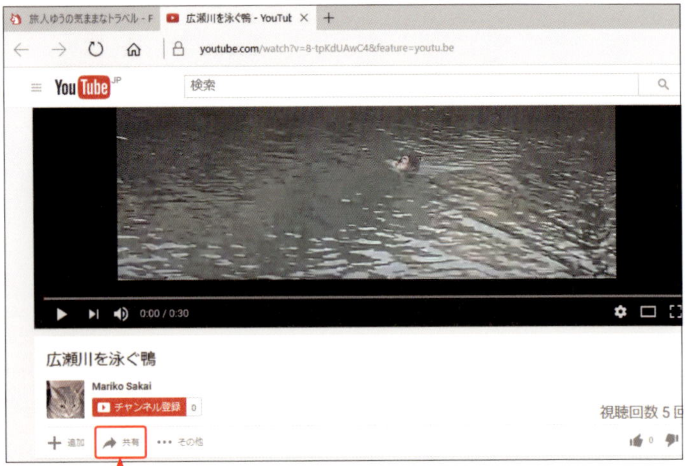

2 ＜共有＞をクリックします。

3 URLをコピーします。

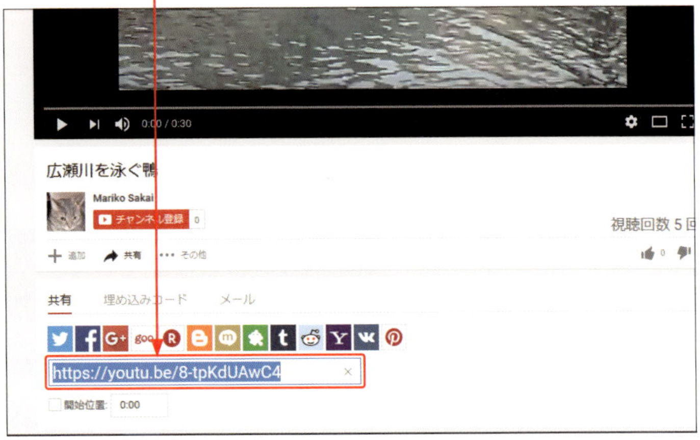

メモ URLをコピーする／貼り付ける

URLをコピーするには、URLをクリックし、URLが青く表示された状態で右クリックして、＜コピー＞をクリックします。また、コピーしたURLを貼り付ける場合は、貼り付ける場所をクリックしてからクリックをし、＜貼り付け＞をクリックします。

キーワード YouTube

YouTubeは世界最大級の動画共有サービスで、数多くの動画を視聴することができます。FC2ブログでは、YouTubeに投稿されてる動画にそれぞれ設定されている共有用のURLを利用して、記事にYouTubeの動画を挿入することができます。なお、動画には著作権があるため、ブログに挿入する際は十分注意しましょう。

ヒント 共有URL

YouTubeでコピーするのは、ブラウザのアドレスバー表示されるURLではなく、動画共有用のリンクです。アドレスバーのURLでは、記事に動画を挿入できません。

2 YouTubeの動画を挿入する

1 Sec.12と同様の手順で、新規投稿を編集します。

2 <YouTube>をクリックします。

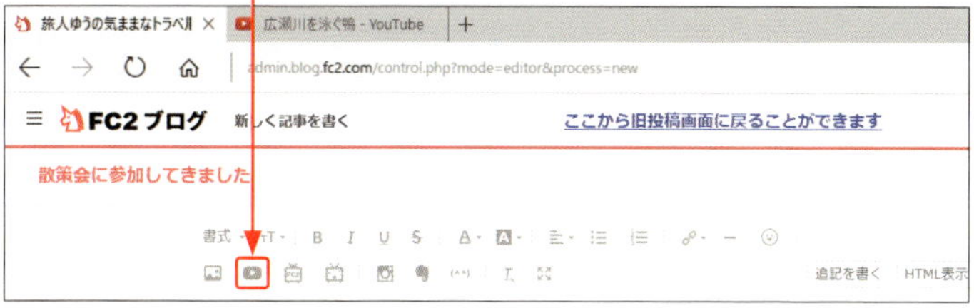

3 <YouTube動画>画面が表示されます。

4 前ページの手順**3**でコピーしたURLを貼り付けます。

5 <投稿>をクリックして、

6 ×をクリックします。

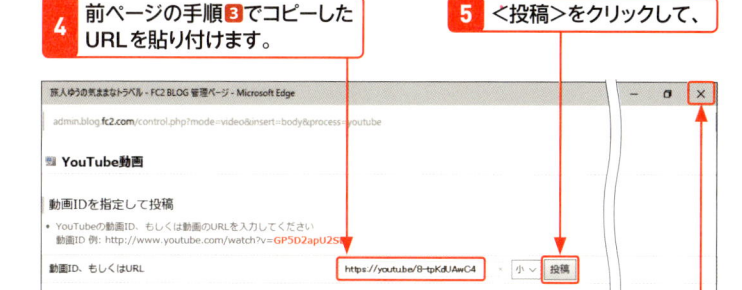

7 記事にYouTube動画が挿入されます。

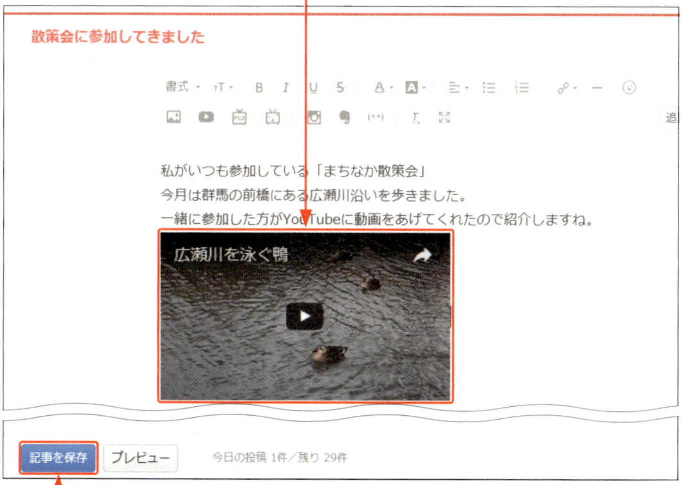

8 <記事を保存>をクリックします。

ステップアップ 動画のサイズを選択する

手順**5**のURL入力欄の横にあるドロップダウンリストからは、動画の表示サイズを選択できます。

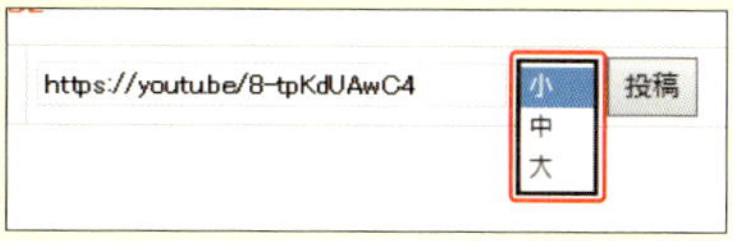

ステップアップ ニコニコ動画の動画を挿入する

YouTubeと同様の手順で、ニコニコ動画の動画を記事に挿入することも可能です。ニコニコ動画で共有用のURLを取得し、手順**2**で<ニコニコ動画>をクリックして、表示される画面に共有用のURLを追加します。

メモ 動画を再生する

記事に挿入したYouTubeの動画は、中央の再生マークをクリックすると、画面を切り替えることなく動画を再生できます。動画をYouTubeで表示したい場合は、再生中にウインドウ下部に表示されるYouTubeのロゴをクリックします。

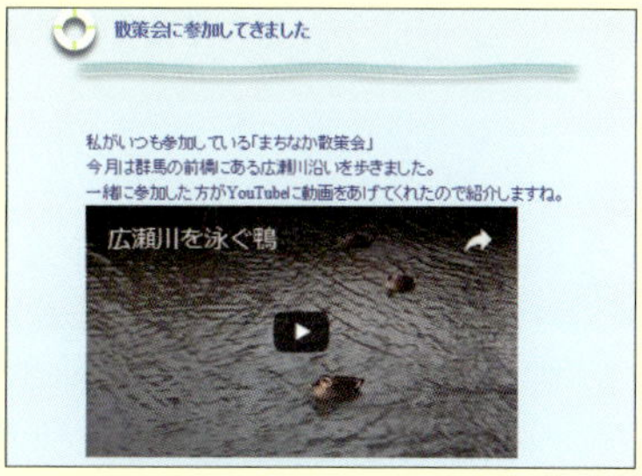

Section 24

ほかのサイトへのリンクを挿入しよう

✔キーワード
- リンクの作成
- URL
- リンクの削除

記事内で外部のウェブサイトを紹介したいときは、そのサイトのリンクを文章に設定しましょう。リンクは設定ツールからリンク先のURLを入力するだけで簡単に追加が可能です。また、リンクが挿入された部分の文字は、ほかの部分とは異なる色で表示されます。

1 ウェブサイトへのリンクを追加する

キーワード リンク

リンクとは、特定の文字をクリックすることで、あらかじめ設定した別のサイトに移動できる機能です。記事内でほかのウェブサイトを紹介したい場合などに利用します。

1 ブログで紹介したいウェブサイトを表示します。

2 URLをコピーします。

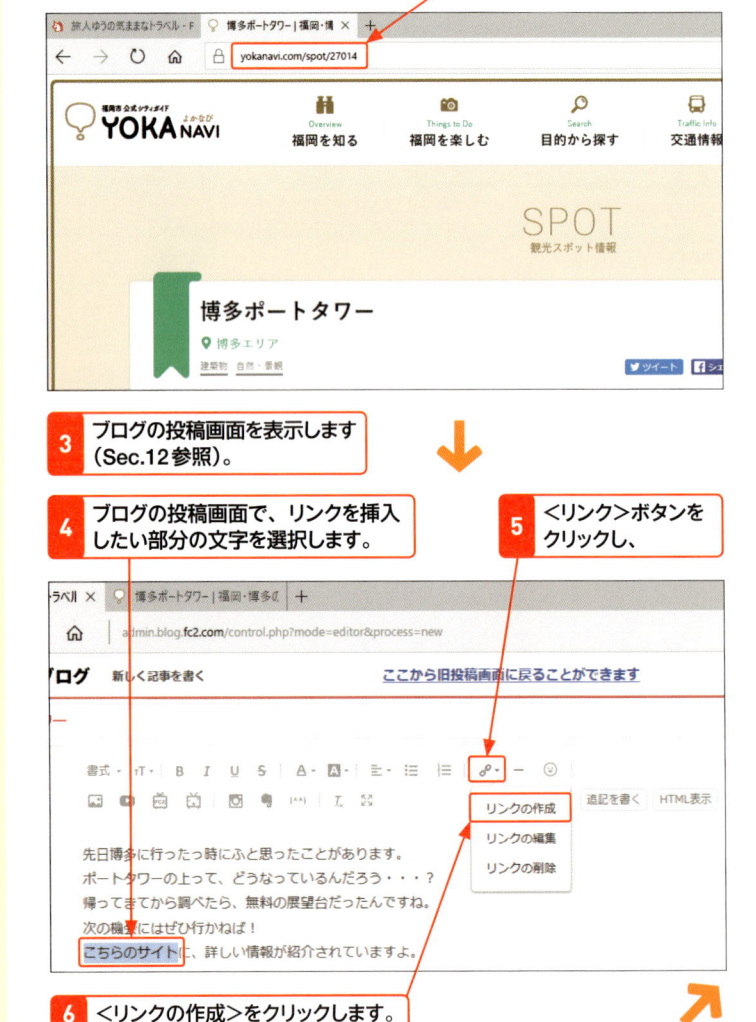

3 ブログの投稿画面を表示します（Sec.12参照）。

4 ブログの投稿画面で、リンクを挿入したい部分の文字を選択します。

5 <リンク>ボタンをクリックし、

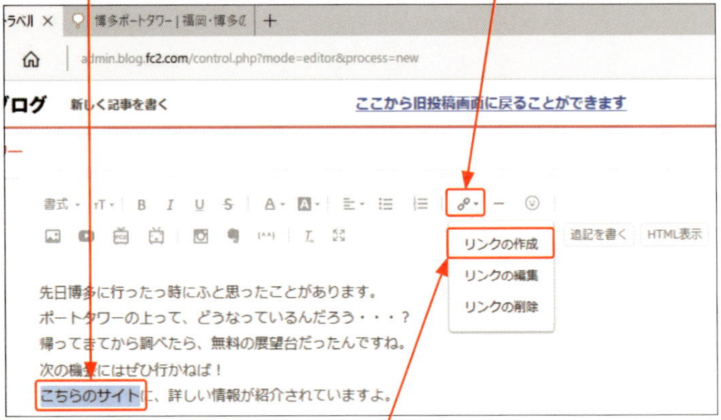

6 <リンクの作成>をクリックします。

ヒント URLのコピーやペーストをする

URLをコピーするには、アドレスバーに表示されたURLを選択し、右クリックをして、<コピー>をクリックします。また、貼り付ける場合は、貼り付ける場所をクリックしてから、右クリックをして、<貼り付け>をクリックします。

7 コピーしたリンク先のURLを貼り付けます。

8 <作成>をクリックします。

9 選択した文章にリンクが設定されます。

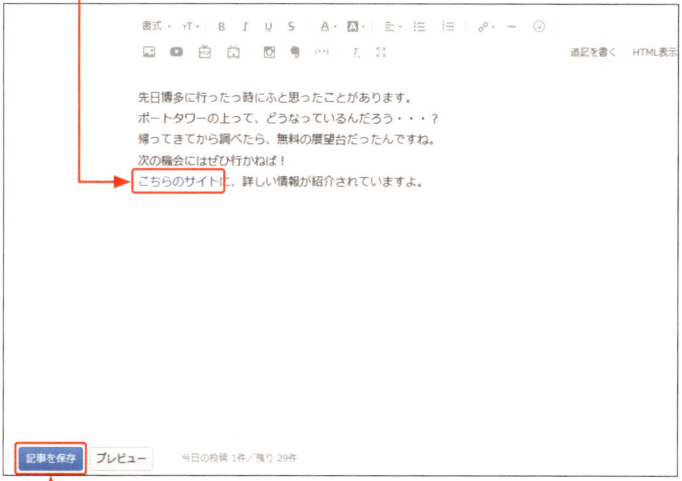

10 <記事を保存>をクリックします。

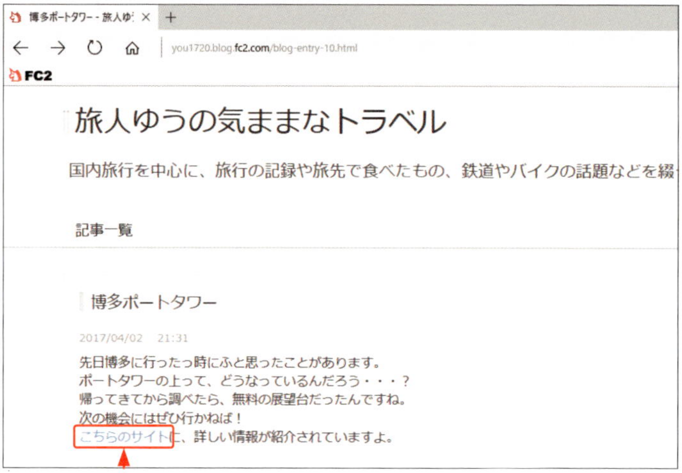

記事にリンクが設定されます。

ヒント リンクを削除する

リンクを取り消したい場合は、リンクを挿入した文字を選択してから<リンク>ボタンをクリックし、<リンクの削除>をクリックします。

ステップアップ リンク先の開き方を設定する

通常設定したリンクをクリックした場合、元のブログの画面と同じタブで、リンク先の画面にページが切り替わります。ブログの画面を残したまま、リンク先を新しいタブで表示したい場合は、手順7で「Target」の入力欄に「_blank」と入力します。

メモ リンクが入った箇所の表示

リンクの挿入された文字は別の色で表示されるので、そこにリンクが入っていることがわかります。

メモ リンクを確認する

設定したリンクが正しく表示されるか確認するには、プレビュー画面、もしくは投稿した記事で実際にリンクをクリックします。リンクをクリックすると、設定したURLのサイトが表示されます。

Section 25

複数の写真をアルバムにまとめよう

✔キーワード
- ▶アルバム
- ▶マイアルバム
- ▶アルバムの挿入

たくさんの写真をブログで紹介して、記事が長くなり見づらくなる場合に役立つのが、写真をまとめて表示できる「アルバム」機能です。アルバムにまとめて整理して、ブログの記事にアルバムのリンクを挿入して、読者に公開することができます。

1 アルバムを新規作成する

キーワード アルバム

アルバムは、アップロードした複数の写真をまとめて閲覧できる機能です。ブログで紹介したい写真の枚数が多い場合など役立ちます。

メモ 「アルバム管理」画面

「メインメニュー」の＜アルバム管理＞をクリックすると、「アルバム管理」画面が表示されます。新しくアルバムの作成や、アルバムの写真を編集などを行うことができます。また、アルバムをブログで紹介する際に必要になるリンクも、「アルバム管理」画面から取得します。

キーワード マイアルバム

手順2の画面を開くと、「マイアルバム」が表示される場合があります。これはFC2ブログにあらかじめ用意されているアルバムで、アップロード先をとくに指定せずにアップロードした写真はここに追加されます。

1 メインメニューの＜アルバム管理＞をクリックします。

2 ＜新規アルバム作成＞をクリックします。

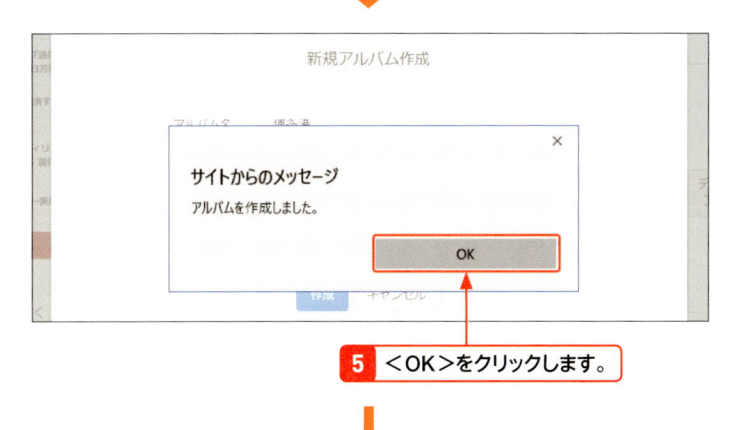

3 アルバム名を入力して、

4 <作成>をクリックします。

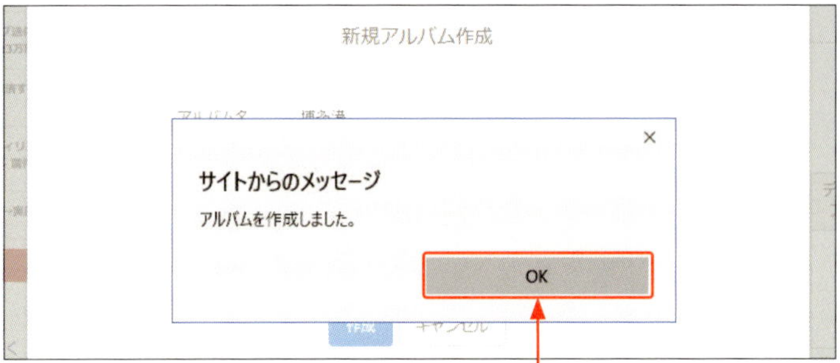

5 <OK>をクリックします。

6 <アップロード済みの画像を追加>をクリックします。

ステップアップ アルバムの詳細を設定する

アルバム作成画面では、アルバムの背景色と公開範囲を選択できます。公開範囲は、誰でも閲覧可能な「公開」のほか、特定の人だけが閲覧できる設定や自分だけが閲覧できる「非公開」の設定も可能です。

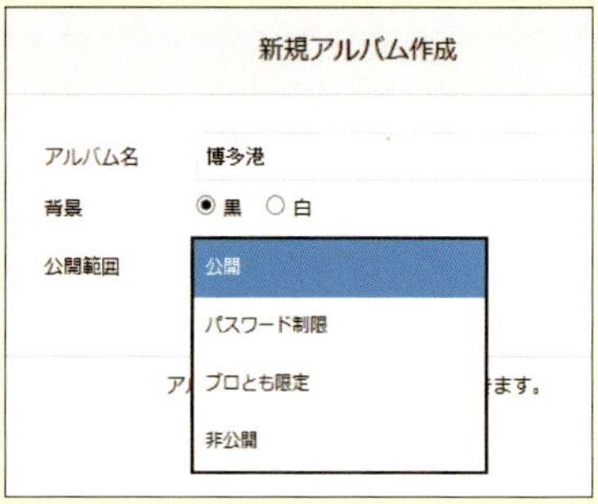

ヒント アルバムに追加できる写真の枚数

1つのアルバムに追加できる写真の上限は200枚です。「アルバム管理」画面には、現在のアルバム内の写真の枚数および登録可能な残りの枚数が表示されます。

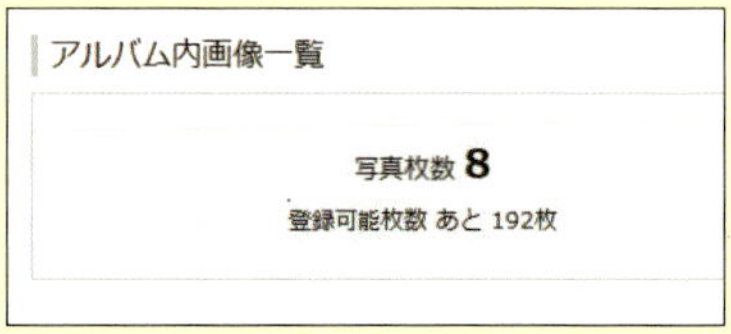

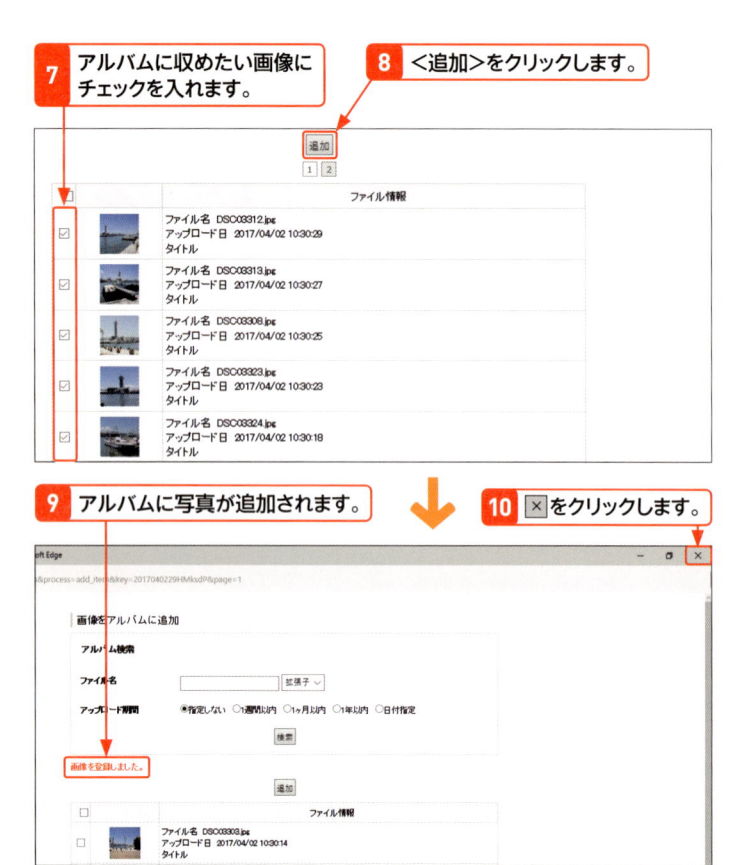

7 アルバムに収めたい画像にチェックを入れます。

8 <追加>をクリックします。

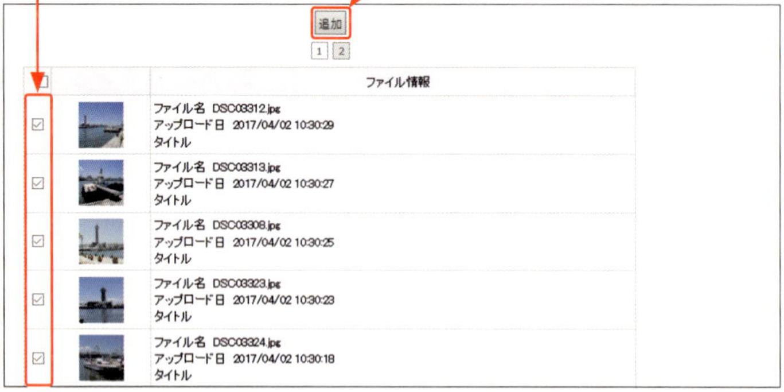

9 アルバムに写真が追加されます。

10 ×をクリックします。

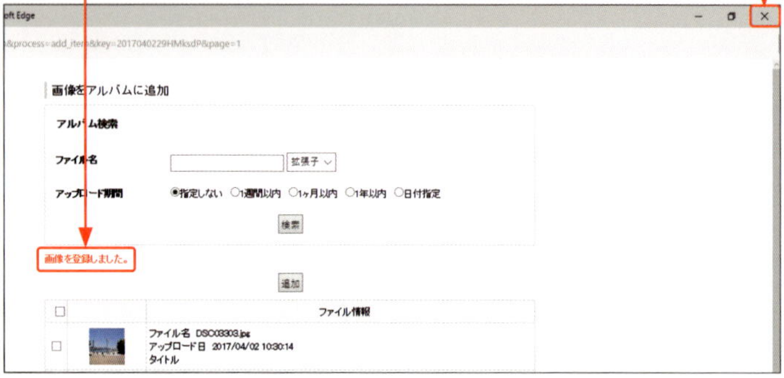

ヒント 条件から写真を探す

手順9の画面上部の「アルバム検索」では、追加したい写真を検索できます。ファイル名、拡張子、アップロード期間を必要に応じてそれぞれ指定し、<検索>をクリックします。

ヒント すべての写真を選択する

手順7の画面で写真一覧最上部のチェックボックスにチェックを入れると、すべての写真が選択された状態になります。下記「ヒント」の「アルバム検索」で条件を指定して写真を検索したあとに、この方法ですべての写真を選択すれば、条件に一致した写真だけを効率的に追加できます。

2 アルバムをブログで紹介する

メモ アルバムを公開する

作成したアルバムの写真を訪問者が閲覧できるようにするには、アルバムへのリンクを記事に追加する必要があります。

1 メインメニューの<アルバム管理>をクリックします。

2 紹介したいアルバムのURLをコピーします。

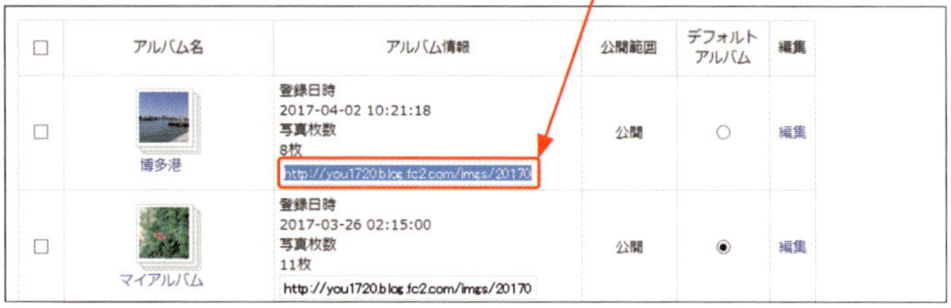

3 投稿画面を表示します(Sec.12参照)。

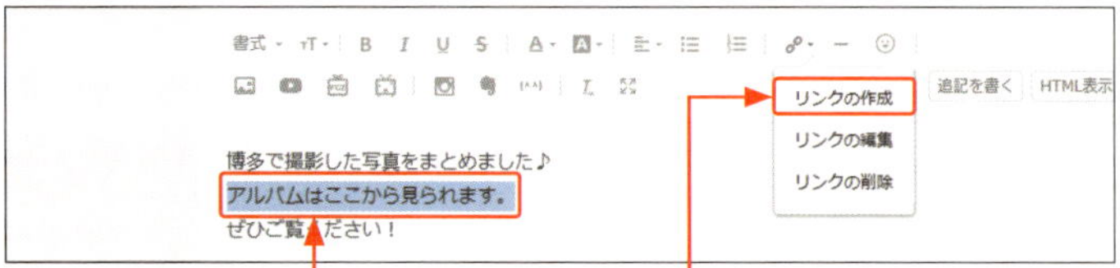

4 リンクを設定したい個所を選択し、

5 <リンク>をクリックして、<リンクの作成>をクリックします。

6 アルバムのURLを貼り付けて、

7 <作成>をクリックします。

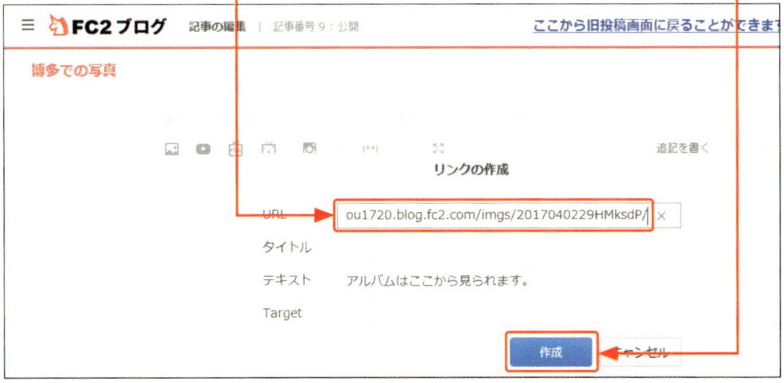

8 <記事を保存>をクリックします。

3 アルバムを閲覧する

1 記事中のアルバムへのリンクをクリックすると、

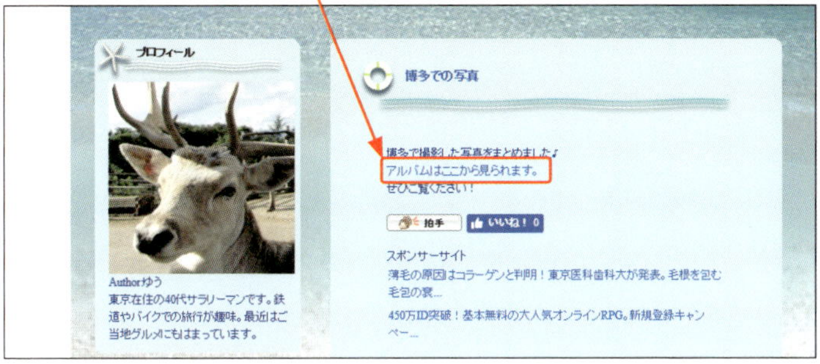

2 アルバムが表示されます。

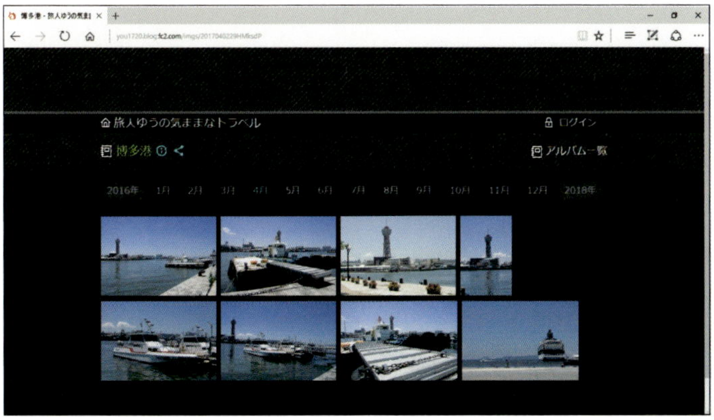

ヒント サイドバーにアルバムを表示する

アルバム用のプラグイン（Sec.28参照）を利用すれば、アルバムの写真をサイドバーに表示させることも可能です。

メモ 任意のアルバムに写真を追加する

新たにアップロードする写真は、任意のアルバムに追加することもできます。メインメニューの<ファイル管理>をクリックして、アップロード画面を表示し、「アルバム」のドロップダウンリストで追加先を選択してからアップロードを行います。

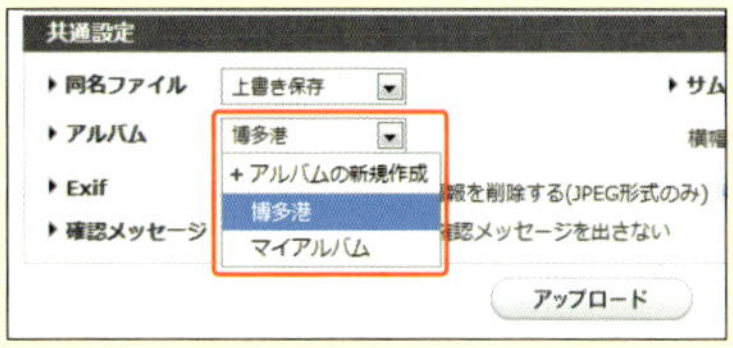

ステップアップ アルバムを確認する

作成したアルバムの内容を確認したい場合は、メインメニューの<アルバム管理>をクリックして、アルバム名をクリックします。アルバムの内容が表示され、写真を閲覧できます。

Section 26

記事の見出し画像を設定しよう

✔キーワード
- 見出し画像
- メタタグ編集
- アイキャッチ画像

記事に見出し画像を設定しておくと、SNSでブログ更新のお知らせを投稿したときにその画像が表示されます。記事のイメージに合った画像を設定することで注目を集めやすくなります。また、見出し画像はブログの記事一覧にも表示されます。

1 メタタグを有効にする

キーワード 見出し画像

見出し画像はアイキャッチ画像ともよばれ、ブログの記事一覧や、Facebookなどの SNS投稿時に表示する画像を意味します。ブログ更新のお知らせがSNSで目立つようにしたい場合などに活用するといいでしょう。なお、見出し画像は記事の中には表示されません。

メモ メタタグの設定

見出し画像を設定するには、最初に環境設定から「メタタグ」とよばれる設定を有効にしておく必要があります。メタタグを有効にするには、OGP設定で<有効にする>を選択します。

1 メインメニューの<環境設定>をクリックします。

2 <ブログの設定>にマウスカーソルを置いて、

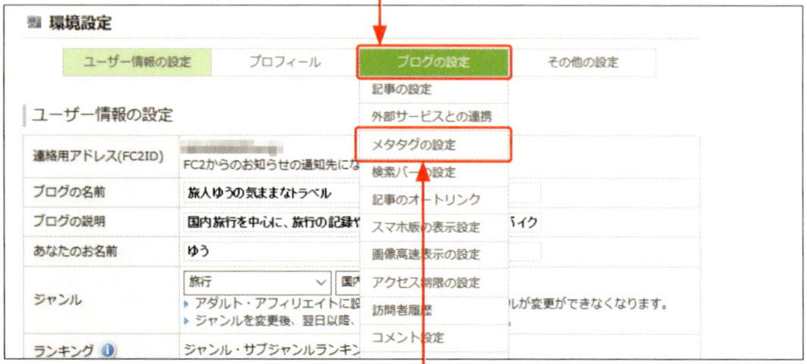

3 <メタタグの設定>をクリックします。

4 「OGP設定」のドロップダウンリストで、<有効にする>をクリックします。

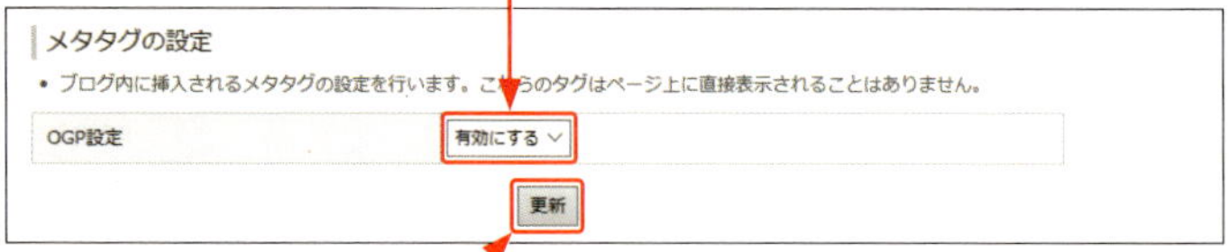

5 <更新>をクリックします。

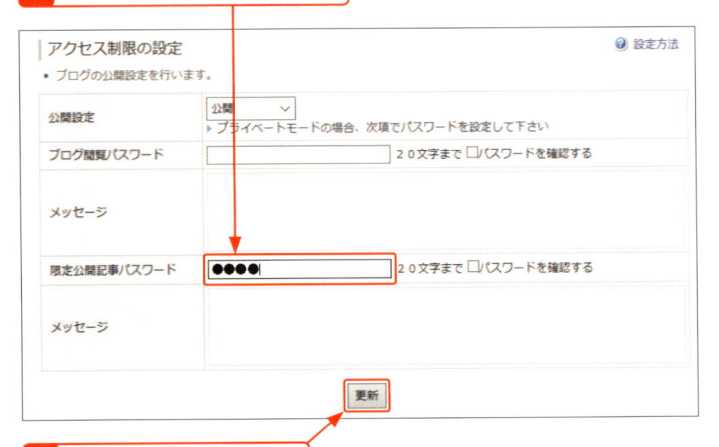

2 画像を選択する

1 Sec.12と同様の手順で、新規投稿を編集します。

2 <メタタグ編集>をクリックします。

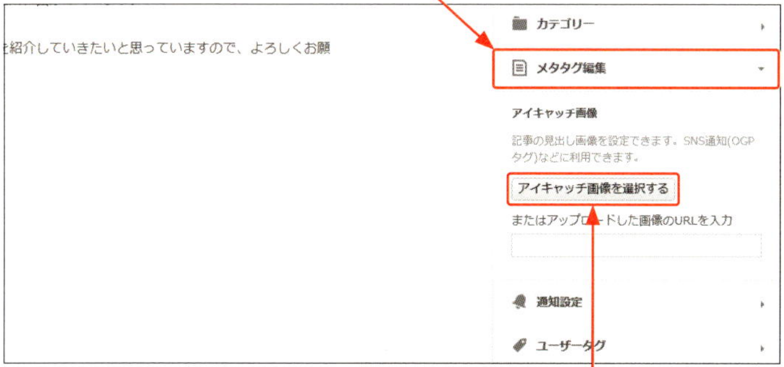

3 <アイキャッチ画像を選択する>をクリックします。

4 使用する画像の<この画像を選ぶ>をクリックします。

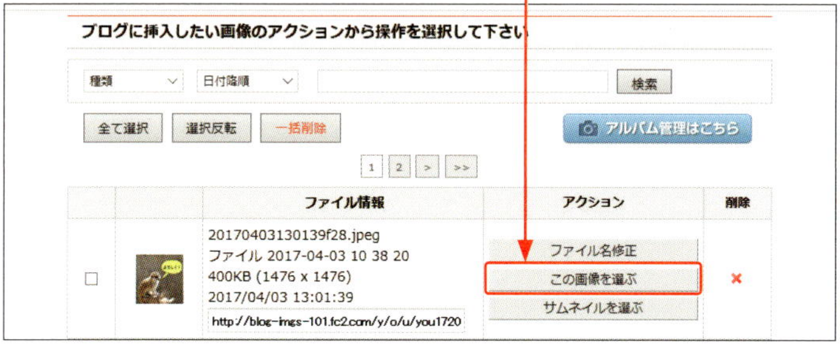

5 アイキャッチ画像が追加されます。

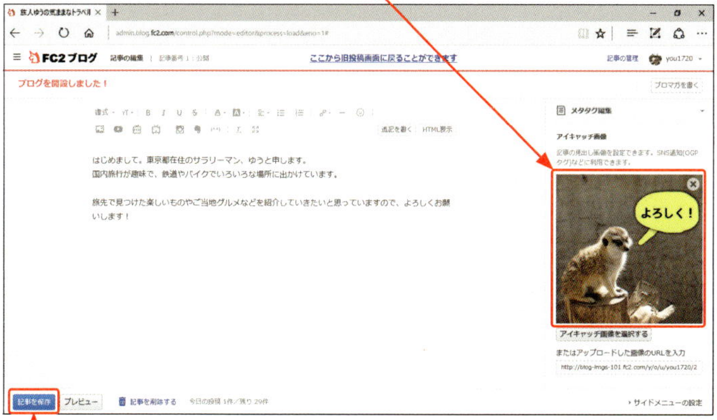

6 <記事を保存>をクリックします。

ヒント メタタグ編集を表示する

サイドメニューに「メタタグ編集」の項目が表示されない場合は、サイドメニューの設定を変更します。手順2の画面で<サイドメニューの設定>をクリックして、「メタタグ編集」にチェックを入れます。

メモ 使用する画像をアップロードする

見出し画像として使用する写真を新たにアップロードすることも可能です。アップロード方法は、記事に写真を追加するときの手順（Sec.20）と同じです。

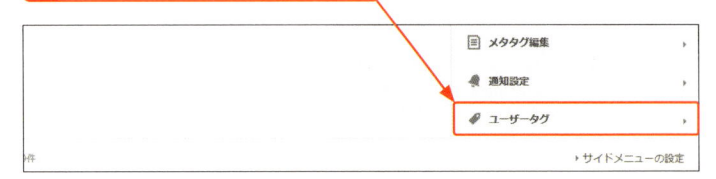

Section 27

記事のキーワードを設定しよう

✔ キーワード
- 記事のキーワード
- ユーザータグ
- タグをリンクにする

「ユーザータグ」とよばれるキーワードを設定すると、記事をあとから探しやすくなります。1つの記事に最大10個のキーワードを追加でき、記事内のキーワードに自動でリンクを追加することも可能です。カテゴリより細かく記事を分類することができます。

1 記事にキーワードを追加する

キーワード ユーザータグ

ユーザータグとは、その記事に関連した単語を登録することで記事を探しやすくする機能です。1つの記事に10個まで追加でき、追加したキーワードは記事の下部に表示されます。

メモ 複数のタグを入力する

手順3でタグを複数入力したい場合は、キーワードとキーワードの間にスペースを入力して区切ります。タグは最大10個まで設定できます。

ヒント タグをリンクにする

キーワード入力欄の下に表示される「タグをリンクにする」にチェックを入れると、記事内のキーワードにリンクが追加されます。リンクが設定されたキーワードをクリックするとそのキーワードがつけられた記事の一覧が表示されます。

1 Sec.12と同様の手順で、新規投稿を編集します。

2 <ユーザータグ>をクリックします。

メタタグ編集
通知設定
ユーザータグ
サイドメニューの設定

3 キーワードをスペースで区切って入力します。

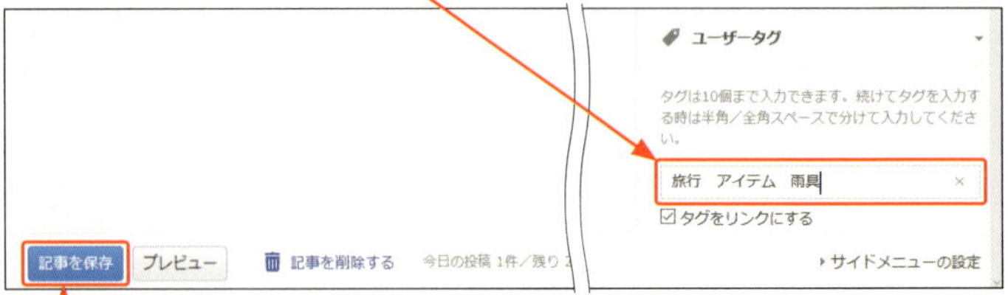

ユーザータグ
タグは10個まで入力できます。続けてタグを入力する時は半角／全角スペースで分けて入力してください。
旅行 アイテム 雨具
タグをリンクにする
記事を保存
プレビュー
記事を削除する
サイドメニューの設定

4 <記事を保存>をクリックします。

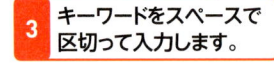

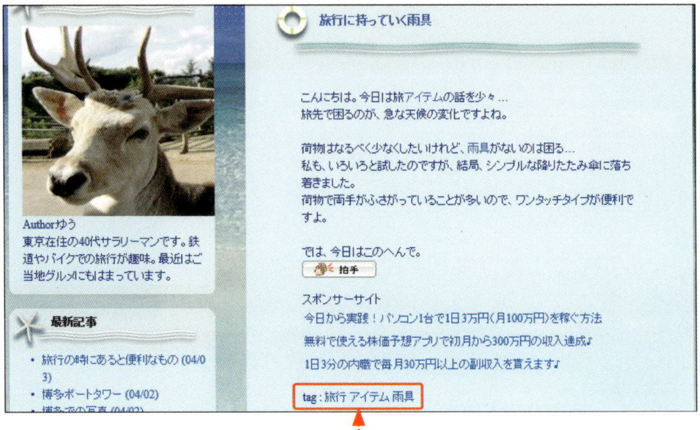

旅行に持っていく雨具
こんにちは。今日は旅アイテムの話を少々…
旅先で困るのが、急な天候の変化ですよね。
荷物はなるべく少なくしたいけれど、雨具がないのは困る…
私も、いろいろと試したのですが、結局、シンプルな降りたたみ傘に落ち着きました。
荷物で両手がふさがっていることが多いので、ワンタッチタイプが便利ですよ。
では、今日はこのへんで。
拍手
スポンサーサイト
今日から実践！パソコン1台で1日3万円(月100万円)を稼ぐ方法
無料で使える株価予想アプリで初月から300万円の収入達成♪
1日3分の内職で毎月30万円以上の副収入を貰えます♪
tag：旅行 アイテム 雨具
Authorゆう
東京在住の40代サラリーマンです。鉄道やバイクでの旅行が趣味。最近はご当地グルメにもはまっています。
最新記事
旅行の時にあると便利なもの (04/03)
博多ポートタワー (04/02)

記事の下部に設定したタグが表示されます。

第4章

ブログのデザインをアレンジしよう

Section 28

プラグインでブログのデザインを変更しよう

✔キーワード
- プラグイン
- 公式プラグイン
- 共有プラグイン

ブログ全体の印象を決める要素のひとつにプラグインがあります。プラグインを追加することで、ブログにさまざまな情報を表示したり、便利な機能を利用できるようになったりします。まずは、プラグインの概要と種類について確認しましょう。

1 プラグインとは

プラグインとは、さまざまな機能を持ったパーツのことです。FC2ブログでは、ブログの左右などにプラグインを設置できます。目的に応じたプラグインを設置することで、ブログをより使いやすくでき、ブログ全体のイメージも変わります。プラグインの表示位置は「プラグインカテゴリ」と呼ばれる大きなブロックで分類されており、どのプラグインカテゴリがどの位置に表示されるかはテンプレートによって異なります。

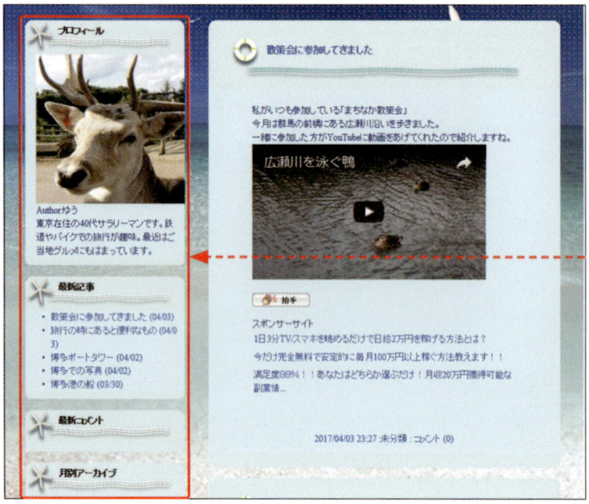

ブログの左右などにプラグインが表示されます。

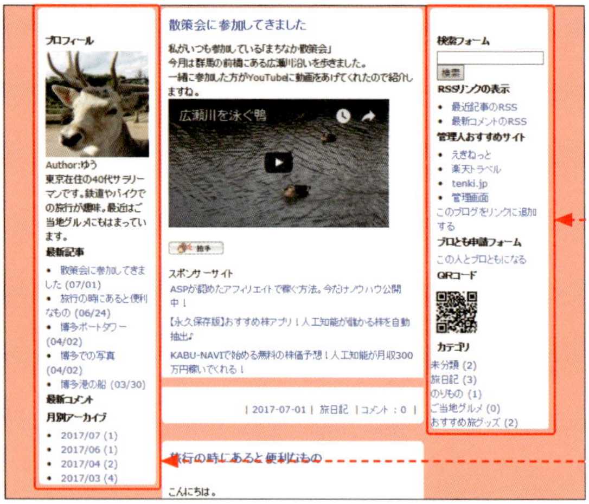

テンプレートによってプラグインが表示される位置は変わります。

第4章 ブログのデザインをアレンジしよう

2 プラグインの種類

公式プラグイン

基本プラグイン

最新記事（サムネイル付）	最近の記事を表示します	追加
アルバム	アルバムに登録した画像を表示します。	追加
最新記事	最近の記事を表示します	追加
最新コメント	最近のコメントを表示します	追加
最新トラックバック	最近のトラックバックを表示します	追加
カレンダー	月ごとのカレンダーを表示します	追加
月別アーカイブ	月別アーカイブの一覧を表示します	追加
カテゴリ	カテゴリ一覧を表示します	追加
カテゴリ	カテゴリ一覧を表示します(カスタマイズ向け)	追加
カテゴリ別記事一覧	カテゴリ別の記事一覧を表示します。	追加
リンク	リンク一覧を表示します	追加
ユーザータグ	各記事で設定したユーザータグのリストを表示します	追加
プロフィール	プロフィールを表示します	追加
検索フォーム	ブログ内検索フォームを表示します	追加
RSSリンクの表示	RSSへのリンクを表示します	追加
全記事表示リンク	ブログの全記事表示のリンクを表示します	追加
ＱＲコード	ブログのＱＲコードを表示します	追加
アクセスランキング	ブログのランキングを表示します	追加
ブロマガ	ブロマガの情報と購読ページへのリンクを表示します	追加

共有プラグイン

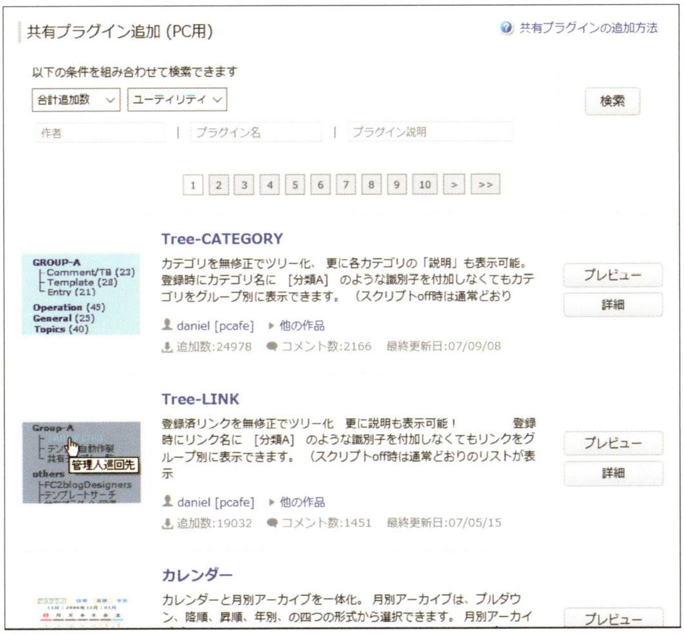

キーワード　公式プラグイン

FC2から提供されているプラグインのことです。ブログの初期設定では、記事一覧やプロフィールなどの公式プラグインが表示される状態になっています。

メモ　主な公式プラグイン

さまざまな種類がある公式プラグインの中から、代表的なものを一部紹介します。

- **プロフィール**：自己紹介文や、プロフィール用の写真を設定できます（Sec.09参照）。
- **最新コメント**；ブログの記事についた読者からのコメントを、投稿日時が新しい順に表示します（コメントについてはSec.49参照）。
- **月間アーカイブ**：投稿した記事を月毎で分類して一覧表示することができます。月別のリンクが表示されるので、確認したい月をクリックすると、その月に投稿された記事の一覧が表示されます。
- **カテゴリ**：カテゴリーの一覧が表示されます。カテゴリーをクリックすると、そのカテゴリーに分類されている記事の一覧が表示されます（Sec.13参照）。

キーワード　共有プラグイン

ユーザーによって作成されたプラグインです。公式プラグインよりも多くの種類が用意されており、ジャンルやプラグイン名での検索も可能です。

Section

29 公式プラグインを設定しよう

✔キーワード
- 公式プラグイン
- プラグインの設定
- 公式プラグインの追加

公式プラグインをブログに表示するには、公式プラグインの一覧から必要なものを選択して、追加します。公式プラグインの一覧は、メインメニューの<プラグイン>をクリックして、「プラグインの設定」画面で<公式プラグイン追加>をクリックすると表示されます。

1 公式プラグインを追加する

ヒント 「プラグインの設定」画面

メインメニューの<プラグイン>をクリックすると、「プラグインの設定」画面が表示されます。プラグインの追加や、追加したプラグインの表示位置の編集や削除は、「プラグインの設定」画面で設定します。

1 メインメニューの<プラグイン>をクリックします。

2 「PC用」の<公式プラグイン追加>をクリックします。

ヒント プラグイン設定を有効にする

プラグインを利用するには、手順**2**の画面で「プラグイン設定」のドロップダウンリストを「有効」にしておく必要があります。

3 追加するプラグイン（ここでは「天気予報」）の<追加>をクリックします。

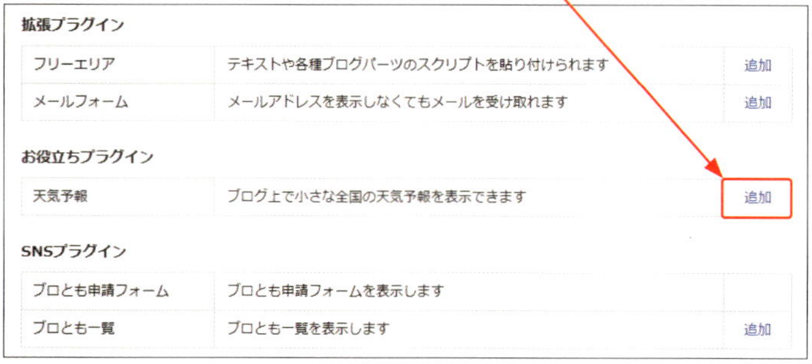

4 プラグインが追加されます。

5 <ブログの確認>をクリックします。

6 ブログの記事に追加したプラグインが表示されます。

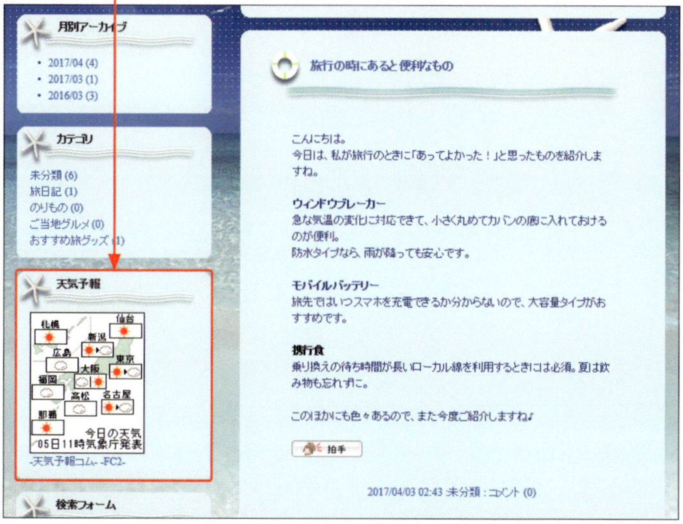

メモ　公式プラグインの種類

公式プラグイン追加画面では、「基本プラグイン」「拡張プラグイン」「SNSプラグイン」などの種類別にプラグインが表示されます。また、一部のプラグインは、<追加>をクリックしたあと詳細な設定が必要なものもあります。

ヒント　<表示する>にチェックを入れる

プラグインを表示するには、手順**4**の画面で<表示する>にチェックを入れる必要があります。プラグインを削除せずに非表示にしたい場合などは、チェックを外すとブログから表示されなくなります。

メモ　追加したプラグインの表示位置

新しく追加したプラグインは、「プラグインカテゴリ1」の最下部に追加されます。この位置は変更することも可能です（Sec.31参照）。

Section 30

共有プラグインを設定しよう

✓キーワード
- 共有プラグイン
- プラグインの検索
- プラグインの説明

共有プラグインは、公式プラグインに比べて種類が多く、さまざまな機能をもった個性的なものが揃っています。ブログにより便利な機能や楽しい機能を追加したいときに活用してみましょう。共有プラグインも公式プラグインと同様に「プラグインの設定」画面から追加できます。

1 共有プラグインを追加する

メモ 共有プラグインの特徴

共有プラグインは、一般ユーザーなどが作成して公開しているプラグインです。公式プラグインに比べて種類が多く、ジャンル別に検索して目的に合うものを探すこともできます。

1 メインメニューの<プラグイン>をクリックします。

2 <共有プラグイン追加>をクリックします。

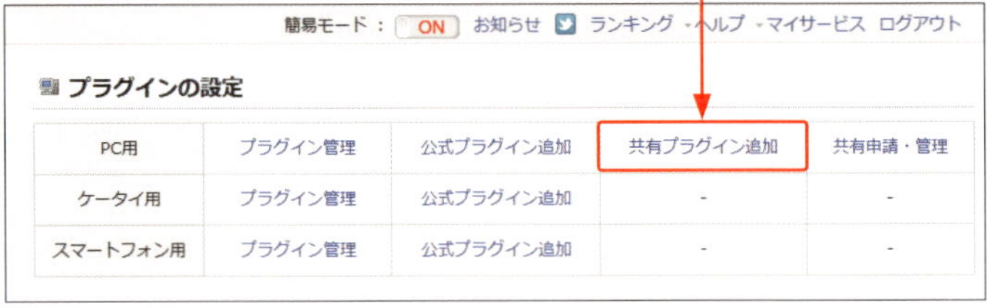

3 検索条件を選択して、

4 <検索>をクリックします。

5 追加するプラグインの詳細をクリックします。

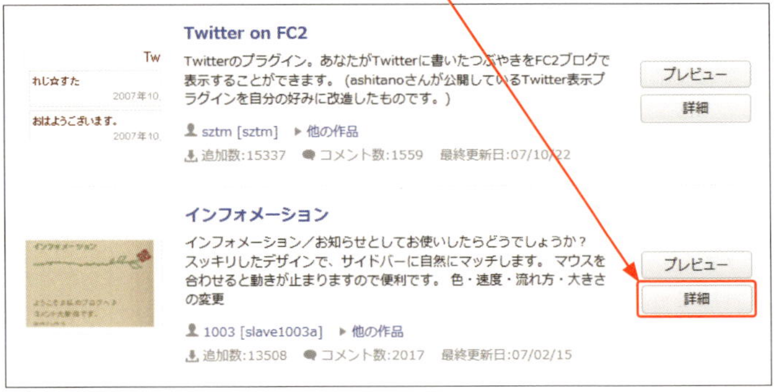

Twitter on FC2
Twitterのプラグイン。あなたがTwitterに書いたつぶやきをFC2ブログで表示することができます。（ashitanoさんが公開しているTwitter表示プラグインを自分の好みに改造したものです。）
sztm [sztm] 他の作品
追加数:15337 コメント数:1559 最終更新日:07/10/22
プレビュー
詳細
インフォメーション
インフォメーション／お知らせとしてお使いしたらどうでしょうか？スッキリしたデザインで、サイドバーに自然にマッチします。マウスを合わせると動きが止まりますので便利です。色・速度・流れ方・大きさの変更
1003 [slave1003a] 他の作品
追加数:13508 コメント数:2017 最終更新日:07/02/15
プレビュー
詳細

ヒント 共有プラグインの検索

共有プラグインは公式プラグインと異なり、プラグインの種類に指定して検索してから、追加する手順に進む必要があります。共有プラグインの検索は、検索結果の表示順およびプラグインのジャンルを条件として指定できます。また、「プラグイン名」や「プラグインの説明」欄にキーワードを入力して検索することも可能です。

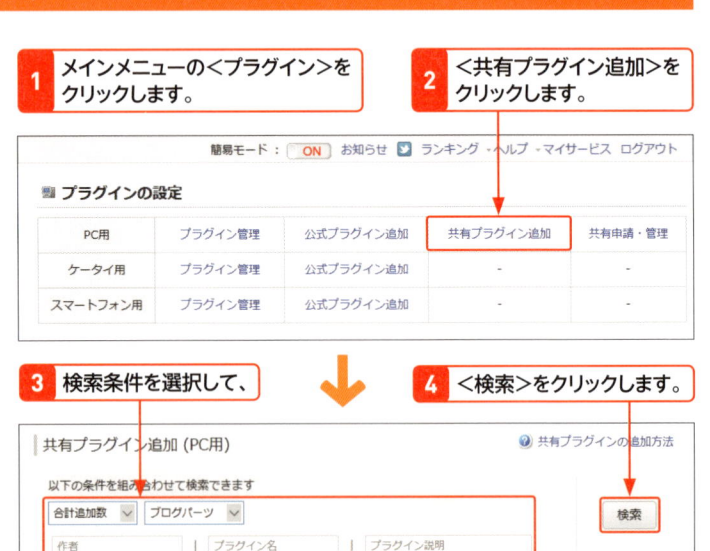

6 ＜追加＞をクリックします。

7 共有プラグインが追加されます。

8 ＜ブログの確認＞をクリックします。

9 ブログに追加したプラグインが表示されます。

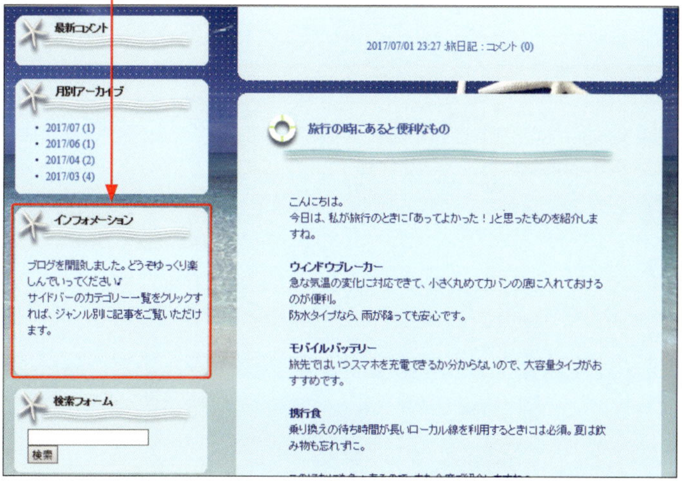

最新コメント
2017/07/01 23:27 旅日記 : コメント (0)
月別アーカイブ
2017/07 (1)
2017/06 (1)
2017/04 (2)
2017/03 (4)
旅行の時にあると便利なもの
インフォメーション
ブログを開設しました。どうぞゆっくり楽しんでいってください
サイドバーのカテゴリー一覧をクリックすれば、ジャンル別に記事をご覧いただけます。
こんにちは。
今日は、私が旅行のときに「あってよかった！」と思ったものを紹介しますね。
ウインドブレーカー
急な気温の変化に対応できて、小さく丸めてカバンの底に入れておけるのが便利。
防水タイプなら、雨が降っても安心です。
モバイルバッテリー
旅先ではいつスマホを充電できるか分からないので、大容量タイプがおすすめです。
携行食
乗り換えの待ち時間が長いローカル線を利用するときには必須。夏は飲み物も忘れずに。
検索フォーム
検索

メモ　プラグインの説明

手順**6**の画面では、プラグインの説明がされています。プラグインの利用方法などを確認することができます。また、＜プレビュー＞をクリックすると、ブログに設定されている様子を確認することができます。

メモ　続けてプラグインを追加する

プラグインは追加した時点で設定されます。プラグインを追加したあと、さらに続けて追加したい場合は、手順**7**の画面で、＜共有プラグイン追加＞をクリックします。左ページの手順**3**以降を繰り返し、プラグインを追加します。

ヒント　プラグインの詳細を設定する

共有プラグインは、公式プラグイン同様、追加後にプラグインを編集したり、削除したりすることができます。プラグインの詳細設定は、「プラグインの設定」画面で追加したプラグインの「詳細」をクリックした画面から行います。プラグインの編集については、詳しくはSec.32を参照してください。

Section 31

プラグインの表示位置を変えよう

キーワード
- プラグインの移動
- プラグインカテゴリ
- プラグインの削除

プラグインの表示する順番を変えたいときは、「プラグインの設定」画面から操作します。プラグインの表示位置は、管理画面での表示順が、ブログの画面にも反映されます。また、プラグインカテゴリをまたいでの移動も可能です。目立たせたいプラグインを優先的に並べ替えるとよいでしょう。

1 プラグインの位置を移動する

メモ プラグインの並べ替え

各プラグインを表示する順序は、「プラグインの設定」画面から自由に入れ替えることが可能です。新たに追加したプラグインが画面下部に表示されていて、上の方に移動させたい場合などに設定します。

「最新記事」が「プロフィール」の下に表示されています。

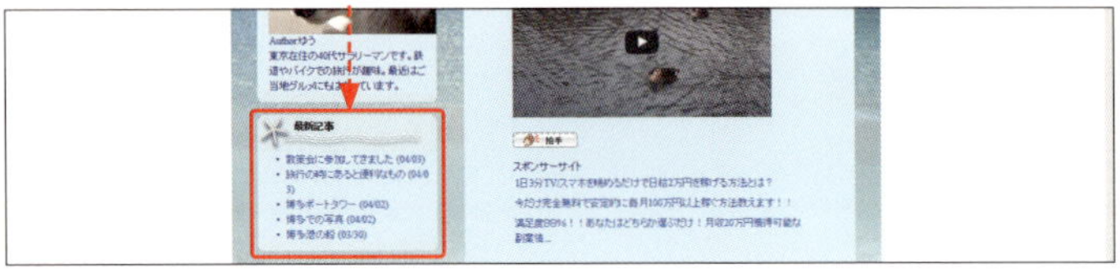

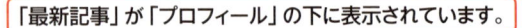

1 メインメニューのプラグインをクリックします。

2 移動したいプラグインの ↑ をクリックします。

3 プラグインが移動します。

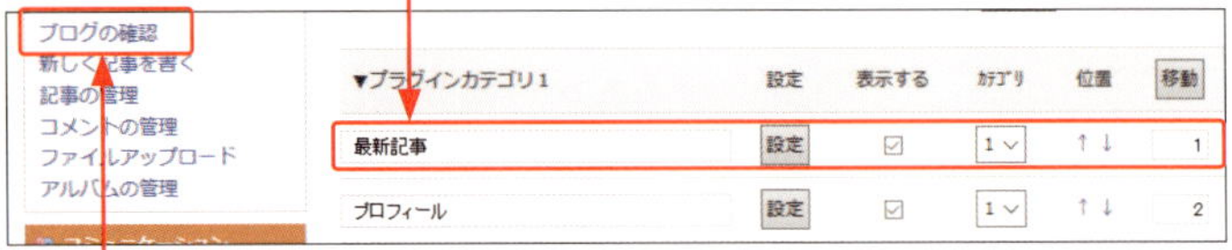

4 <ブログの確認>をクリックします。

5 プラグインの位置がブログに反映されます。

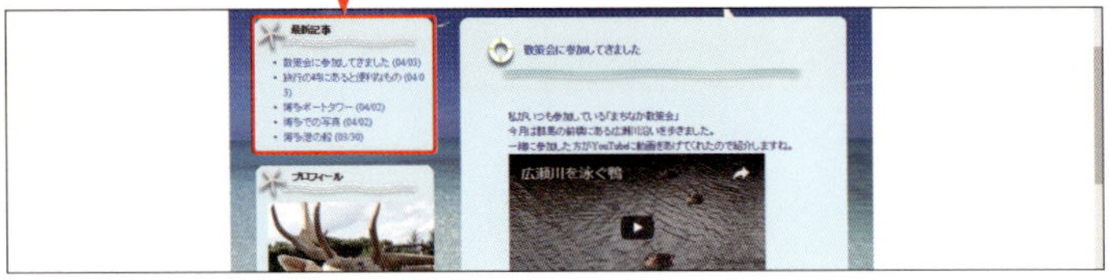

メモ プラグインを下に移動する

手順2で ↓ をクリックすれば、プラグインが下に移動します。

第4章 ブログのデザインをアレンジしよう

2 表示するプラグインカテゴリを変更する

「プロフィール」プラグインが左サイドバーの上部に表示されています。

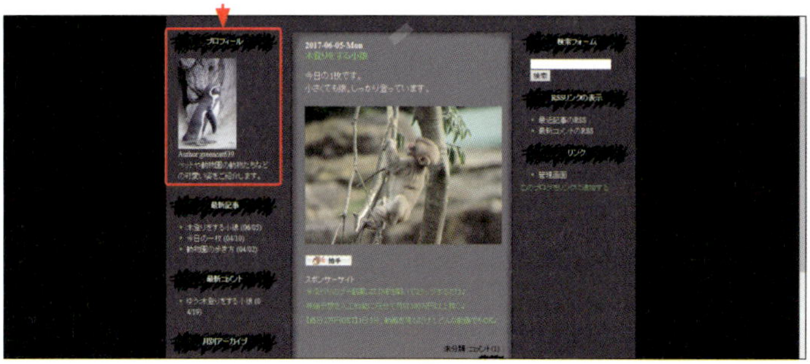

1 メインメニューでプラグインをクリックします。

2 「カテゴリ」のドロップダウンリストから、移動先のプラグインカテゴリを選択します。

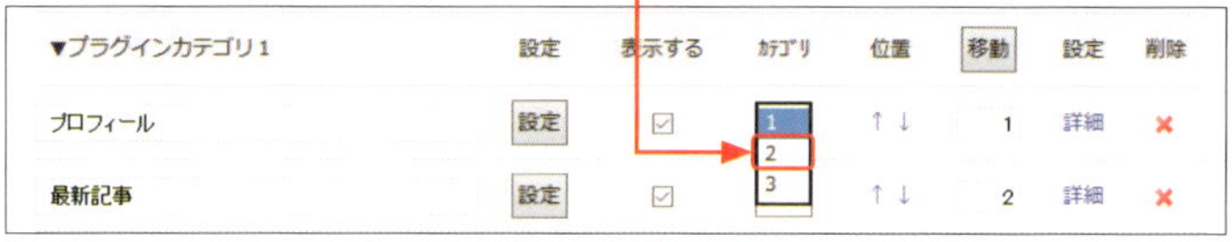

3 選択したカテゴリにプラグインが移動します。

4 ブログの確認をクリックします。

5 プラグインカテゴリの変更がブログに反映されます。

キーワード プラグインカテゴリ

プラグインは「カテゴリ1」「カテゴリ2」などのブロックに分かれており、同じカテゴリでまとまって表示されます。それぞれのプラグインカテゴリがブログのどこに表示されるかは、テンプレートによって異なります。

ヒント 2カラムのテンプレートの場合

プラグインがブログの両側に表示されるテンプレートの場合は、カテゴリを変更することで表示位置の左右を変えることができます。ただし、サイドバーが左右一方だけに表示されるテンプレートなど、カテゴリ1の下にカテゴリ2が配置されている場合は、カテゴリを変更しても表示位置が上下に移動するだけとなります。

ステップアップ 表示順を指定して並べ替える

「移動」列の入力欄に、表示したい順で数字を入力して、<移動>をクリックすると、プラグインを指定した順番に並べ替えることができます。表示順序を大きく変えたい場合にはこの方法が便利です。

Section 32

プラグインを編集しよう

キーワード
- プラグインの編集
- プラグインの表示名
- プラグインの削除

プラグインは、ブログ上に表示される名前や説明文を追加したり変更したりすることが可能です。プラグインの表示を変更したい場合は、「プラグインの設定」画面を表示して行います。また、不要になったプラグインを削除することもできます。

1 プラグインの詳細を編集する

ヒント プラグインの編集

プラグインの編集では、プラグインの上部に表示される表示名を変更したり、プラグインの説明を追加したりできます。また、タイトルや説明の表示位置を「左寄せ」「中央寄せ」「右寄せ」から選択することも可能です。

1 メインメニューの<プラグイン>をクリックします。

2 設定を行うプラグインの<詳細>をクリックします。

3 変更したい項目を編集します。

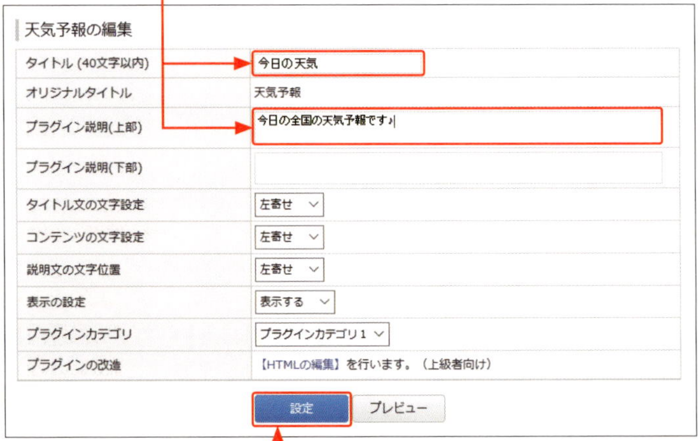

4 <設定>をクリックします。

ステップアップ プラグインの表示名を変更する

ブログの表示名は、手順**3**の画面で設定できますが、手順**2**の画面からも変更できます。手順**2**の画面でプラグイン名をクリックして、新しい名前を入力し、<設定>をクリックすると、ブログに表示するプラグインのタイトルを変更できます。

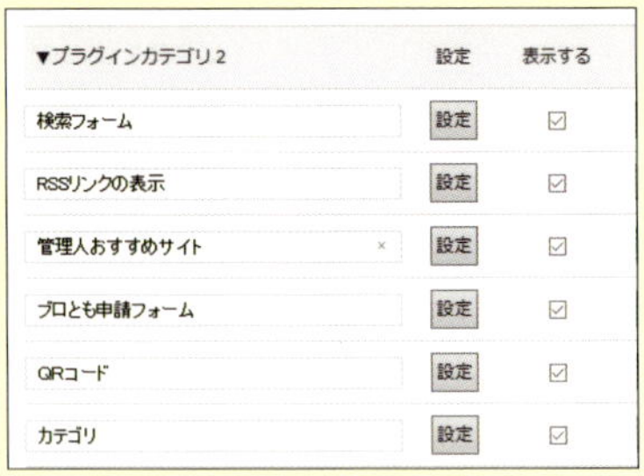

5 ブログに表示されるプラグインに変更が反映されます。

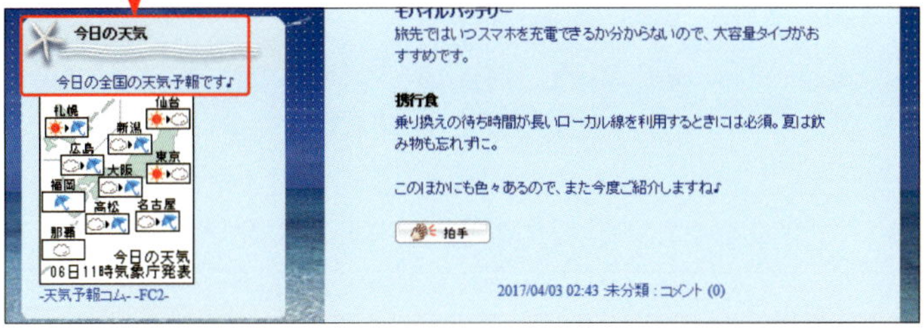

2 プラグインを削除する

1 メインメニューの<プラグイン>をクリックします。

2 削除するプラグインの × をクリックします。

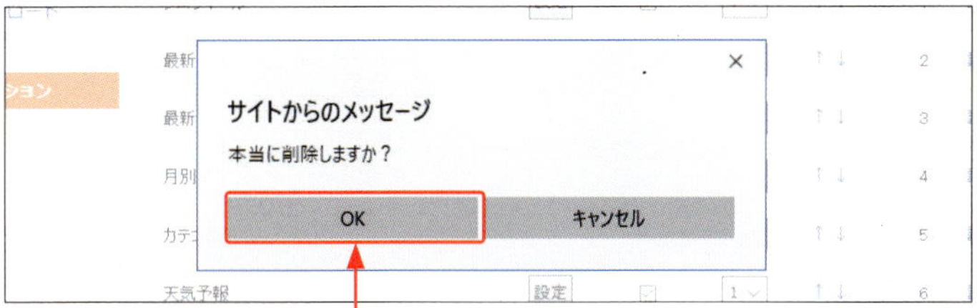

3 <OK>をクリックします。

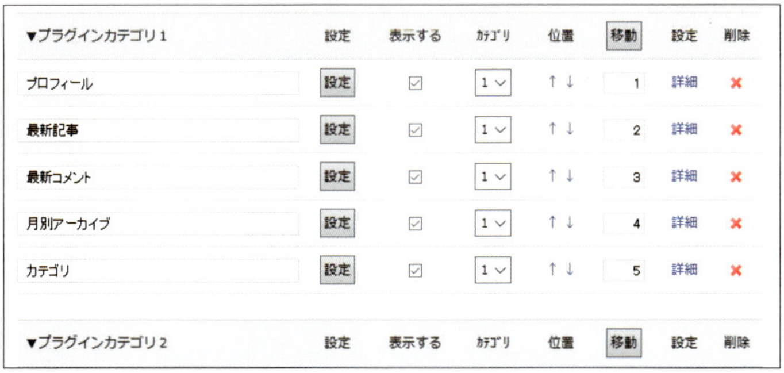

4 プラグインが削除されます。

メモ プラグインを再度追加する

削除したプラグインを再び使用したいときは、「プラグイン追加」から追加の操作をします。プラグインの追加については、Sec.29、30 を参照してください。

ヒント プラグインを非表示にする

プラグインを一時的に非表示にしたい場合は、手順**2**の画面で「表示する」のチェックを外します。削除することなく、ブログの記事からプラグインを表示させなくすることができます。

Section

33 ブログ閲覧者数のカウンターを設置しよう

✔キーワード
- ▶FC2カウンター
- ▶アクセスカウンター
- ▶オンラインカウンター

アクセスカウンターを設置すると、ブログにどのくらいの人数が訪問したのかすぐにわかるようになります。FC2のサービスの1つである「FC2カウンター」なら簡単に設置できます。カウンターには合計訪問者数を表示するものと、リアルタイムの閲覧者数を表示するものの2種類があります。

1 FC2カウンターに登録する

キーワード カウンター

カウンターとは、ブログに訪問した人の数を計測してブログ上に表示する機能です。FC2カウンターには、ブログの合計訪問者数を表示する「アクセスカウンター」と、現在ブログを閲覧している人数をリアルタムで表示する「オンラインカウンター」の2種類が用意されています。

1 メインメニューの＜FC2 ID＞をクリックします。

2 ＜サービス追加＞をクリックします。

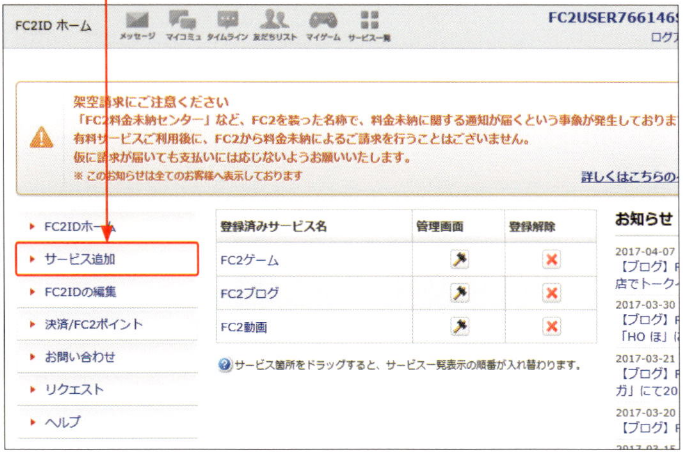

メモ 利用するにはサービス追加が必要

FC2カウンターを利用するために、まずはカウンターのサービスを追加する必要があります。サービスの追加は、FC2 IDのホーム画面から、＜サービス追加＞をクリックして行います。

3 「カウンター」の<サービス追加>をクリックします。

4 <利用規約に同意する>をクリックします。

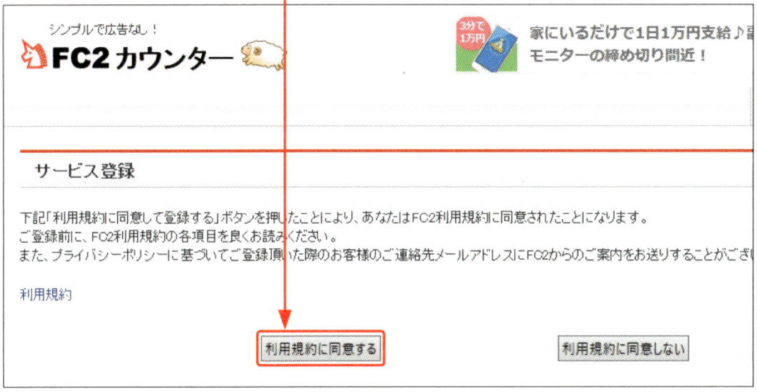

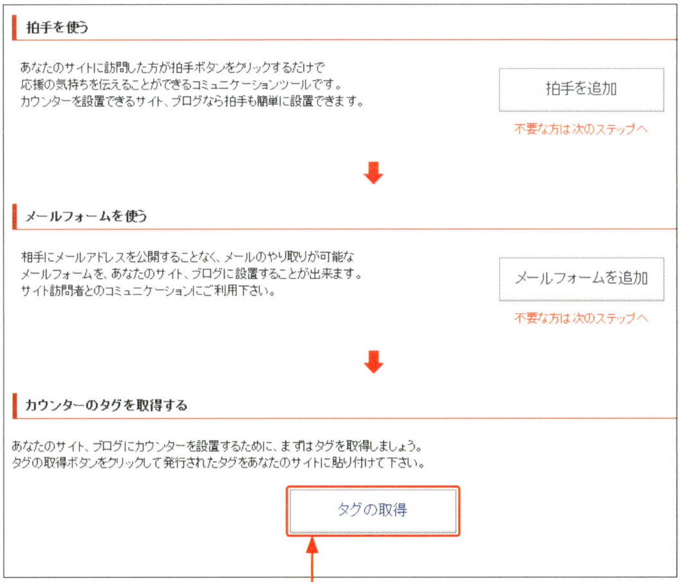

5 <タグの取得>をクリックします。

メモ サービスを追加済みの場合

カウンターのサービス追加をすでに終えている場合は、手順3の位置に「登録済み」と表示されます。また、左ページ手順2の画面にも、登録済みサービス名の一覧に「FC2カウンター」が表示されます。FC2カウンターを追加済みの場合は、104ページ以降の手順に沿って、カウンターをブログに設置します。

ヒント サービス追加後の画面

手順4の操作後の画面には、FC2のほかのサービスの案内が表示されます。ここでは、これらのサービスは使用しないので、そのまま画面を下にスクロールして、<タグを取得>をクリックします。

ステップアップ カウンターのデザインを選ぶ

カウンターのデザインは変更することができます。手順6の画面で<画像変更>をクリックして、使用するカウンターを選択したら、画面を下にスクロールして<アクセスカウンター画像に設定>をクリックします。

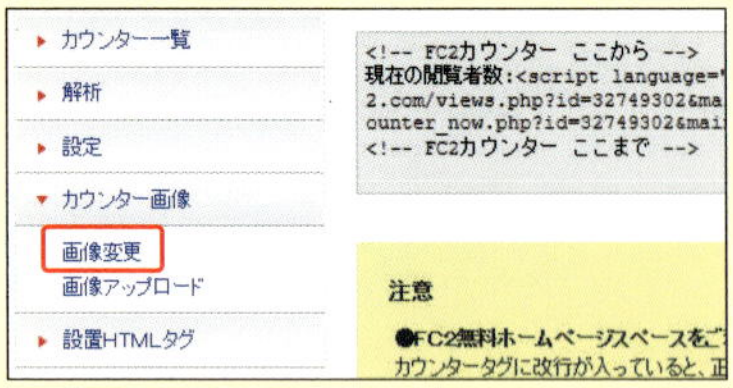

6 カウンターが表示されます。

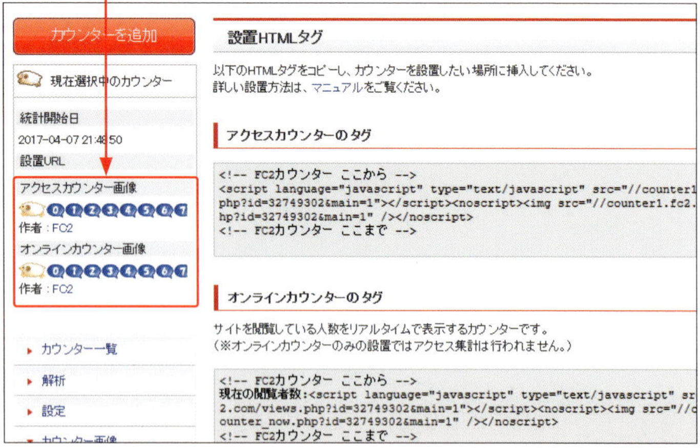

2 カウンターをブログに追加する

ヒント 登録しただけでは表示されない

FC2カウンターのサービスに登録しただけでは、ブログ上にカウンターは表示されません。「FC2カウンター」のプラグインをブログに追加することではじめて、カウンターが表示されるようになります。

1 FC2ブログのメインメニューの<プラグイン>をクリックします。

2 <公式プラグイン追加>をクリックします。

3 「FC2カウンター」の<追加>をクリックします。

4 ブログに表示するカウンターのタイトルを入力します。

5 「アクセスカウンター（通常のカウンター）」を選択して、

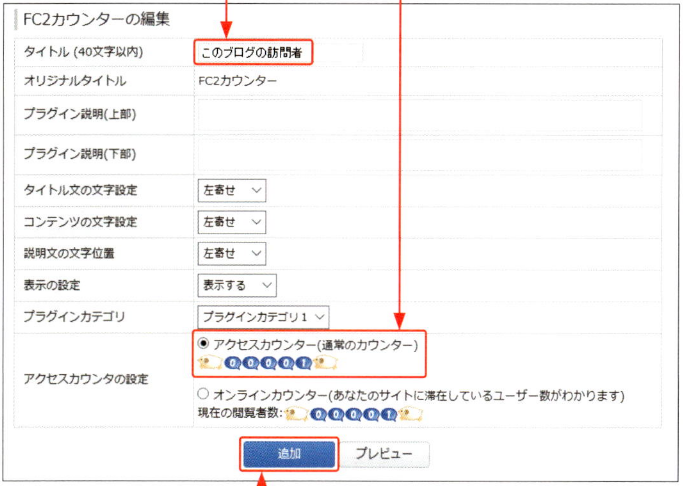

6 <追加>をクリックします。

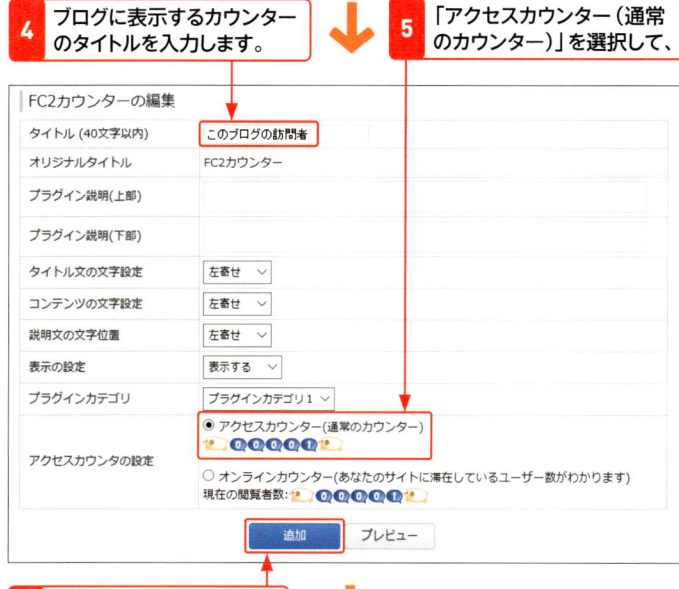

アクセスカウンターがブログに表示されます。

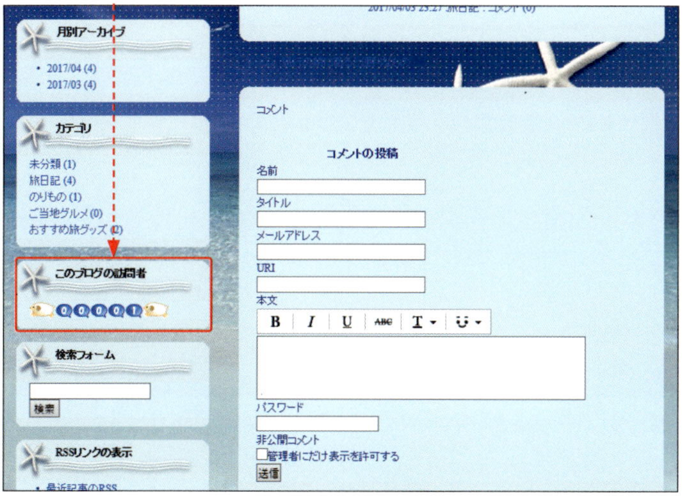

キーワード FC2プラグイン

FC2プラグインは、FC2のほかのサービスと連携して利用するプラグインです。ここで紹介しているFC2カウンターのほか、ブログ上に広告を掲載できる「FC2アフィリエイト」や、人気のあるブログを紹介するランキングに参加するための「FC2ブログランキング」などがあります。

ステップアップ アクセスカウンターの設定

FC2カウンターは、2種類のカウンターで設定できます。アクセスした人の累計を表示する場合は、<アクセスカウンター>を、現在のブログの訪問者数をリアルタイムで表示する場合は、<オンラインカウンター>を選択します。

ヒント カウンターの表示位置を変更

ブログ上でカウンターでカウンターが表示される位置は、プラグイン追加後に変更できます（Sec.31 参照）。

Section 34

ほかのサイトへのリンクを表示しよう

✔キーワード
- リンク
- リンクの編集
- リンクを設定する

プラグインには、外部のウェブサイトへのリンクを表示する機能もあります。サイト名とURLを入力するだけで、複数のサイトを表示できます。ブログに関連したサイトのリンクを表示して、訪問者がブログをより便利に活用できるようにしましょう。

1 リンクを編集する

ヒント リンクの編集

サイト名やURLをプラグインで表示するには、<リンクの編集>からリンクを追加し、「リンク」プラグインを設定する必要があります。「リンク」プラグインの詳細設定からはリンクを追加できないので、注意しましょう。

メモ リンクの活用方法

ブログの画面に訪問者が興味を持ちそうなウェブサイトのリンクを掲載することで、ブログの利便性を上げることができます。ブログのテーマに関連したサイトや、同じテーマを扱っている知人のブログを紹介するといった使い方などがあります。

ヒント URL入力時のポイント

URL入力欄には、あらかじめ「http://」が入力されています。ブラウザからコピーしたURLをそのまま貼り付ける場合、この部分は削除します。

1 あらかじめリンクしたいサイトのURLをコピーしておきます。

2 「お知らせ」画面で<リンクの編集>をクリックします。

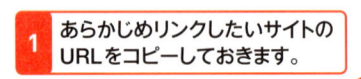

3 リンク先のサイト名を入力します。

4 サイトのURLを貼り付けます。

5 <追加>をクリックします。

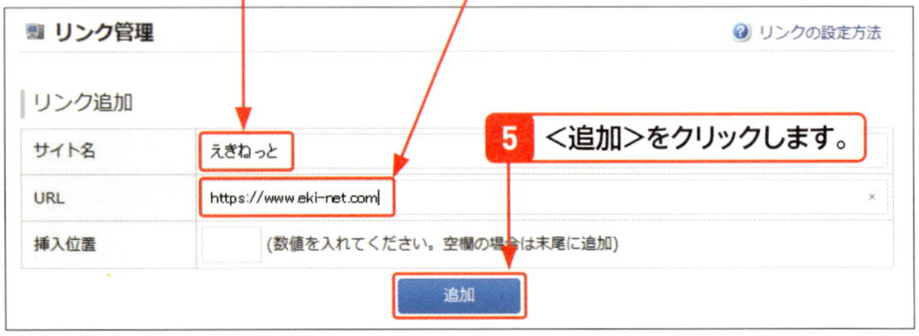

6 手順3～5を繰り返し、表示したいサイトのリンクをすべて追加します。

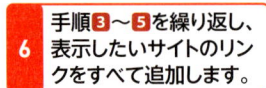

2 リンクのプラグインを設定する

1 メインメニューの<プラグイン>をクリックします。

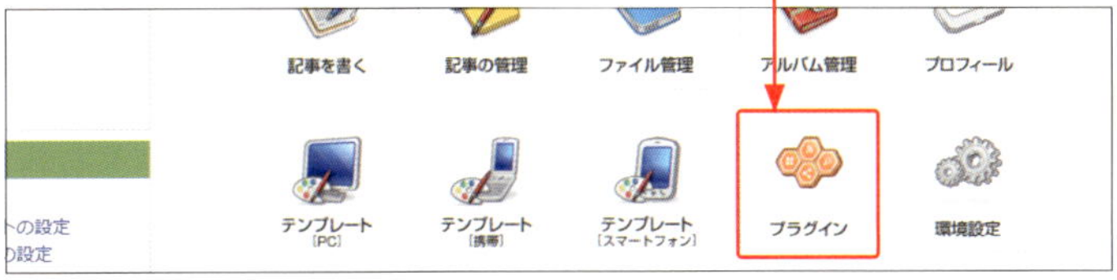

2 「リンク」プラグインが追加されていることを確認します。

3 <ブログの確認>をクリックします。

4 ブログの画面にサイトのリンクが表示されます。

メモ プラグインが追加されていない場合

手順**2**の画面で、設定されているプラグインの一覧に「リンク」プラグインが表示されていない場合は、公式プラグインから追加します。公式プラグインの設定方法はSec.29を参照してください。

メモ リンク先のサイトを表示する

表示されたサイト名をクリックすると、ブラウザの新しいタブでリンク先のサイトが表示されます。

メモ リンクの修正をする

一度設定したリンクは、左ページの手順**3**の画面で編集することができます。サイト名を変更したいときは「サイト名」、URLを変更したいときは「URL」の欄を編集し、同じ行の<修正>をクリックします。また、リンクを削除する場合は、<削除>をクリックします。

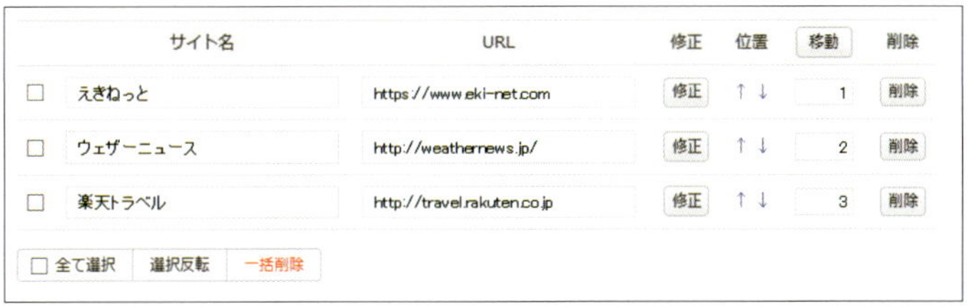
サイト名　URL　修正　位置　移動　削除
えきねっと　https://www.eki-net.com　修正　1　削除
ウェザーニュース　http://weathernews.jp/　修正　2　削除
楽天トラベル　http://travel.rakuten.co.jp　修正　3　削除
全て選択　選択反転　一括削除

Section 35

タイトルの文字の大きさや色を変えよう

✔キーワード
- テンプレートの複製
- タイトルの編集
- スタイルシート

ブログのタイトルで使用される文字の大きさや色はテンプレートによって決まります。これを自分の好きなサイズや色に変えたいときは、テンプレートを編集しましょう。テンプレートをコピーして、タイトル文字の表示に関連した部分を書き換えるのがよいでしょう。

1 テンプレートを複製する

メモ テンプレートの編集

タイトル（ブログ名）の文字サイズや色の変更は通常の設定画面からは行えません。変更するにはテンプレートのソースコードとよばれる部分を表示して、その中のタイトル文字に関する設定を書き換える作業が必要になります。

メモ 編集作業は複製してから行う

テンプレートの編集には、元のテンプレートをコピーしたものを使用します。元のテンプレートを直接編集してしまうと、誤って編集した場合に元に戻せなくなるので注意しましょう。

ヒント まずはシンプルなテンプレートで試す

ソースコードの記載内容はテンプレートによって異なり、なかには編集する部分が見つけにくいものもあります。シンプルなテンプレートのほうが編集対象となる箇所を見つけやすい傾向があるので、慣れていない場合は、まずはシンプルなテンプレートで試してみるとよいでしょう。ここでは、公式テンプレートの「sharpgreen」を使用しています。

現在のテンプレートでは、タイトルが小さめのグレーの文字で表示されています。

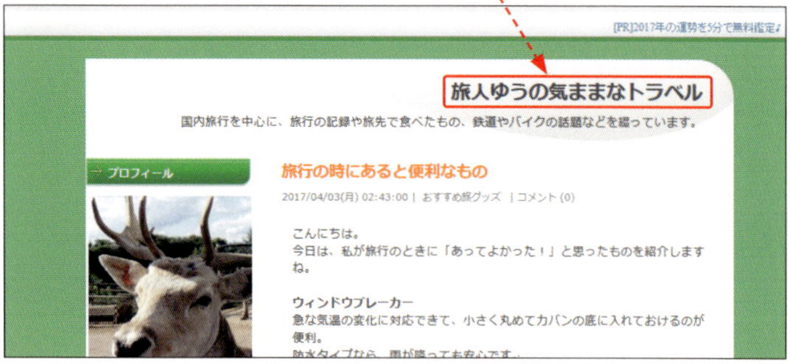

1 メインメニューの<テンプレート（PC用）>をクリックします。

2 編集したいテンプレートの<複製>をクリックします。

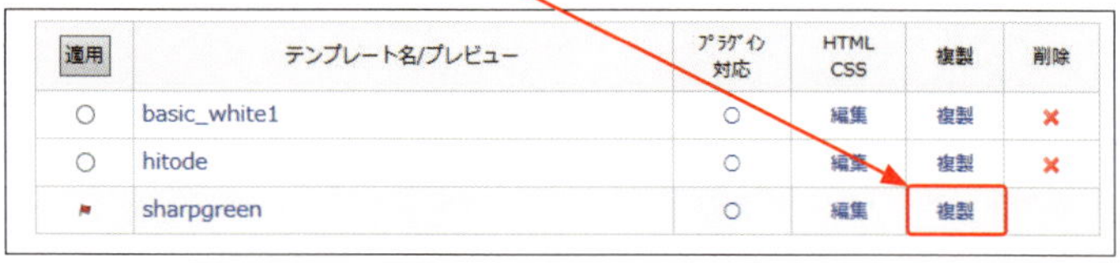

3 テンプレートが複製されます。

適用	テンプレート名/プレビュー	ﾌﾟﾗｸﾞｲﾝ対応	HTML CSS	複製	削除
○	basic_white1	○	編集	複製	×
○	hitode	○	編集	複製	×
⚑	sharpgreen	○	編集	複製	
○	sharpgreen1	○	編集	複製	×

2 複製したテンプレートを編集する

1 上記の手順**3**の画面を下にスクロールして、「[○○] のスタイルシート編集」を表示します。

[sharpgreen1] のスタイルシート編集

```
/* 全体囲み */
#all {
	clear: both;
	margin: 20px auto;
	width: 720px;
	text-align: left;
	background: url(http://templates.blog.fc2.com/template/sharpgreen/header.jpg) right top no-repeat #FFF;
}
h1 {
	font-size: 160%;
	padding: 20px 35px 5px 20px;
	text-align: right;
}
h1 a:link, h1 a:visited {
	color:#666;
	text-decoration: none;
}
h1 a:hover, h1 a:active {
	color:#CCC;
	text-decoration: none;
}
h2 {
	font-size: 100%;
	text-align: right;
	font-weight: normal;
	padding: 0 35px 30px 20px;
}

/* メニュー表示部分 */
#menu {
	width: 185px;
	float: left;
	overflow: hidden;
	text-align: center;
```

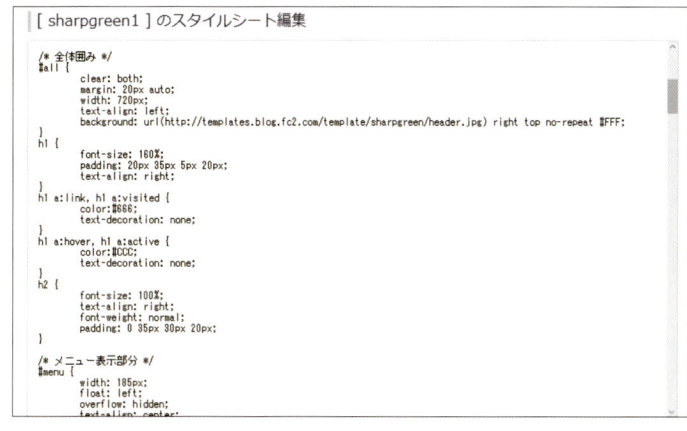

2 "h1 {font-size:" で始まる部分を探し、

3 後ろの数値を変更します。

```
}
h1 {
	font-size: 300%;
	padding: 20px 35px 5px 20px;
	text-align: right;
}
```

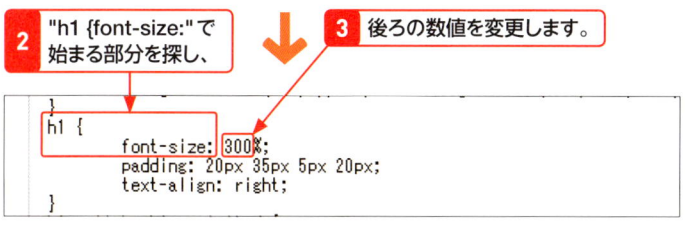

4 "h1 a:link" で始まる部分を探して、

5 "color:" に続くカラーコードを使用したい色のものに変更します。

```
}
h1 a:link, h1 a:visited {
	color:#336600;
	text-decoration: none;
}
```

```
/* メニュー表示部分 */
#menu {
	width: 185px;
	float: left;
	overflow: hidden;
	text-align: center;
```

CSS ハイライト：OFF

更新　プレビュー

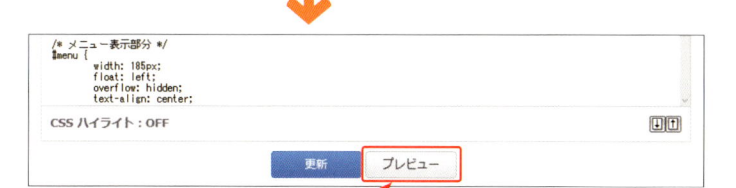

6 <プレビュー>をクリックします。

注意 **編集を行うのはHTMLではない**

テンプレート編集画面には、「HTML編集」と「スタイルシート編集」が表示されます。今回編集を行うのは「スタイルシート編集」なので、誤って「HTML編集」の部分を変更しないように注意しましょう。

キーワード **カラーコード**

ブログなどのウェブサイト上で使用する色を指定するときは、「カラーコード」とよばれるコードを使用します。カラーコードは#に続く6桁の英数字もしくは、カラー名で表記され、それをCSS（Sec.72参照）内などの色を指定する箇所に記載することで、ウェブサイトの表示に反映させることができます。主な色のカラーコードは、110ページを参照してください。

ヒント **別のテンプレートの編集画面が表示されたら**

テンプレートをコピーすると、コピーされたテンプレートを編集できる状態になります。

画面が切り替わるなどして、設定中のテンプレートの編集画面が表示されている場合など、編集するテンプレートを選択する必要があるときは、テンプレート一覧から、編集するテンプレートの<編集>をクリックします。

ヒント 複数のカラーコードが記載されている場合

テンプレートによっては、タイトルの文字色を指定する部分に複数のカラーコードが記載されていることがあります。その場合は、"h1 a:link""h1 a:visited""h1 a:hover""h1 a:active"に続くすべてのカラーコードを変更します。

7 タイトルのサイズと色が変更されていることを確認したら、

8 ☒をクリックしてタブを閉じます。

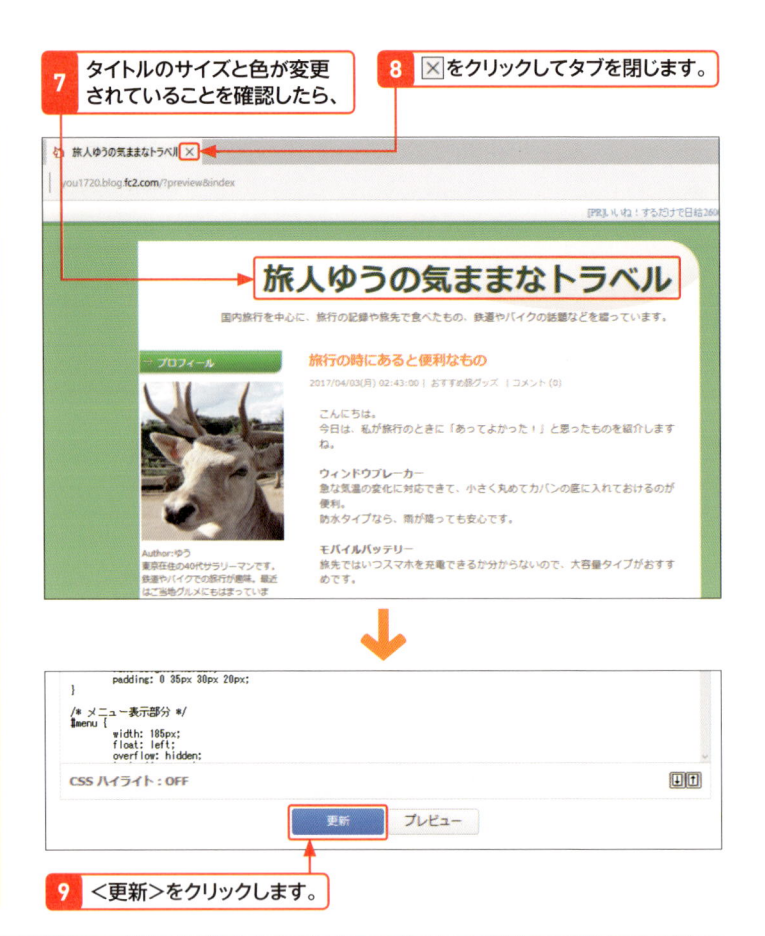

旅人ゆうの気ままなトラベル
you1720.blog.fc2.com/?preview&index
旅人ゆうの気ままなトラベル
国内旅行を中心に、旅行の記録や旅先で食べたもの、鉄道やバイクの話題などを綴っています。
プロフィール
旅行の時にあると便利なもの
こんにちは。
今日は、私が旅行のときに「あってよかった！」と思ったものを紹介しますね。
ウィンドブレーカー
モバイルバッテリー

padding: 0 35px 30px 20px;
/* メニュー表示部分 */
#menu {
width: 185px;
float: left;
overflow: hidden;
CSS ハイライト：OFF
更新
プレビュー

9 <更新>をクリックします。

ヒント 主な色のカラーコード

ブログのタイトルの文字で使用する色を変更したいときは、まずは使いたい色のカラーコードを調べる必要があります。ここでは、代表的なカラーコードをいくつか紹介します。

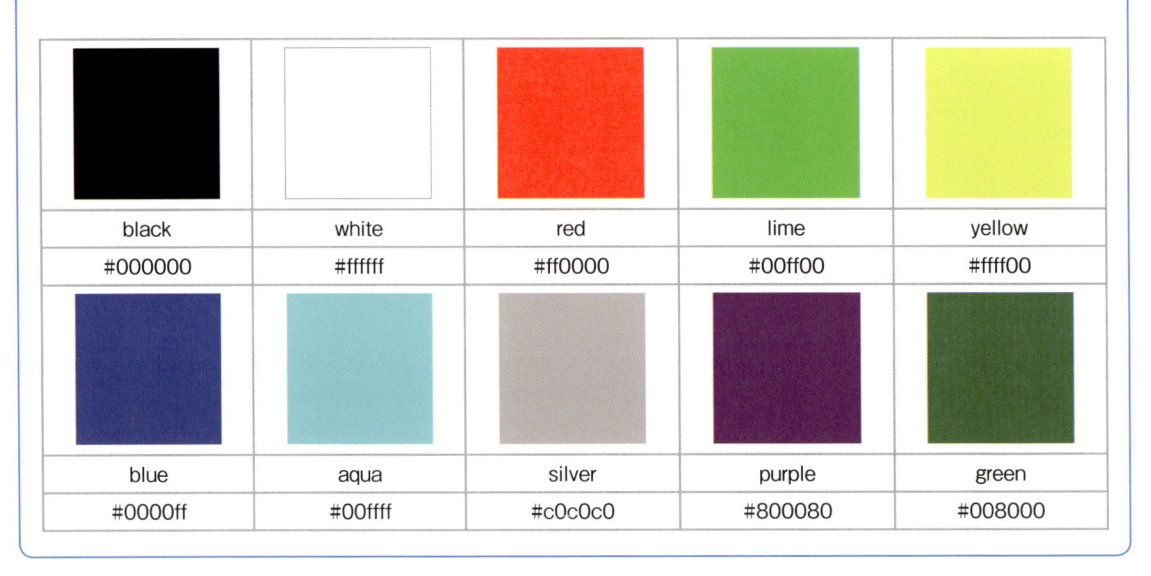

black	white	red	lime	yellow
#000000	#ffffff	#ff0000	#00ff00	#ffff00
blue	aqua	silver	purple	green
#0000ff	#00ffff	#c0c0c0	#800080	#008000

3 編集したテンプレートを適用する

1 「テンプレートの設定」画面で編集したテンプレートを選択します。

2 <適用>をクリックします。

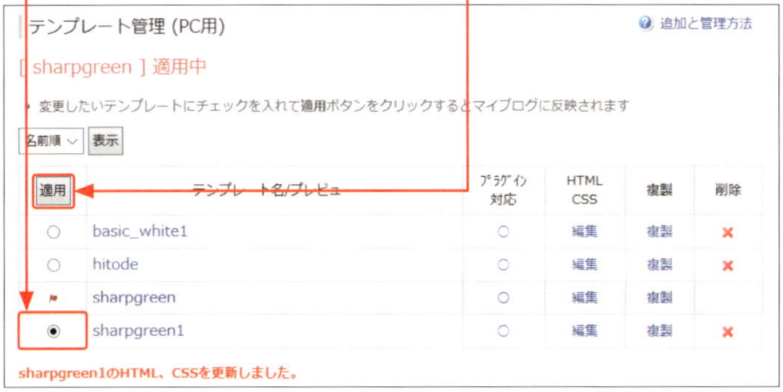

3 編集したテンプレートが適用されます。

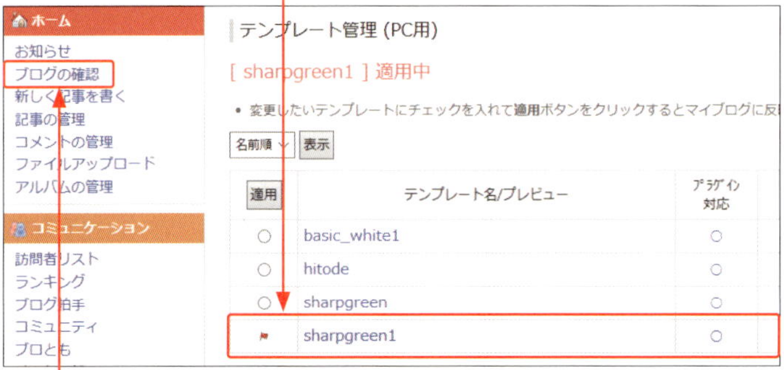

4 <ブログの確認>をクリックします。

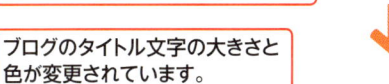

5 ブログのタイトル文字の大きさと色が変更されています。

ヒント 編集を最初からやり直したい場合

編集がどうしてもうまくいかない場合や、表示が崩れてしまった場合など、編集内容をリセットして最初からやり直したい場合は、コピーしたテンプレートを一旦削除しましょう。そのあと、再度元のテンプレートをコピーして編集を行います。テンプレートの削除については31ページの「ステップアップ」を参照してください。

ステップアップ 編集したテンプレートの名前を変更する

編集したテンプレートは、元のテンプレート名の後ろに数字のついた名前になっています。わかりやすい名前に変更したい場合は、109ページの画面で「［〇〇］のテンプレート名変更」の入力欄に新しいテンプレート名を入力し、<更新>をクリックします。なお、テンプレート名は半角英数字および「-」(ハイフン)「_」(アンダーバー)の記号を使って表記します。

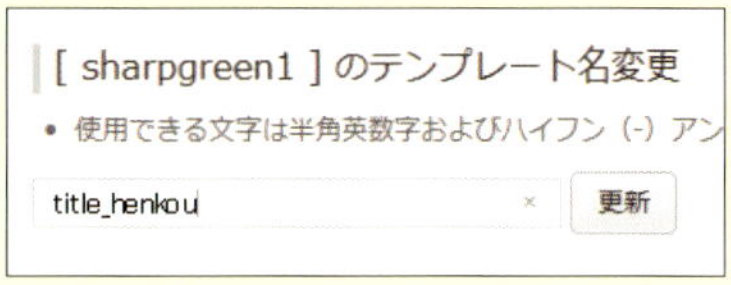

Section 36

ヘッダーの画像を変更しよう

✔キーワード
- ▶ヘッダー画像
- ▶画像サイズ
- ▶PIXLR EDITER

ブログのトップ画像であるヘッダーは、アクセスしたときに最初に目に入る重要な要素のひとつです。ヘッダーの画像をオリジナルのものに変更すれば、より自分らしさを出すことができます。ヘッダー画像はスタイルシートの編集をして変更します。

1 ヘッダー画像のサイズを確認する

メモ ヘッダー画像変更に使用するテンプレート

ブログのタイトルが表示される部分の背景（ヘッダー）に自分で撮影した写真を使いたい場合は、ヘッダー部分に写真が挿入されたデザインのテンプレートを元に編集を行います。ここでは、公式テンプレートの「summer」を使用しています。

1 メインメニューの<テンプレート［PC］>をクリックします。

2 画面を下にスクロールして、「［○○］のスタイルシート編集」を表示したら、

3 「div#header {」で始まる部分を探し、「width: 」および「height: 」の後ろに記載された数値をメモします。

メモ ヘッダー画像のサイズ

画像のサイズは“px”（ピクセル）という単位で表します。このテンプレートでは、"width: 750px; height: 300px;"となっています。これはヘッダー画像のサイズが「幅750px、高さ300px」であることを意味します。

2 画像をヘッダーサイズに加工する

1 「PIXLR EDITER」(https://pixlr.com/editor)にアクセスします。

2 <コンピューターから画像を開く>をクリックしたら、

3 使用する画像を選択します。

4 <切り抜きツール>をクリックします。

5 「固定比」で<出力サイズ>を選択します。

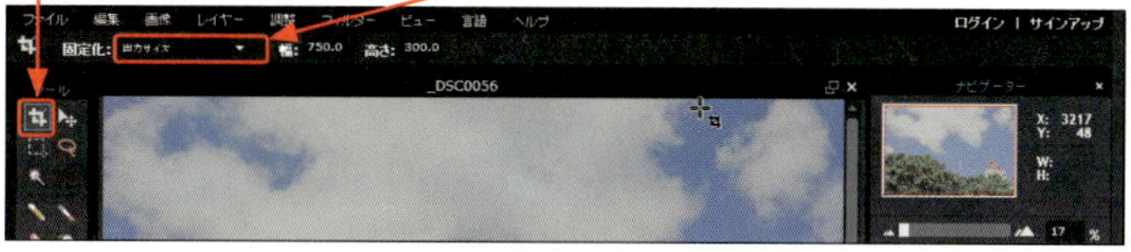

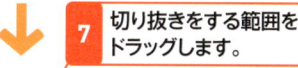

6 「幅」と「高さ」にテンプレートで確認した数値を入力します。

7 切り抜きをする範囲をドラッグします。

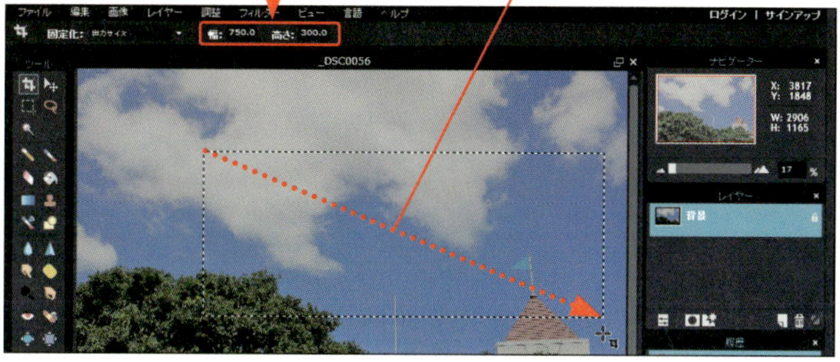

8 再度<切り抜きツール>をクリックします。

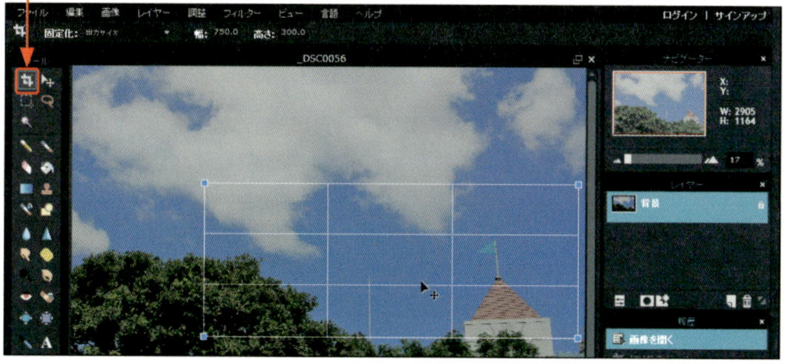

キーワード PIXLR EDITER

「PIXLR EDITER」は画像のトリミングや加工ができるWebサイトです。ソフトをダウンロードする必要はなく、サイトにアクセスすれば無料で利用できます。

ヒント ツールの利用にはFlash Playerが必要

PIXLR EDITERを使用するには、あらかじめAdobe Flash Playerをインストールしておく必要があります。Flash Playerのインストールは、Adobeの公式サイト(https://get.adobe.com/flashplayer/?loc=jp)から行えます。

メモ ファイルの保存画面

<保存>をクリックして表示される画面で、<マイコンピューター>を選択して<OK>をクリックします。次の画面で保存先を選択して、ファイル名を入力します。

9 <はい>をクリックします。

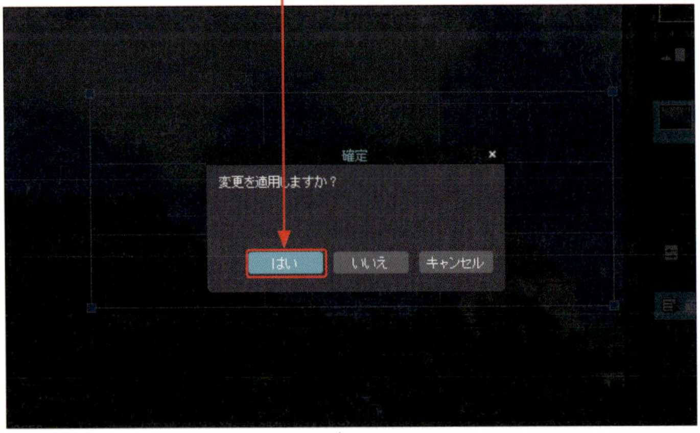

10 <ファイル>をクリックして、

11 <保存>をクリックします。

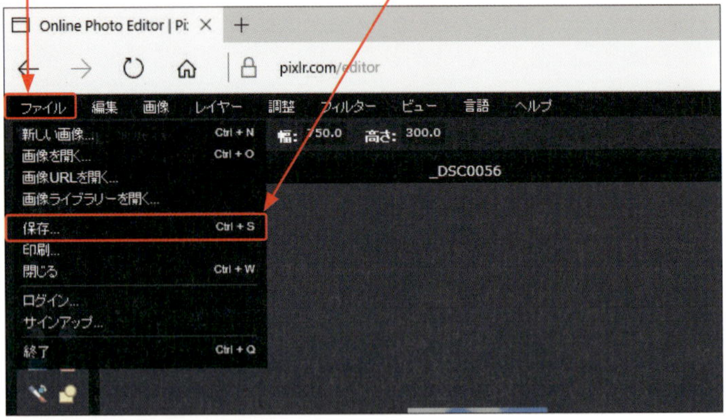

12 保存先を選択して画像を保存します。

メモ ファイルの保存先

加工した画像をブログで使用するには、画像をFC2ブログにアップロードする必要があります。ファイル名や保存先は覚えやすいものにするとよいでしょう。

3 ヘッダー画像を差し替える

1 メインメニューの<ファイル管理>をクリックします。

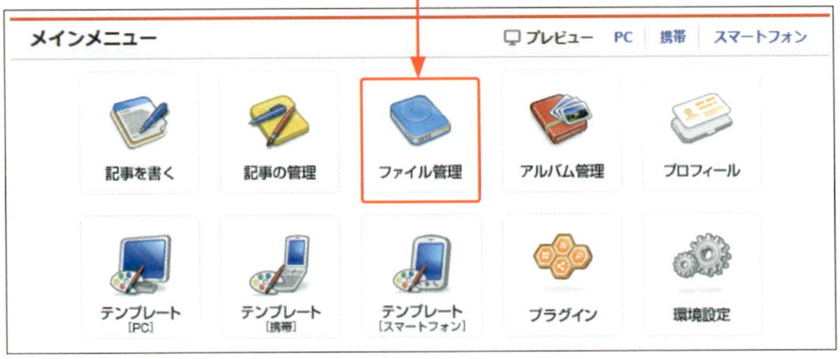

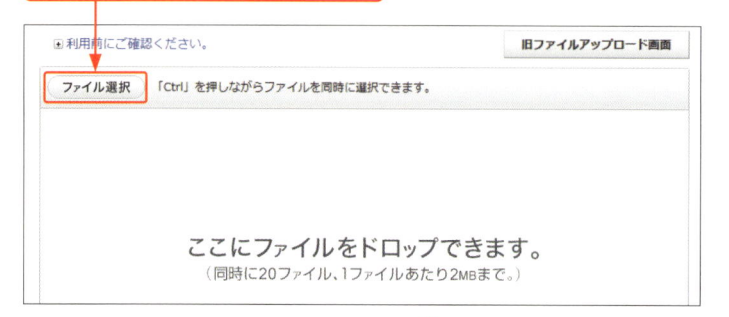

2 <ファイル選択>をクリックします。

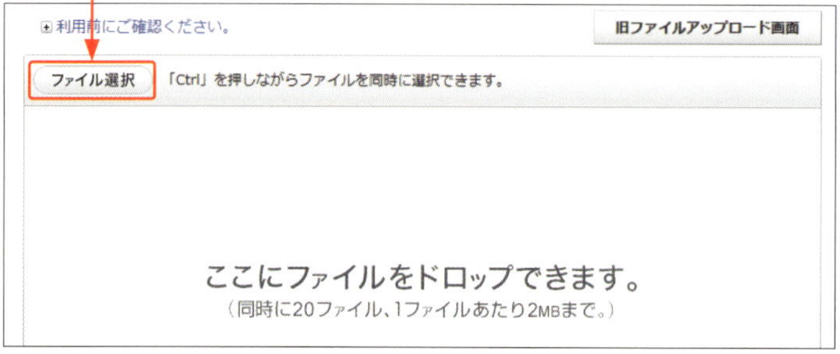

3 トリミングした画像を選択して、

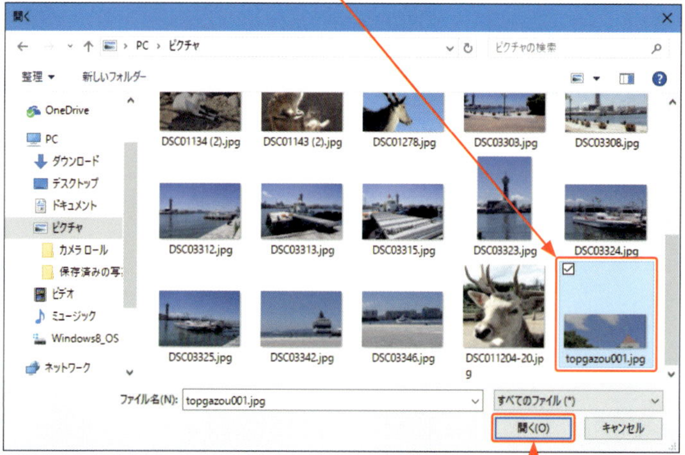

4 <開く>をクリックします。

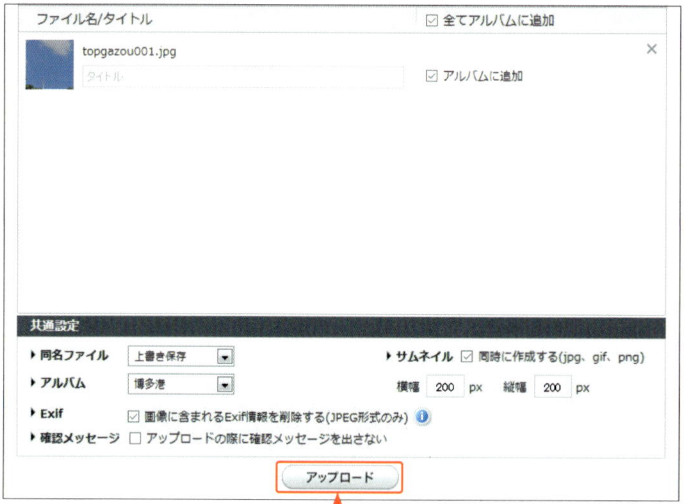

5 <アップロード>をクリックします。

ヒント 画像ファイルのアップロード方法

加工した画像のアップロードは、メインメニューの<ファイル管理>をクリックした画面から行います。アップロードの手順は写真をブログの記事に挿入するときと同様です。

メモ 画像の設定を変更する

手順**5**の画面では、「共通設定」の項目を編集することで画像の設定を変更できます。詳しくは71ページの「ステップアップ」を参照してください。

メモ 素早くURLをコピーする／貼り付ける

URLをコピーするときは、URLをクリックして青く選択された状態で、キーボードの[Ctrl]＋[C]キーを押します。また、貼り付けるときは、貼り付け先の場所をクリックしたあとに、キーボードの[Ctrl]＋[V]キーを押します。

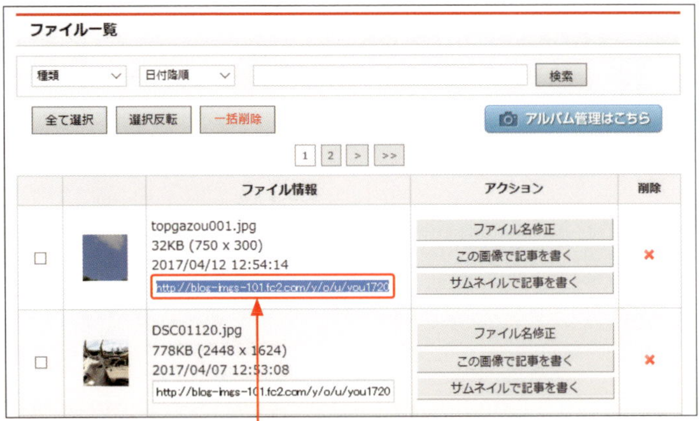

6 画像のURLをコピーします。

7 「お知らせ」画面に戻り、メインメニューの<テンプレート(PC用)>をクリックします。

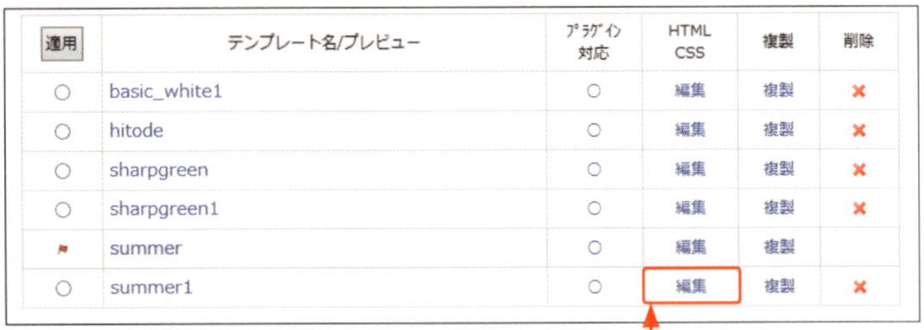

8 編集するテンプレートの<編集>をクリックします。

9 "div#header"で始まる部分を探して、

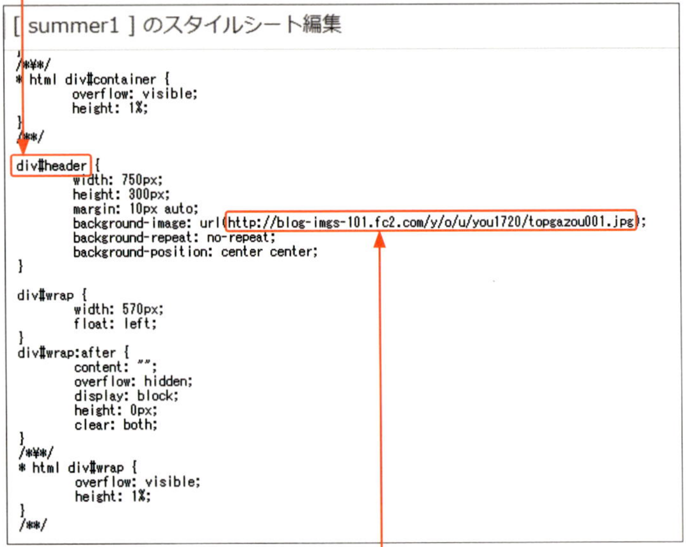

[summer1] のスタイルシート編集
}
/*¥*/
* html div#container {
overflow: visible;
height: 1%;
}
/**/
div#header {
width: 750px;
height: 300px;
margin: 10px auto;
background-image: url(http://blog-imgs-101.fc2.com/y/o/u/you1720/topgazou001.jpg);
background-repeat: no-repeat;
background-position: center center;
}
div#wrap {
width: 570px;
float: left;
}
div#wrap:after {
content: "";
overflow: hidden;
display: block;
height: 0px;
clear: both;
}
/*¥*/
* html div#wrap {
overflow: visible;
height: 1%;
}
/**/

10 "background-image:url"の後ろの()内を手順6でコピーしたURLに差し替えます。

メモ テンプレートをコピーする

ヘッダー画像を編集するテンプレートは、コピーして作成されたものを操作します。テンプレートをコピー（複製）する方法は、108ページを参照してください。

ヒント 貼り付ける場所がわからなくなったら

URLを貼り付ける場所がわからなくなった場合は、ページ内検索をしましょう。キーボードの[Ctrl]＋[F]キーを押すと、ページ内を検索できる検索ボックスが表示されます。検索ボックスに「div#header」と入力して検索すると、該当する箇所がハイライト表示されます。

11 ＜更新＞をクリックします。

4 編集したテンプレートを適用する

1 編集したテンプレートを選択して、 **2** ＜適用＞をクリックします。

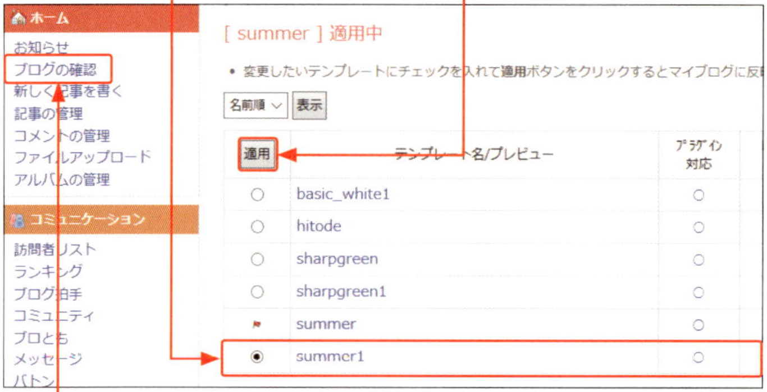

3 ＜ブログの確認＞をクリックします。

4 ブログのヘッダー画像が変更されます。

メモ プレビューで変更後の状態を確認

画像が正しく変更されているか確認したい場合は、手順11の前に＜プレビュー＞をクリックします。

ステップアップ 画像に合わせてタイトル文字を変える

ヘッダー画像の色や構図に合わせて、Sec.35で紹介している方法でタイトル文字の大きさや色も変更すれば、オリジナリティの高いブログデザインを作ることができます。

Section 37

スマートフォン用画面のデザインを変更しよう

✔キーワード
- スマートフォン
- スマートフォン用テンプレート
- テンプレート追加

スマートフォンからブログを表示したときのデザインは、パソコン用とは別にテンプレートを設定します。FC2ブログには、スマートフォンからの見やすさが考慮された専用テンプレートが多数用意されているので、好みのものを探してみましょう。スマートフォン用のテンプレートもパソコンから設定することができます。

1 スマートフォン用テンプレートを選択する

キーワード スマートフォン用テンプレート

スマートフォンからFC2ブログにアクセスすると、スマートフォンの画面サイズに合わせた表示に切り替わります。このとき適用されているのがスマートフォン用のテンプレートです。スマートフォンからブログを閲覧すると、基本的にはパソコン用に設定したテンプレートは表示されません。

1 メインメニューの<テンプレート[スマートフォン]>をクリックします。

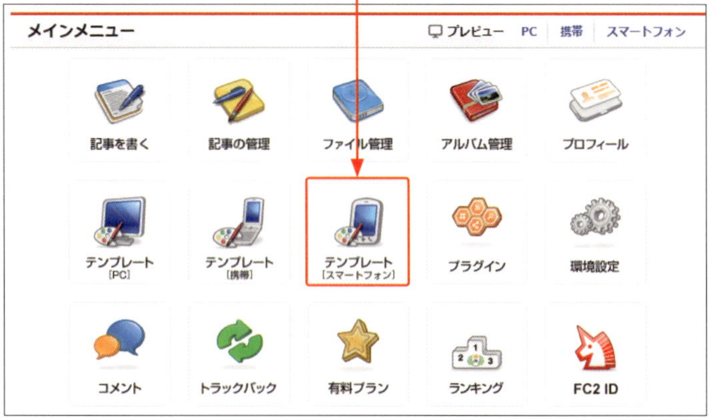

2 「スマートフォン用」の<公式テンプレート追加>をクリックします。

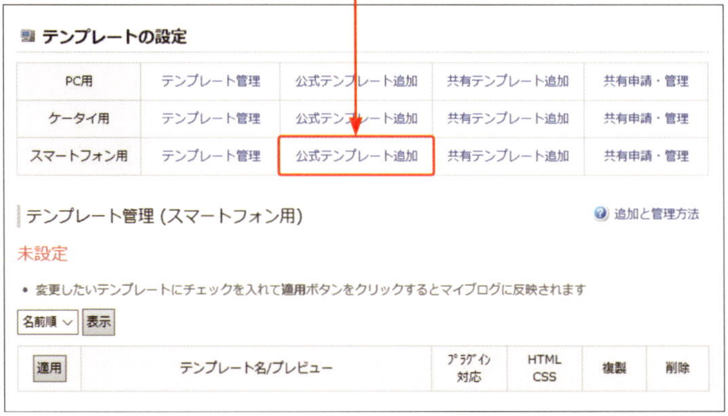

ヒント 初期状態では未設定になっている

スマートフォン用のテンプレートは、初期状態では何も設定されていません。テンプレートを使用するためには、テンプレートの選択と、それを適用する操作が必要です。

3 検索条件を指定し、

4 ＜検索＞をクリックします。

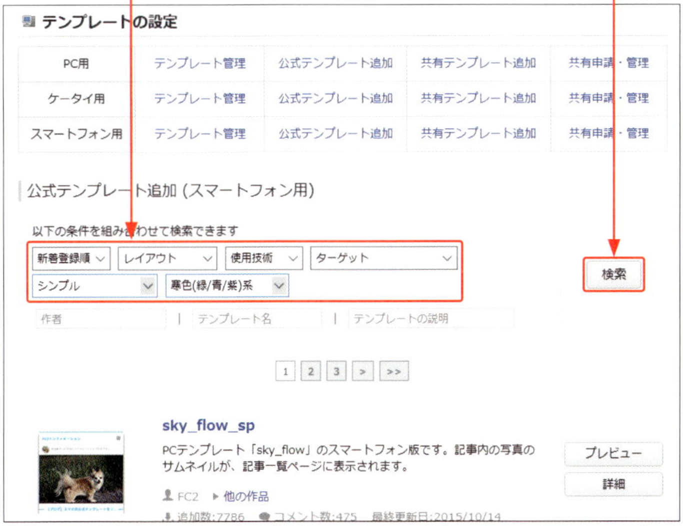

5 使用したいテンプレートの＜詳細＞をクリックします。

6 ＜追加＞をクリックします。

ヒント　スマートフォン用テンプレートの検索条件指定

スマートフォン用テンプレートは、条件を指定して検索できます。ただし、「レイアウト」については、「2カラム」や「3カラム」を指定すると検索結果が「該当なし」となる可能性があるので注意しましょう。

メモ　テンプレートを確認する

検索結果画面で使用したいテンプレートの＜プレビュー＞をクリックすれば、テンプレートを適用したスマートフォン画面の状態を、パソコン上で確認できます。

2 テンプレートを適用する

メモ テンプレートを適用する

テンプレートを追加しただけでは、まだテンプレートは有効になっていません。ブログに表示される状態にするには、テンプレートを「適用」する操作が必要です。

ステップアップ 別のテンプレートを使用する

選択したものとは別のテンプレートを使いたくなった場合は、118～119ページの手順で新しいテンプレートを選択し、このページの手順にそってそのテンプレートを適用します。

ヒント テンプレート適用後の表示

テンプレートを適用すると、テンプレート名の左側に赤い旗のアイコンが表示されます。

1 「スマートフォン用」の<テンプレート管理>をクリックします。

2 追加したテンプレートを選択します。

3 <適用>をクリックします。

4 テンプレートが適用されます。

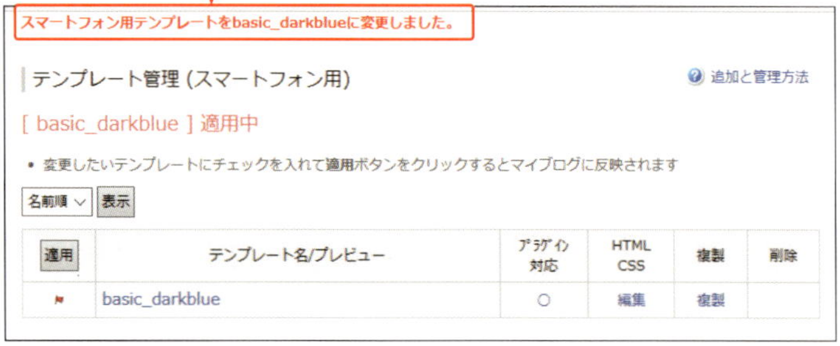

スマートフォンからブログにアクセスすると、テンプレートが適用されています。

ヒント ブログをスマートフォンで表示する

スマートフォンからブログにアクセスするには、Safari や Chrome などのブラウザアプリを起動して、アドレスバーにURL を入力します。自分のブログのURLは、「お知らせ」画面で<ブログの確認>をクリックすると確認できます。

メモ スマートフォン版での画面表示

スマートフォンでブログを表示したときの画面構成はテンプレートによって異なります。ここで使用しているテンプレートの場合、トップページから投稿のタイトルをタップすると、その投稿が表示されます。また、左上のメニューボタンをタップすれば、「プロフィール」や「カテゴリ」などのプラグインが表示されます（スマートフォン用画面のプラグインについてはSec.38参照）。

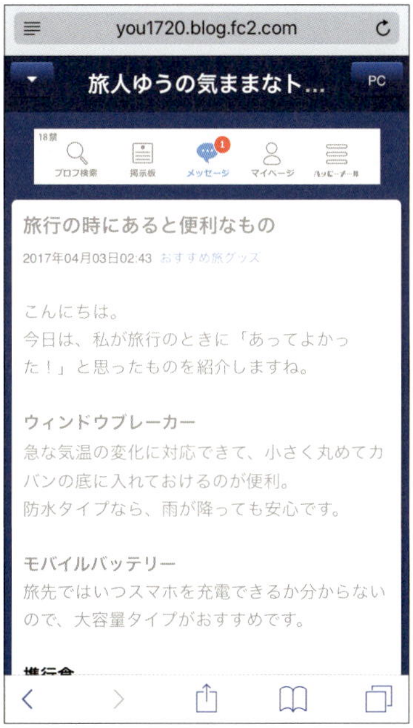

Section

38 スマートフォン用画面のプラグインを変更しよう

✔キーワード
- ▶スマートフォン
- ▶スマートフォン用プラグイン
- ▶プラグイン管理

スマートフォンからブログを閲覧した場合でもプラグインを利用できます。パソコン用とは別にプラグインを設定する必要があるので、利便性を高めたい場合は設定しておきましょう。プラグインの設定や追加は、パソコン用と同様に「プラグインの設定」画面から行います。

1 スマートフォン用プラグインを追加する

キーワード スマートフォン用プラグイン

スマートフォン用のプラグインは、パソコン用とは別に設定します。スマートフォン画面でも、プラグインが表示される位置はテンプレートによって異なるので、使用しているテンプレートでどのように表示されるか確認しながら設定を行うとよいでしょう。

1 メインメニューの<プラグイン>をクリックします。

2 「スマートフォン用」の<プラグイン管理>をクリックします。

ヒント 初期設定のプラグイン

初期状態では、「プロフィール」「最新記事」「最新コメント」「カテゴリ」「リンク」「月別アーカイブ」の6つのプラグインが表示されます。

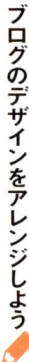

3 追加したいプラグインの<追加>をクリックします。

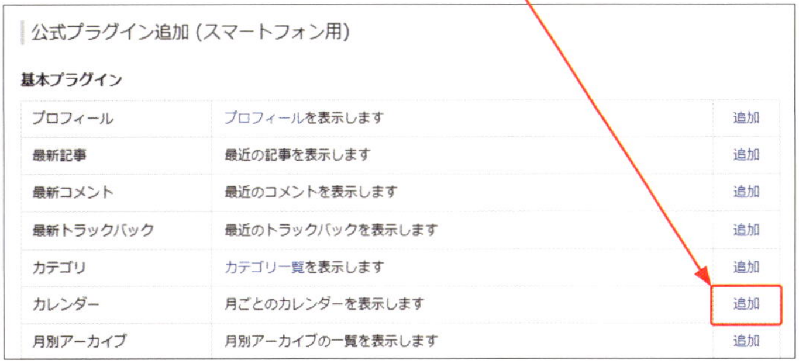
公式プラグイン追加（スマートフォン用）
基本プラグイン
プロフィール　プロフィールを表示します　追加
最新記事　最近の記事を表示します　追加
最新コメント　最近のコメントを表示します　追加
最新トラックバック　最近のトラックバックを表示します　追加
カテゴリ　カテゴリ一覧を表示します　追加
カレンダー　月ごとのカレンダーを表示します　追加
月別アーカイブ　月別アーカイブの一覧を表示します　追加

4 プラグインが追加されます。

プラグイン管理（スマートフォン用）
カレンダーを追加しました
テンプレート　プラグインに対応しています　プラグイン設定　有効
▼スマートフォンプラグイン　設定　表示する　位置　移動　設定　削除
プロフィール　設定　1　詳細
最新記事　設定　2　詳細
最新コメント　設定　3　詳細
カテゴリ　設定　5　詳細
リンク　設定　6　詳細
月別アーカイブ　設定　7　詳細
カレンダー　設定　8　詳細

メモ　プラグインの種類

追加が可能なスマートフォン用プラグインには、デフォルトで設定されているもののほかに、以下のようなものがあります。

カレンダー：月ごとのカレンダーを表示します。
フリーエリア：お知らせなどを自由に記載できるエリアを追加します。
アルバム：アルバムに追加した写真を表示します。
アルバム一覧：アルバムの一覧を表示します。
最新記事（サムネイル画像付き）：最新記事の一覧をサムネイル付きで表示します。

ヒント　プラグイン編集画面が表示された場合

「アルバム」など、プラグインの中には一覧で<追加>をクリックすると編集画面が表示されるものがあります。編集画面が表示された場合は、編集画面に表示される各項目の設定をしてから、画面下部の<追加>をクリックします。

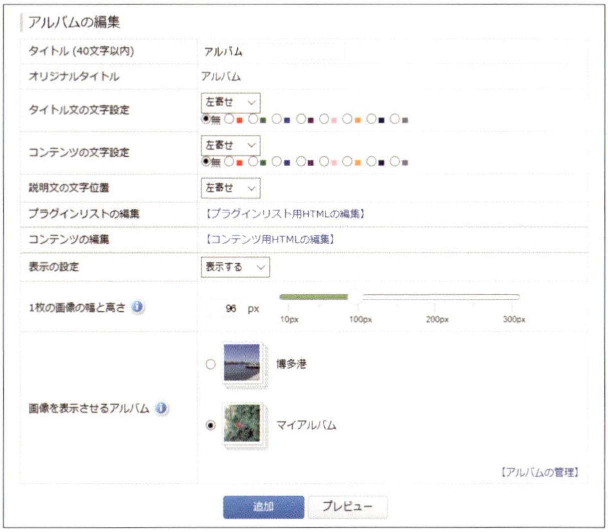

2 追加したプラグインを確認する

ヒント スマートフォンから ブログを表示する

スマートフォンで自分のブログを表示するには、ブラウザアプリのアドレスバーにブログのURLを入力します。ブログのURLは、「お知らせ」画面で＜ブログの確認＞をクリックすると確認できます。

ステップアップ パソコン用の表示を スマートフォンから見る

画面内に表示されている＜PC＞や＜PCビュー＞などをタップすることで、パソコン用と同じ表示でブログを見ることができます。切り替えボタンの位置や表記方法はテンプレートによって異なります。スマートフォン用の画面を再表示させるには、＜スマートフォン版で表示＞をタップします。

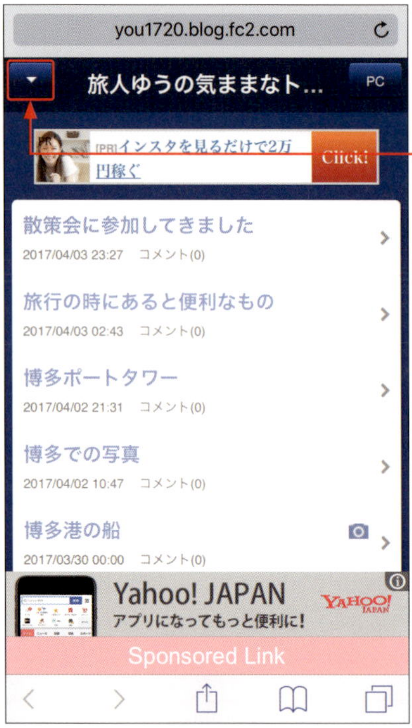

1 スマートフォンから ブログを表示します。

2 メニューボタンを タップします。

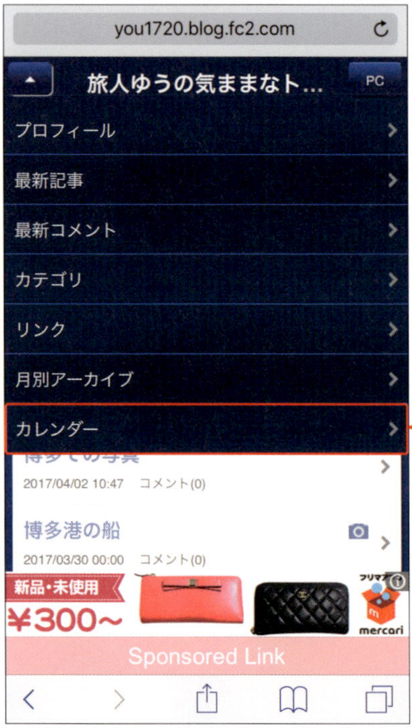

3 プラグイン名（ここでは「カレンダー」）をタップします。

ヒント プラグインを削除する

一度設定したプラグインが不要になった場合は、パソコンでFC2ブログにアクセスし、メインメニューの<プラグイン>をクリックします。「スマートフォン用」の<プラグイン管理>をクリックしたら、削除したいプラグインの☒をクリックします。

メモ プラグインの表示方法

テンプレートによっては画面右上やブログタイトルの下にメニューボタンが表示されるなど、プラグインの表示方法はそれぞれ異なります。以下の例では、画面下部にプラグイン一覧が表示されています。

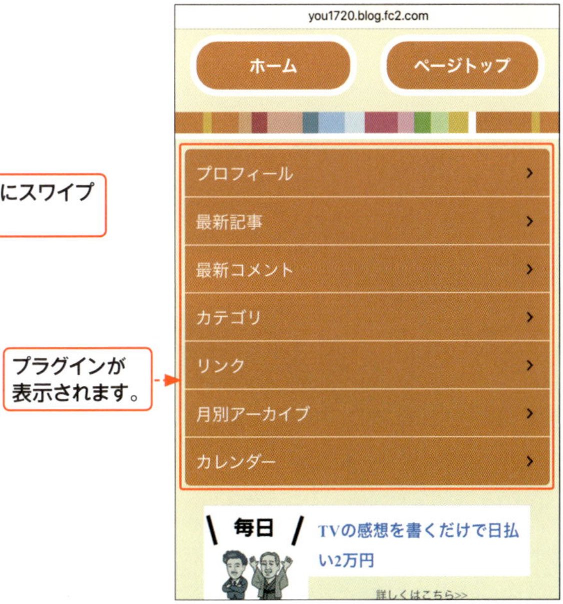

Section 39

記事の一覧の表示件数を変えよう

✔キーワード
- ▶環境設定
- ▶ブログの設定
- ▶表示件数

トップページには初期設定では新着順に5件の投稿が表示されています。表示件数を増やしてページを切り替えずにたくさんの投稿を読めるようにしたい場合や、表示件数を減らしてページをすっきりさせたい場合は、表示件数の変更を行いましょう。

1 記事の表示件数を変更する

キーワード 記事の表示件数

初期設定では、ブログのトップページには新しいものから順に5件の投稿が表示されます。ここに表示する投稿の数を変えたい場合、表示件数の変更を行います。このページの操作では、表示件数を5件から3件に変更しています。

1 メインメニューの<環境設定>をクリックします。

2 <ブログの設定>をクリックします。

3 表示件数を入力します。

記事の設定
表示件数(1~50件)
一括表示順
記事(PCページ別) 3 件 新しい順
記事(ケータイ・スマートフォンページ別) 5 件 PCと共通
記事(月別) 10 件 新しい順
記事(カテゴリ別) 5 件 新しい順
記事(検索結果) 5 件 新しい順
記事(タグ検索結果) 5 件 新しい順
RSSの設定 5 件 全文表示
最新記事一覧 5 件 新しい順

4 画面を下にスクロールして、

5 <更新>をクリックします。

メモ そのほかの画面の表示件数を変更する

手順3の画面では、プラグインの「月別アーカイブ」でそれぞれの月をクリックした場合や、「カテゴリ」でカテゴリ名をクリックした場合の表示件数も変更できます。変更する場合は各項目の件数を入力して、<更新>をクリックします。

第5章

スマートフォンで FC2ブログを楽しもう

Section 40

スマートフォンから ブログを管理しよう

キーワード
- スマートフォン
- スマートフォン用画面
- iPhone用アプリ

ブログをより気軽に更新したいなら、スマートフォンから管理すると便利です。ちょっとした空き時間にも簡単に新しい記事を書いたり過去の記事を見直したりできます。まず、FC2ブログではスマートフォンからどのようなことができるのかを見ていきましょう。

1 スマートフォンからできること

スマートフォンでFC2ブログにログインすると、スマートフォン用の管理画面が表示され、記事の新規投稿や公開した記事の確認、修正や削除などを行えます。これらの操作は、iPhoneおよびAndroid端末のどちらからでも可能です。

スマートフォンからログインすると、画面に合わせた表示がされます。

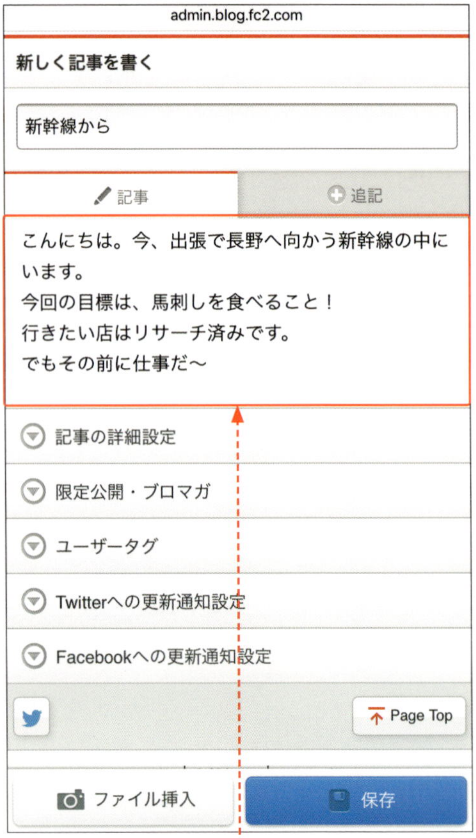

記事の編集、投稿を行えます。

2 写真を投稿する

スマートフォンの写真を投稿する

スマートフォンで撮影した写真を、簡単に記事に挿入して投稿することができます。パソコンのようにカメラから写真を取り込む手間がいらないので、撮った写真をすぐに公開できます。

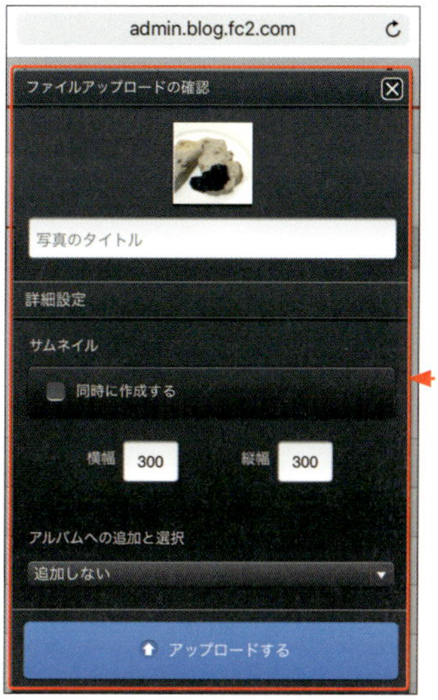

写真をスマートフォンから投稿することができます。

アプリから投稿する

iPhoneの場合、FC2ブログの専用アプリを使用できます。文章だけの記事の投稿はもちろん、写真入りの記事では、写真の加工や修正をしてから投稿できる機能もアプリにあらかじめ用意されています。

メモ スマートフォン用画面

FC2ブログは、スマートフォン用の画面が用意されています。スマートフォンのブラウザでFC2ブログにアクセスすると、自動的にスマートフォン用画面に切り替わります。スマートフォンからでも操作しやすいレイアウトになっているので、外出先などでもブログの管理を行えます。

メモ 専用アプリ

iPhoneの場合は、FC2ブログの専用アプリも用意されています。App Storeからアプリをダウンロードして、FC2アカウントでログインすると使用可能になります。ブラウザから利用するのと違い、投稿する写真の編集もアプリ内で行えるといった特徴があります。

Section 41

スマートフォンからログインしよう

✔キーワード
- ▶ログイン
- ▶スマートフォン
- ▶管理画面

スマートフォンからもブログを更新するには、「Safari」や「Chrome」などのブラウザアプリからスマートフォン版のFC2ブログにログインします。ログインの手順はパソコンから行うときと同様で、ログイン画面でメールアドレスとパスワードを入力して、<ログイン>をタップします。

1 スマートフォンから管理画面にログインする

キーワード ブラウザアプリ

スマートフォンでウェブサイトを閲覧するときに使うアプリのことをブラウザアプリと呼びます。iPhoneなら「Safari」、Android端末なら「Chrome」が標準搭載されています。なお本書では基本的にiPhoneのSafariを用いて解説いたします。

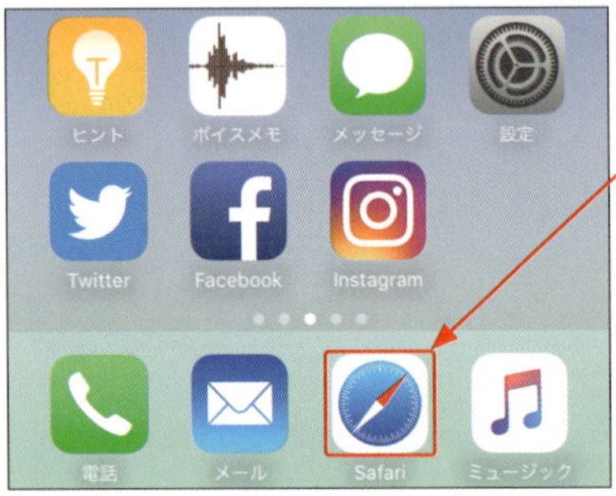

1 スマートフォンでブラウザアプリ（ここではSafari）を起動します。

2 「blog.fc2.com」をアドレスバーに入力して、

3 <開く>（端末によって表記は異なります）をタップします。

メモ キーボードの表記

手順3のキーボードの「開く」は、「Go」や虫眼鏡のマークなどで表示されている場合もあります。

4 <ログイン>をタップします。

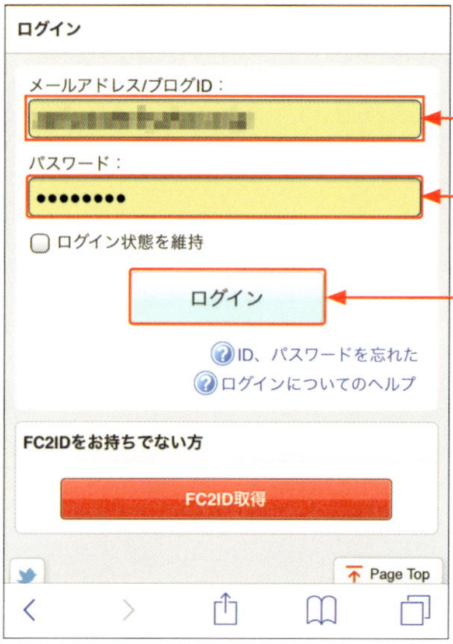

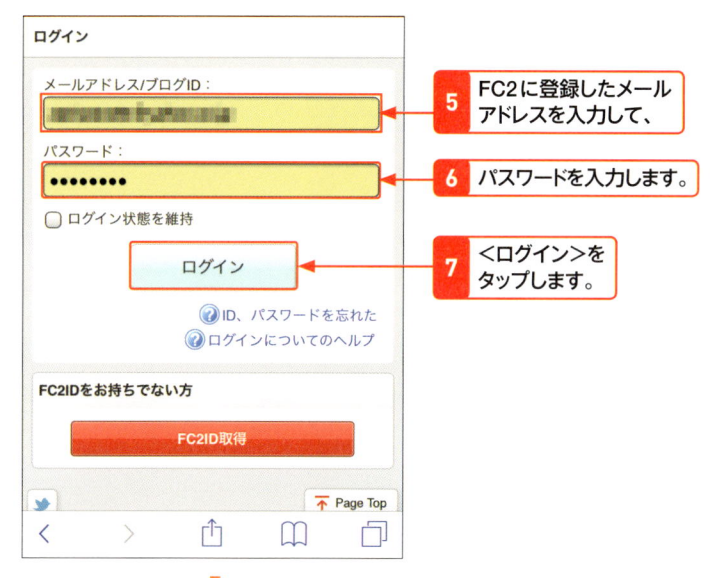

5 FC2に登録したメールアドレスを入力して、

6 パスワードを入力します。

7 <ログイン>をタップします。

8 ブログの管理画面が表示されます。

メモ　スマートフォン版での画面表示

スマートフォンでログインページにアクセスすると、自動的にスマートフォンの画面サイズに合わせた表示になります。管理画面や投稿画面なども同様にスマートフォンサイズでの表示となるので、スムーズな操作が可能です。

ヒント　管理画面をブックマークする

手順8の画面が、スマートフォンからブログの投稿や管理をする際の基本の画面となります。スマートフォンのブラウザでもブックマーク（お気に入り）に登録しておくと、簡単にアクセスできて便利です。
Safariの場合なら、画面下部の□をタップして、<お気に入りに追加>→<保存>の順にタップします。登録した画面を表示するときは、□をタップして、<お気に入り>→ブログ名の順にタップします。

2 スマートフォンの管理画面からログアウトする

メモ ログアウトする

ブラウザアプリやタブを閉じるだけでは、FC2ブログからログアウトされない可能性があります。確実にログアウトする場合は、右の手順に従って操作をする必要があります。

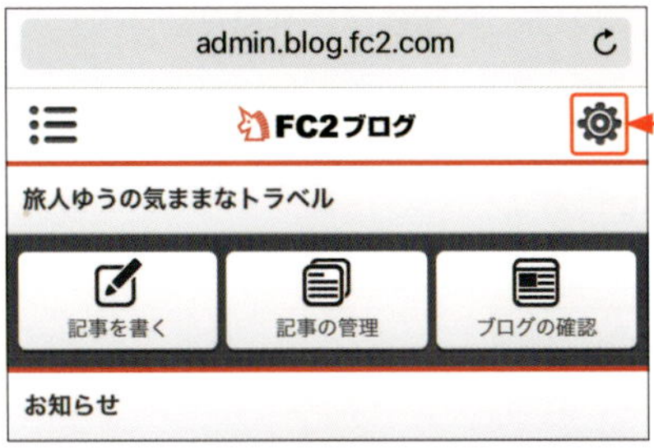

1 をタップします。

2 <ログアウト>をタップします。

3 ログアウトが完了します。

メモ FC2ブログに再度ログインする

ログアウト後にスマートフォンから再度ログインする場合は、130〜131ページの手順に従い、メールアドレスとパスワードを入力します。

3 スマートフォン版の管理画面

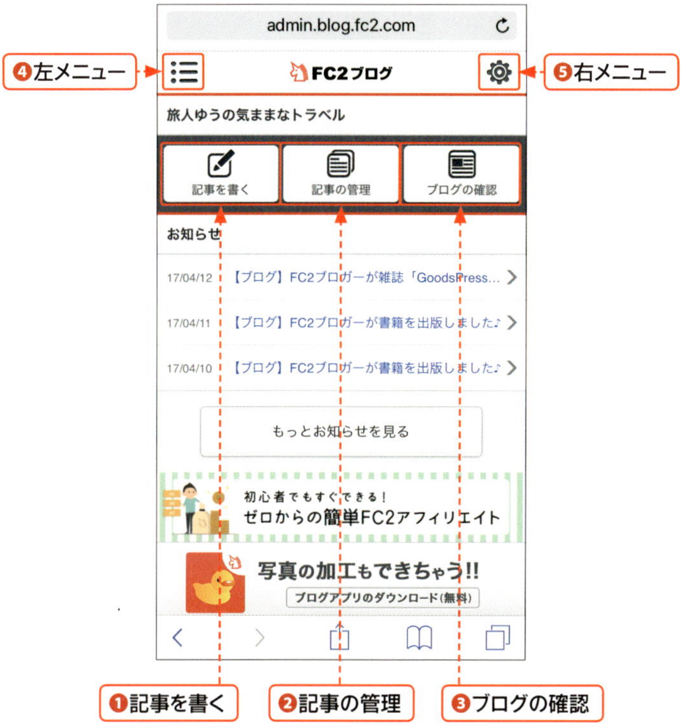

❶記事を書く	投稿画面を開き、新しいブログ記事を作成します（Sec.42参照）。
❷記事の管理	投稿済み記事の編集や削除をしたり、下書き状態の記事を公開したりできます。
❸ブログの確認	自分のブログが表示されます。ブログは新しいタブで表示されます。
❹左メニュー	タップすると、コメントの管理や画像・ファイル管理など、さまざまな機能が表示されます。
❺右メニュー	タップすると、ログアウトやスマートフォン用のテンプレートとプラグインの設定メニューなどが表示されます。

メモ 左右のメニューを表示する／戻す

「左メニュー」や「右メニュー」は、それぞれのアイコンをタップすると、下図のようなメニューが表示されます。表示を閉じる場合は、表示されたメニュー以外の部分をタップします。

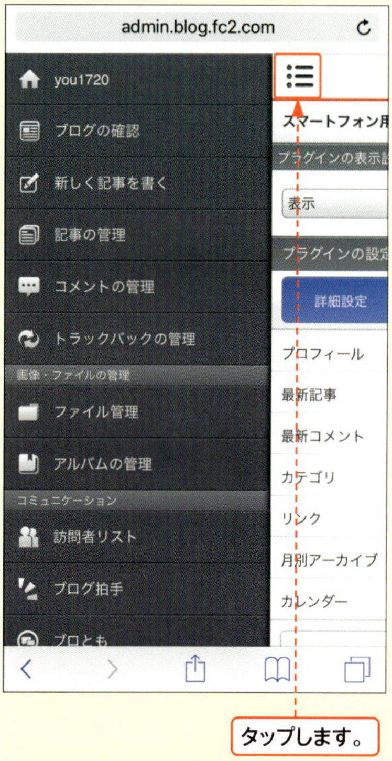

ヒント パソコン用の画面で表示する

スマートフォンで、パソコンからと同様の表示をすることもできます。パソコンから見た場合と同じ表示にしたい場合は、<右メニュー>をタップし、<PC表示>をタップします。パソコン版画面からスマートフォン版画面に戻したい場合は、<スマートフォン版を表示>をタップします。

Section 42

スマートフォンから記事を投稿しよう

✔キーワード
- スマートフォンから投稿する
- スマートフォン版の投稿画面
- 下書き

スマートフォンからも、パソコンからと同様に記事を投稿することができます。記事の投稿画面を表示するには、管理画面で＜記事を書く＞をタップします。また、パソコン版と同様に、記事をすぐに公開せずに「下書き」として保存するなど、投稿方法の設定をすることも可能です。

1 スマートフォンで記事を書いて投稿する

メモ スマートフォン版の投稿画面

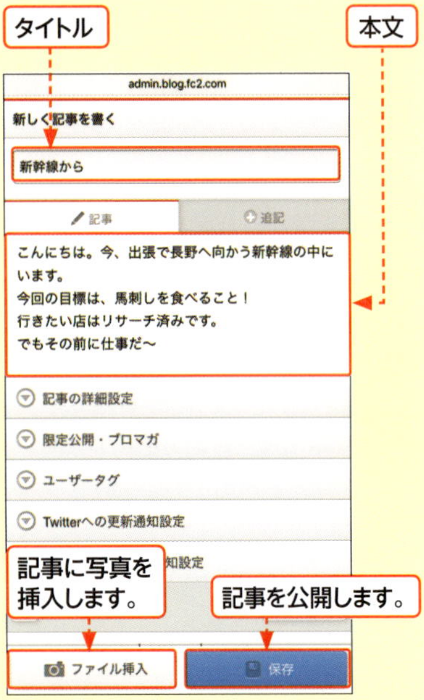

ヒント 入力前の画面

投稿画面の入力欄には、それぞれ「記事タイトル」「記事」の文字が表示されています。この部分をタップすると端末のキーボードが表示され、文字を入力できる状態になります。元々入っていた文字はタイトルや本文を入力すれば自動的に消えるので、そのまま入力して問題ありません。

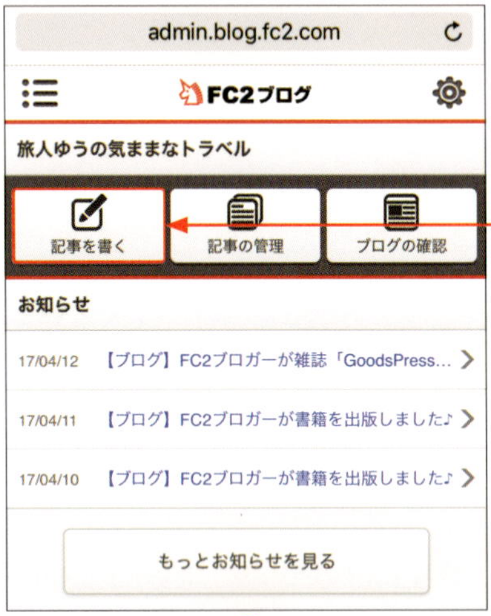

1 ＜記事を書く＞をタップします。

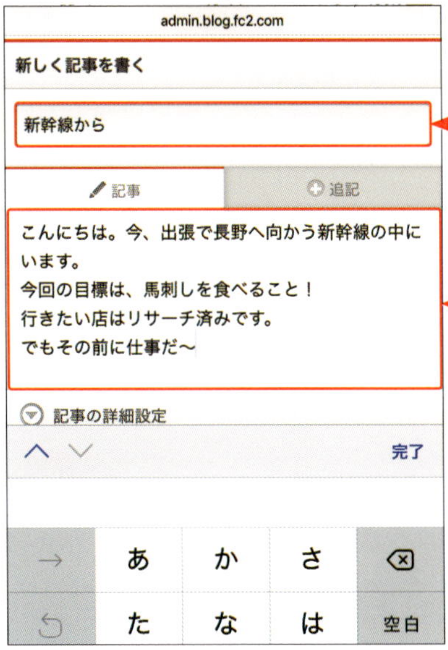

2 タイトルを入力し、

3 本文を入力します。

4 <保存>をタップします。

5 記事の投稿が完了します。

6 <投稿した記事を見る>をタップします。

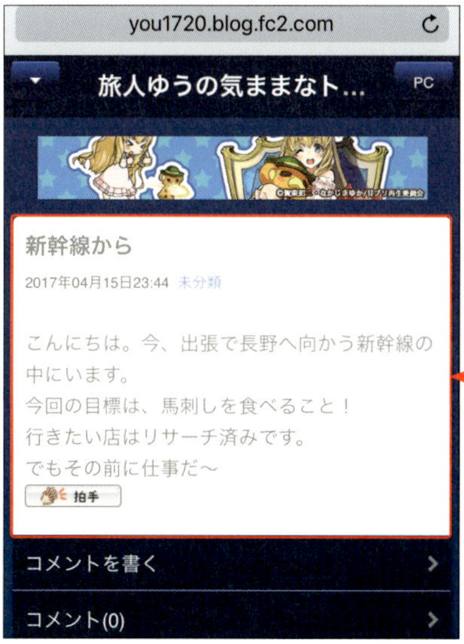

7 投稿した記事が表示されます。

ステップアップ 記事を下書き保存する

編集した記事をすぐに公開せず一度保存したい場合、「下書き」の状態で保存します。下書き保存するには、本文入力欄の下にある<記事の詳細設定>をタップし、「公開設定」で<下書き>をタップしてから、記事を保存します。

1 タップします。

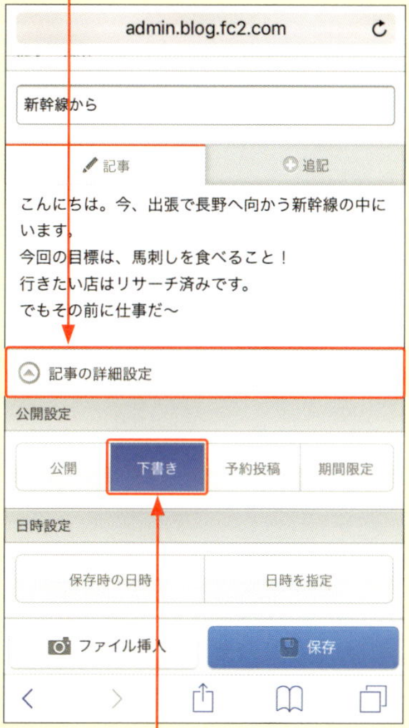

2 タップします。

ヒント 記事の確認後に管理画面に戻る

手順6で投稿した記事を表示すると、新しいタブが開いて表示されます。管理画面に戻りたいときは、Safariの場合は画面右下の□をタップしてタブ一覧を表示し、手順6の画面のタブに戻ります。Chromeの場合は、画面右上の2をタップして、タブ一覧を表示します。また、手順6で<管理画面トップに戻る>をタップすると、管理画面に戻ることができます。

Section 43

スマートフォンの写真を投稿しよう

✔キーワード
- 写真の投稿
- アップロード
- 写真の表示位置

スマートフォンからの投稿では、端末に保存している写真を記事に挿入することができます。写真を投稿するには、投稿画面を表示して、<ファイル挿入>をタップします。ここではiPhoneの画面で操作していますが、Android端末でも同様の手順で写真入りの記事を投稿できます。

1 写真をアップロードして投稿する

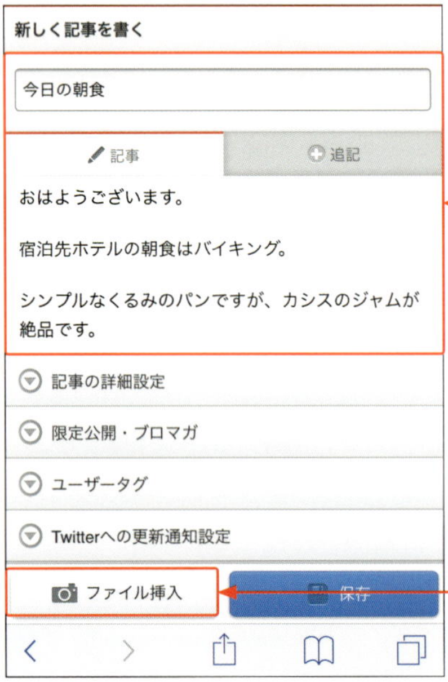

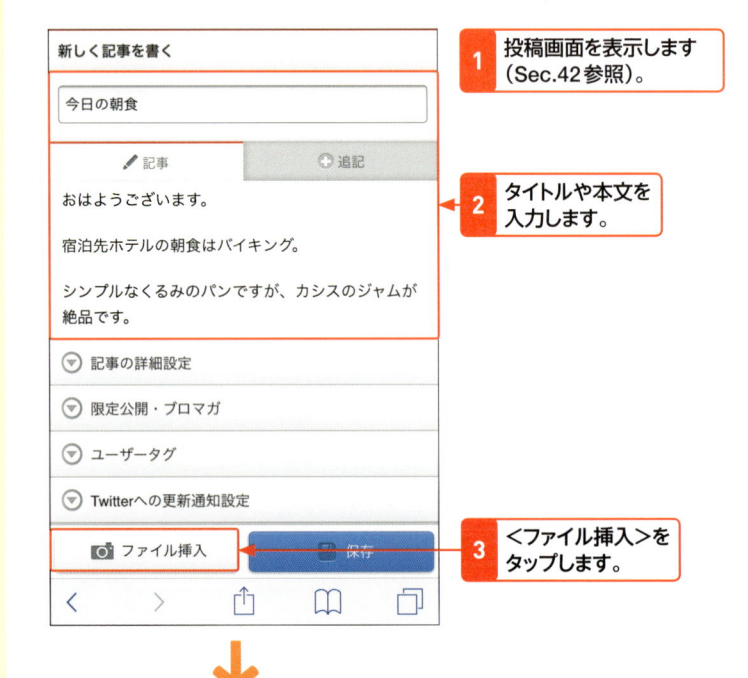

1 投稿画面を表示します（Sec.42参照）。

2 タイトルや本文を入力します。

3 <ファイル挿入>をタップします。

4 <ファイルアップロード>をタップします。

メモ 写真投稿の流れ

写真を投稿するには、まずは投稿する写真をFC2ブログにアップロードする必要があります。アップロードが完了したら、アップロード済みの写真の中から投稿する写真を再度選択します。

メモ 写真が挿入される位置

写真は現在カーソルが表示されている位置に挿入されます。記事本文の後ろに写真を入れたい場合は、先に本文を書き、最後の行にカーソルがある状態で手順3以降の操作を行います。

ヒント アップロード済みの写真を使う

手順4の画面には、すでにブログにアップロードしている写真の一覧が表示されます。アップロード済みの写真を使う場合は、使用する写真をタップすると記事に挿入できます。

5 <フォトライブラリ>をタップします。

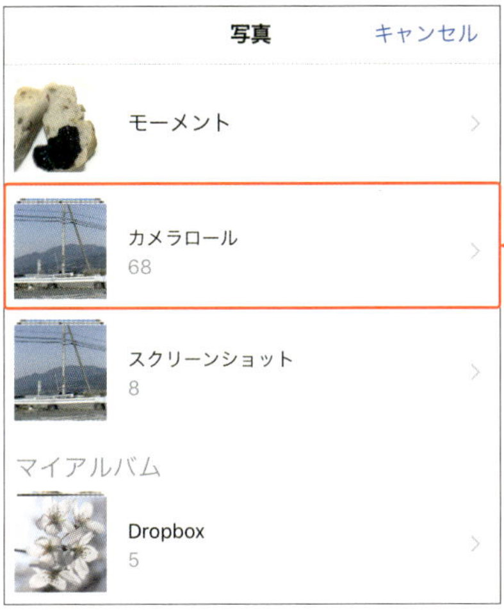

6 <カメラロール>をタップします。

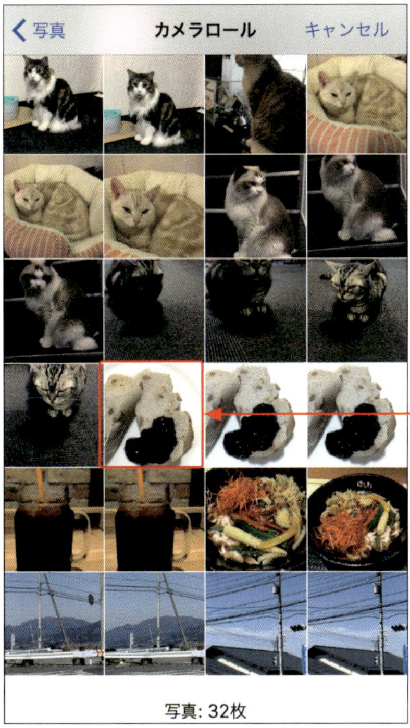

7 挿入したい写真をタップします。

メモ Android端末の場合

Android端末の場合は、左ページの手順4のあと、<ドキュメント>をタップし、記事に挿入する写真や画像フォルダをタップして選択します。挿入する写真を選択すると、138ページの手順8の画面が表示されるので、以降の手順に沿って記事を投稿します。

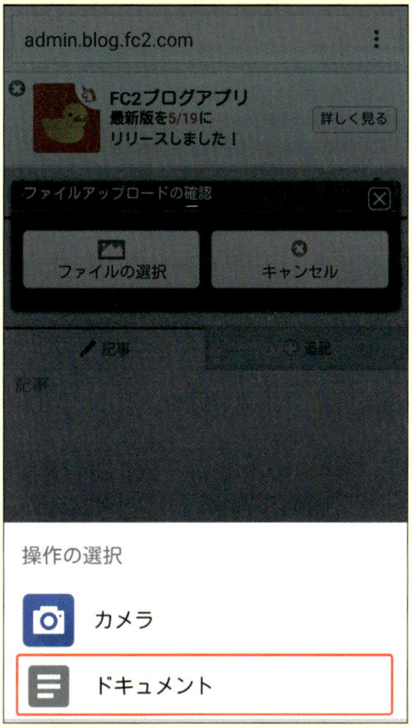

ステップアップ その場で写真を撮影する

手順5の画面で、iPhoneなら<写真を撮る>、Android端末なら<カメラ>をタップすると、ブログに載せる写真を、その場で撮影することができます。<写真を撮る>(または<カメラ>)をタップすると、カメラが起動するので、写真を撮影します。撮影が完了すると、138ページの手順8の画面に移るので、以降の手順に沿って記事を投稿します。

ステップアップ 写真の詳細な設定をする

アップロード前の画面では、写真に詳細な設定をできます。写真のタイトルの入力や写真サイズの変更、追加先のアルバムの選択などができます。

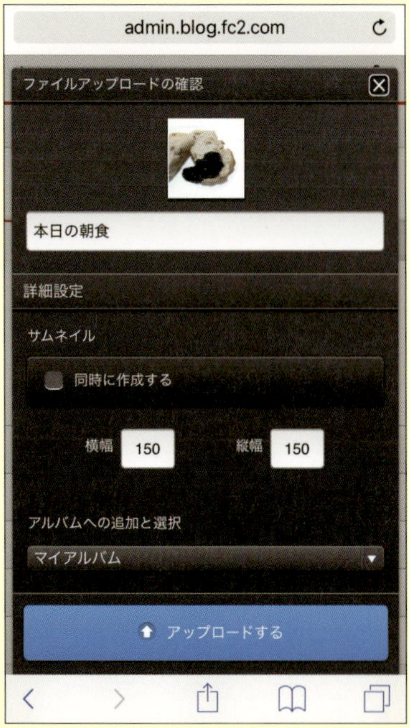

8 ＜アップロードする＞をタップします。

9 再度写真をタップします。

10 文中で画像を揃える位置（ここでは＜中央揃え＞）をタップします。

ヒント 写真の表示位置を選ぶ

手順10の画面では、記事内のどの位置に写真を配置するかを選択できます。写真を左右どちらかに寄せたい場合は＜左寄せ＞か＜右寄せ＞を、記事の中央に合わせたい場合は＜中央寄せ＞をタップするとそれぞれ設定できます。どこでも構わない場合は＜指定なし＞をタップします。

11 ＜保存＞をタップします。

12 ＜投稿した記事を見る＞をタップします（Sec.42参照）。

投稿した記事を確認すると、写真入りの記事が投稿されています。

ヒント 写真のプレビューは表示されない

記事に写真を追加しても、投稿画面にはその写真は表示されません。正しく追加できているか確認したいときは、＜保存＞をクリックして、公開されたブログを確認しましょう。

ヒント 写真を削除・変更したい場合

写真を削除するには、記事に挿入された英数字の文字列をすべて削除します。また別の写真を選び直したい場合は、一度写真を削除してから、＜ファイル挿入＞をタップして写真のアップロードや選択を行います。

削除する。

Section 44

投稿した記事をスマートフォンから修正／削除しよう

✓キーワード
- FC2専用アプリ
- 写真の投稿
- 写真の編集

スマートフォンからは、新しい記事を投稿するだけでなく、投稿済みの記事を修正したり、不要な記事を削除したりもできます。パソコンから投稿した記事の修正・削除も可能なので、外出先でブログの手直しをしたい場合などにも便利です。

1 記事を修正する

メモ パソコンから投稿した記事も修正できる

手順2の画面で表示される一覧にはパソコンから投稿した記事も表示されます。これらの記事も、スマートフォンからの編集や削除が可能です。

1 管理画面で＜記事の管理＞をタップします。

2 編集する記事をタップします。

ヒント 管理画面の表示内容

「記事の管理」画面の記事一覧では、記事を投稿した日時や公開状態、コメントやトラックバックの数も表示されます。記事を修正しない場合でも、記事の情報を確認することができます。

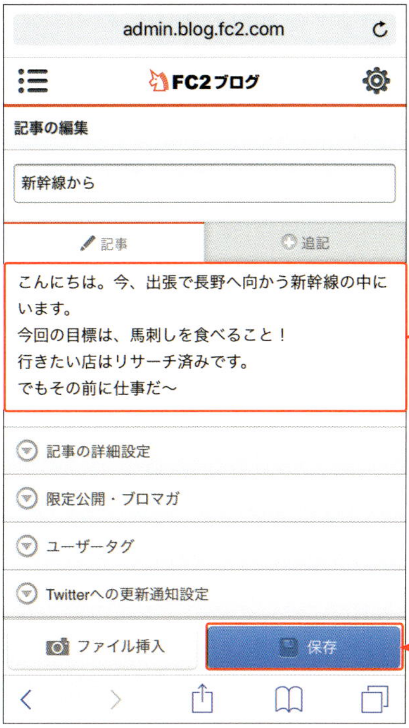

3 記事を修正します。

4 <保存>をタップします。

メモ 修正完了後の画面

編集完了後は、新規投稿のときと同様に「記事を保存しました」のメッセージが表示されます。この画面から管理画面トップに戻ったり、編集した記事を確認したりできます（Sec.42参照）。

2 記事を削除する

1 前ページの手順1～2と同様の手順で、削除する記事の編集画面を表示します。

2 <記事の削除>をタップします。

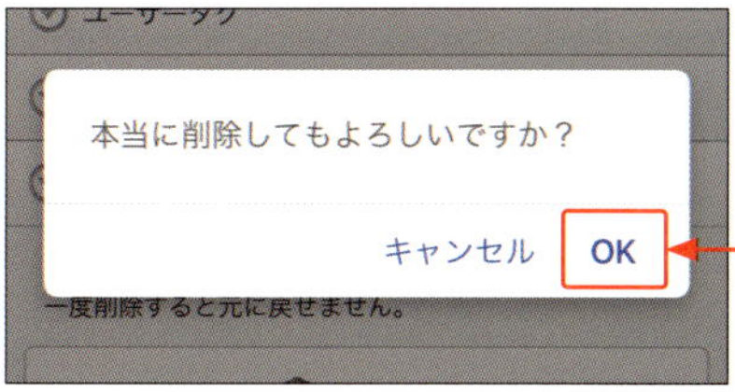

3 <OK>をタップします。

注意 削除した記事は元に戻せない

一度削除した記事は元に戻すことができないので、削除を行う際は慎重に操作しましょう。

メモ 削除後の画面

記事の削除が完了すると前ページの手順2の画面に戻ります。

Section 45

iPhone用アプリから記事を投稿しよう

✔キーワード
- iPhone
- 専用アプリ
- アプリから投稿する

iPhoneの場合は、FC2専用アプリからも、記事の投稿などのブログの管理を行うことができます。iPhone用アプリはApp Storeからダウンロードできます。記事を書くときに使用する投稿エディターには2種類ありますが、直感的に操作できる「見たまんま編集」が便利です。

1 アプリにログインして記事を投稿する

メモ アプリをインストールする

iPhone用のアプリを取得するには、App Storeで「FC2ブログ」と検索し、表示される一覧から「FC2ブログ」の＜入手＞をタップします。ボタンの表示が＜インストール＞に変わったら再度タップすると、インストールできます。

1 iPhoneのホーム画面で、＜ブログ＞をタップします。

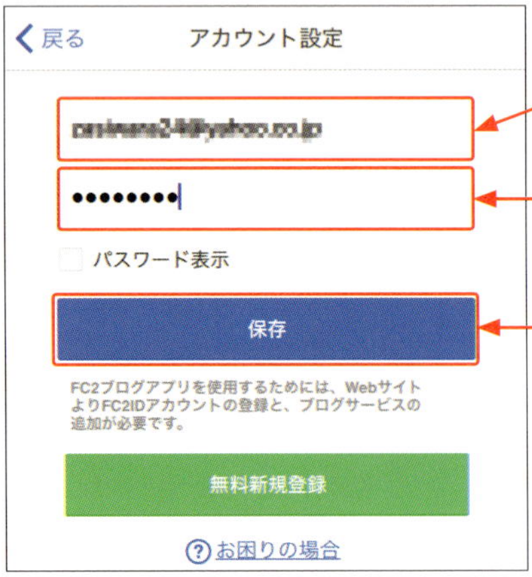

2 FC2に登録したメールアドレスを入力して、

3 パスワードを入力します。

4 ＜保存＞をタップします。

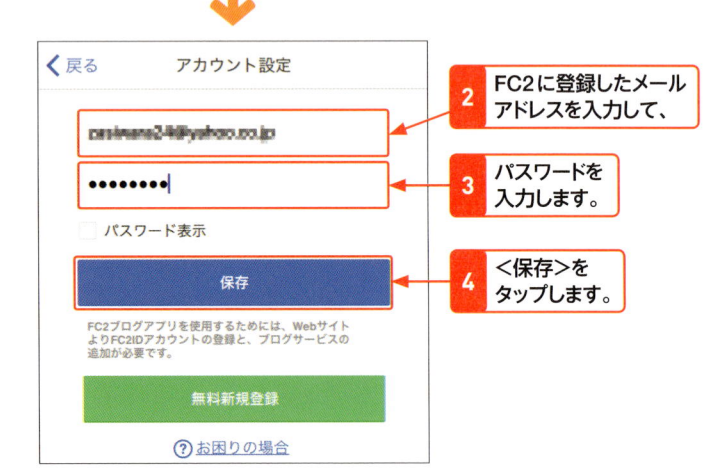

5 ブログ名をタップします。

ヒント 確認メッセージが表示されたら

アプリを起動したときに「“ブログ”は通知を送信します。よろしいですか？」とメッセージが表示される場合があります。これは、スマホのプッシュ通知にFC2ブログからのお知らせを表示するかどうかを確認するものです。通知を受け取る場合は「許可」、不要な場合は「許可しない」をタップします。

6 ログインが完了します。

7 <新規投稿>をタップします。

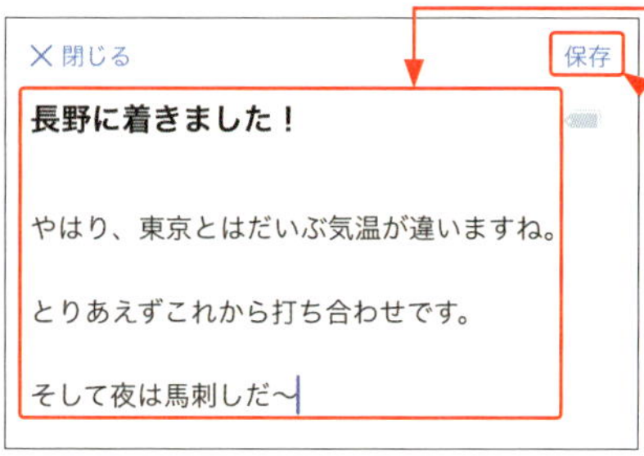

閉じる
保存
長野に着きました！
やはり、東京とはだいぶ気温が違いますね。
とりあえずこれから打ち合わせです。
そして夜は馬刺しだ～

8 タイトルや本文を入力して、

9 <保存>をタップします。

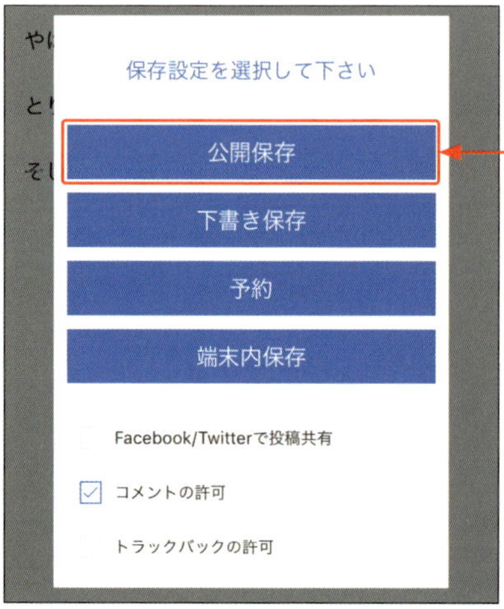

10 <公開保存>をタップします。

メモ エディターの種類を選択する

はじめてアプリを使用するときは、手順 **7** のあとにエディターの選択を行います。<エディター選択画面へ>をタップしたら、次の画面で2種類からいずれかのエディターをタップして<選択>をタップしましょう。ここでは、「見たまんま編集」を選択しています。

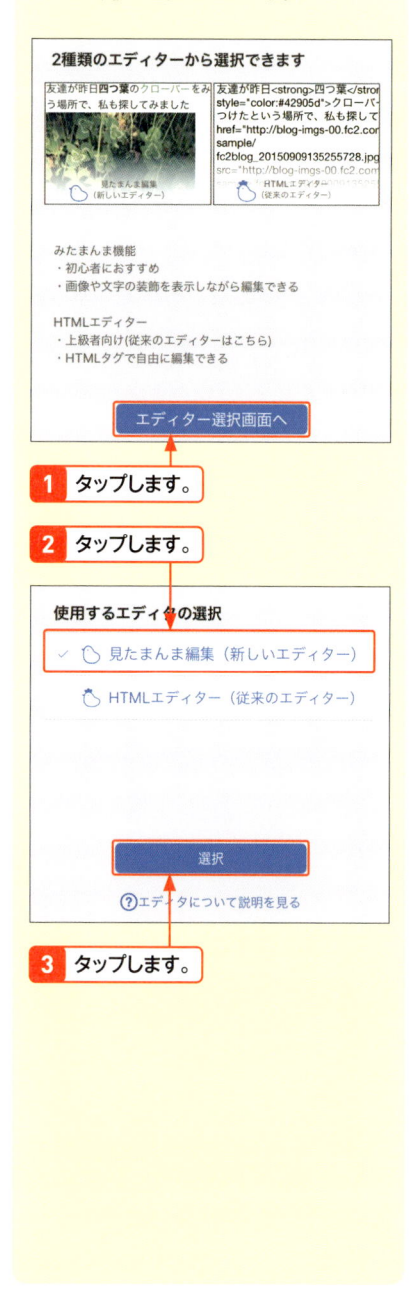

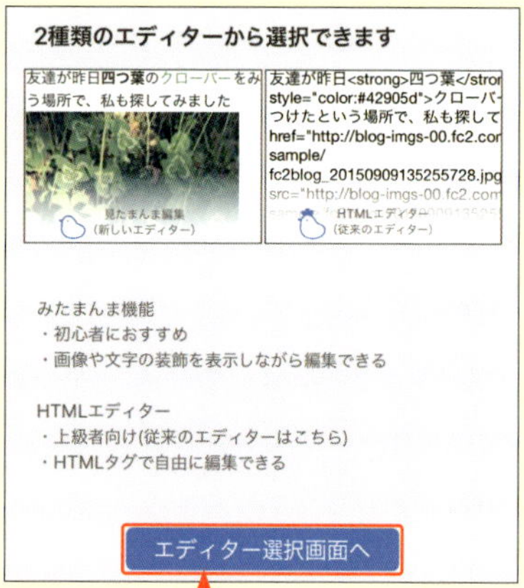

1 タップします。

2 タップします。

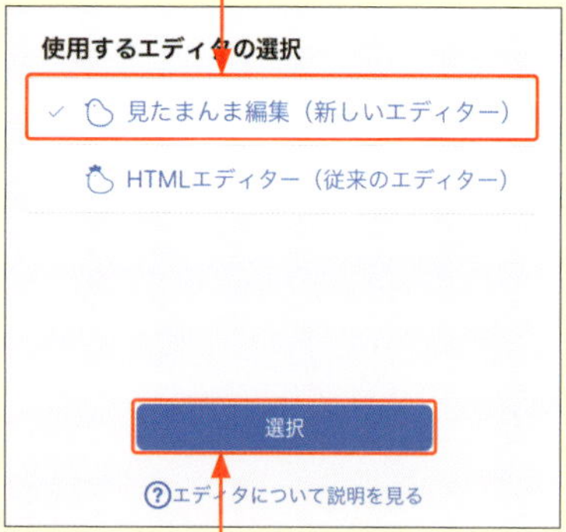

3 タップします。

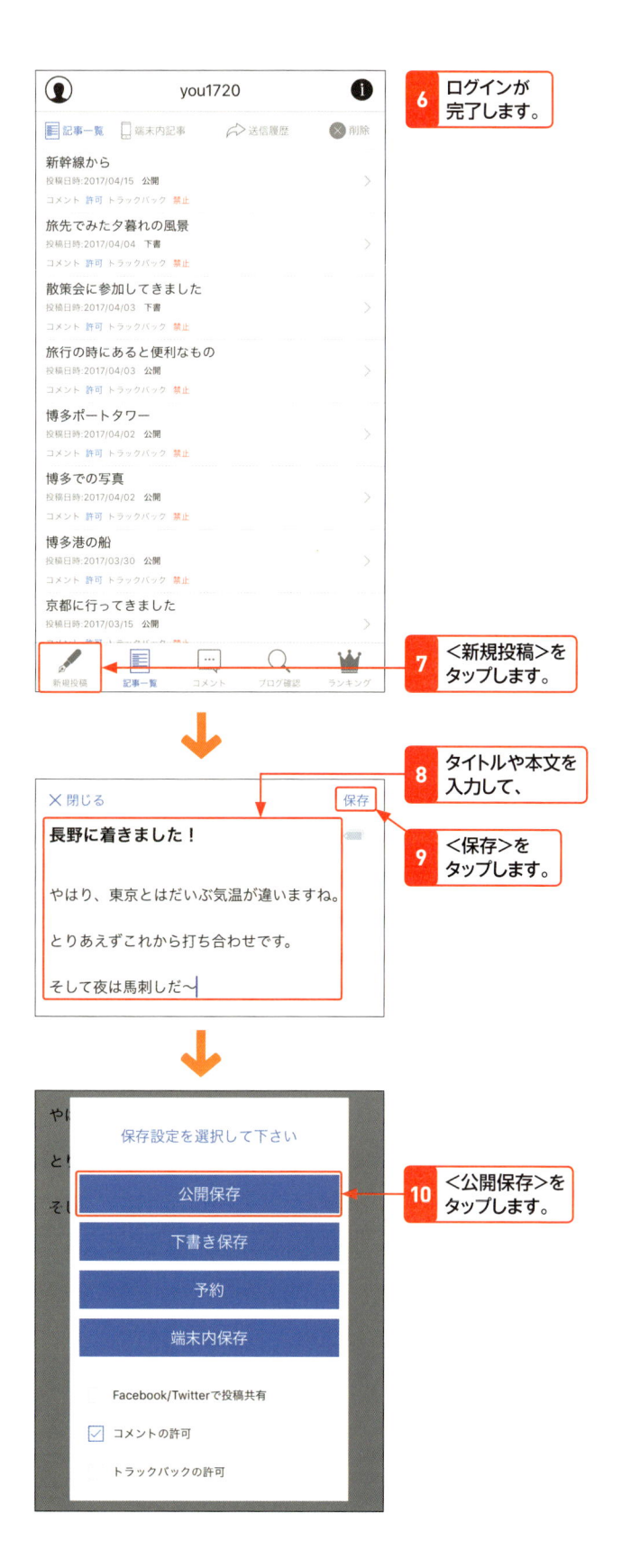

Section 46

アプリを使って写真を加工・編集して投稿しよう

キーワード
- 専用アプリ
- 画像の編集
- フィルターカメラ

FC2専用アプリでは、投稿画面から写真を投稿する際、写真の切り抜きやフィルター適用、明るさなどの調整を行えます。写真加工アプリを使用する必要がなく、編集した写真はそのまま投稿することができます。専用アプリからの写真の投稿は、投稿画面から行うことができます。

1 画像を選択する

メモ 確認メッセージが表示されたら

はじめてアプリから写真を追加するときは、写真の選択後に「写真へのアクセスを求めています」のメッセージが表示されるので、「OK」をタップします。

ステップアップ フィルターカメラを使う

手順4で＜フィルターカメラ＞を選択するとカメラが起動し、フィルターで画面を加工しながら写真撮影を行えます。また、撮影後にトリミングなど、そのほかの加工を行うことも可能です。

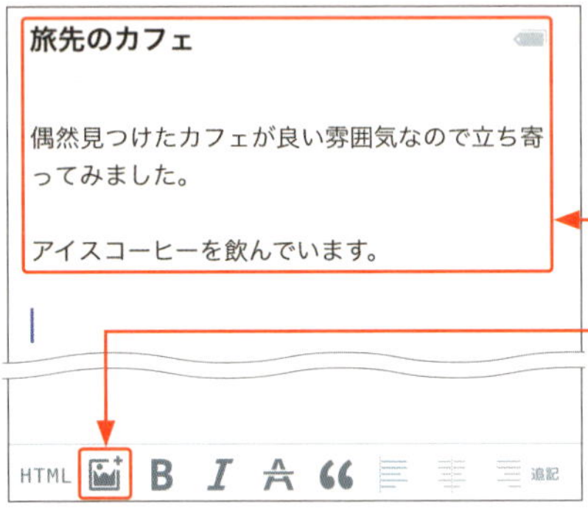

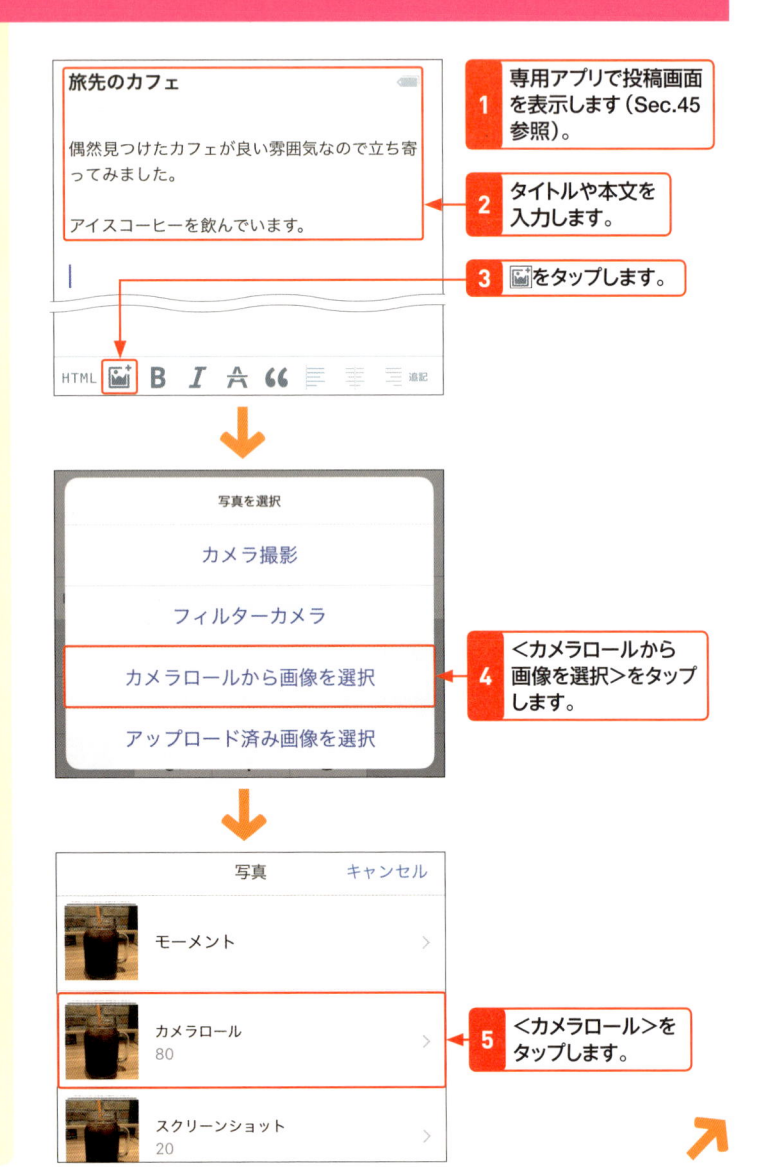

1 専用アプリで投稿画面を表示します（Sec.45参照）。

2 タイトルや本文を入力します。

3 をタップします。

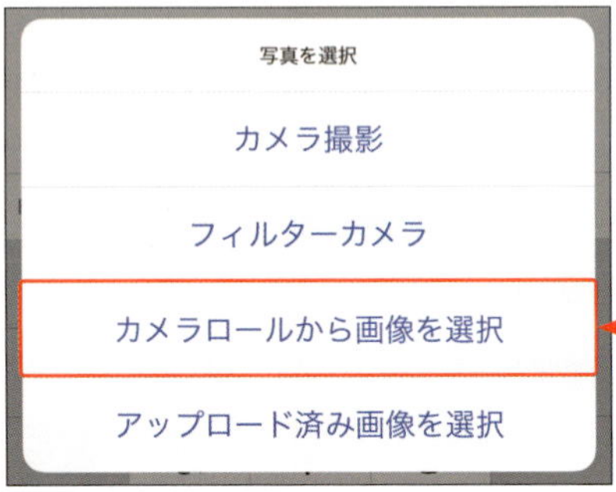

4 ＜カメラロールから画像を選択＞をタップします。

5 ＜カメラロール＞をタップします。

6 挿入する写真をタップします。

2 画像を編集・投稿する

1 四隅をドラッグして写真を切り抜く範囲を選択して、

2 <決定>をタップします。

3 <決定>をタップします。

メモ 確認メッセージが表示されたら

手順6の画面の後に「画像編集をしますか？」のメッセージが表示されたら、＜はい＞をタップします。

ヒント 写真を選択し直す

記事に挿入して投稿する写真を選び直したい場合は、手順2で＜キャンセル＞をタップします。前の画面に戻るので、再び写真を選択し直します。

ステップアップ 画像のサイズを確認する

手順3の画面では、画面の右上に現在の画像のサイズが表示されます。表示される数値を編集することで、画像のサイズを変えることもできます。

メモ　メッセージが表示されたら

手順6のあとで、「サムネイルを使用しますか」のメッセージが表示されたら、＜はい＞をタップします。

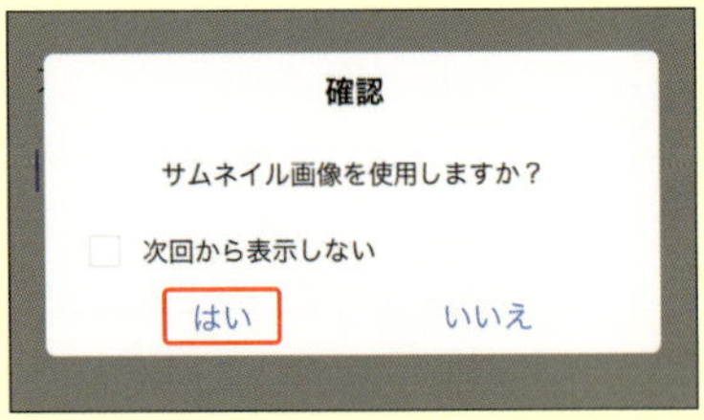

ステップアップ　明るさや色調を調整する

手順4の画面では、画像の明るさや色の調整も行えます。＜色調整＞をタップして、各項目の●をドラッグすれば、写真の明るさや色調などを調整できます。

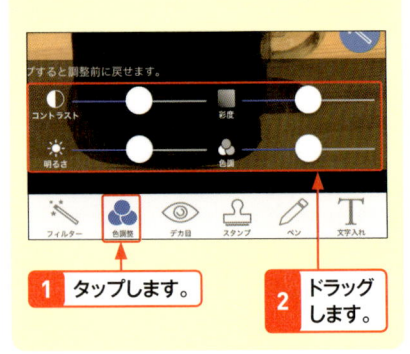

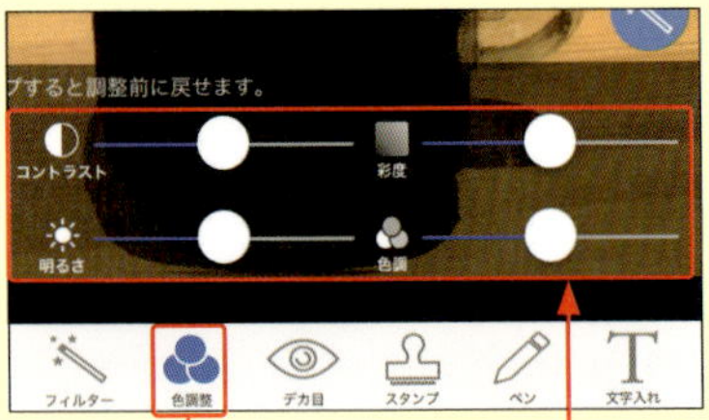

1 タップします。

2 ドラッグします。

4 フィルターを左右にスクロールして選択し、

5 使用するフィルターをタップします。

6 をタップします。

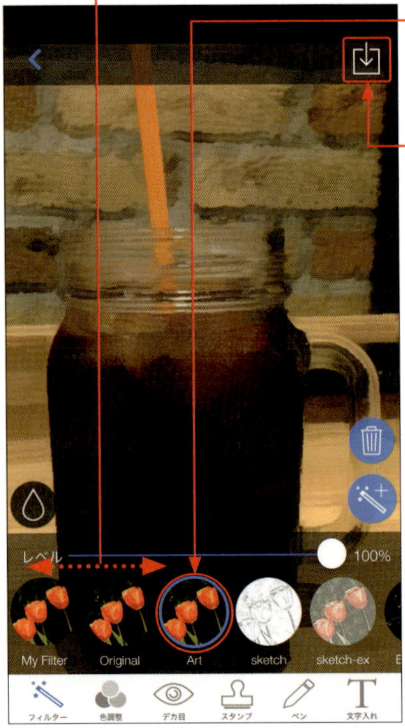

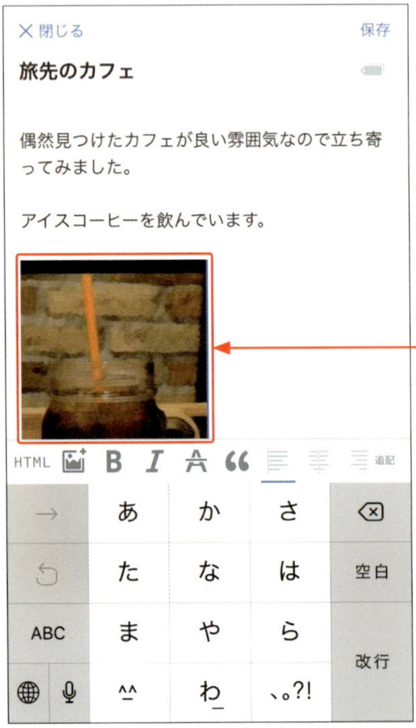

7 写真が記事に挿入されます。

8 Sec.45と同様の手順で記事を投稿します。

第6章

ほかのユーザーと交流しよう

Section 47 交流して読者を増やそう

✔キーワード
- コメント
- Facebook
- Twitter

ブログをより楽しむために、ほかのFC2ブログのユーザーや自分のブログを読んでくれる読者と積極的に交流してみましょう。FC2ブログでは、コメント機能やSNSとの連携、「いいね！」ボタンなどを利用して、交流を楽しむことができます。

1 コメント機能を活用する

ほかのユーザーのブログにコメントする

ほかのユーザーのブログで気に入ったもの、面白いと感じたものがあれば、積極的にコメントを残してみましょう。コメントは各記事の下部から簡単に投稿でき、コメント内に自分のブログのリンクを入れることもできます。コメントの投稿については、Sec.48を参照してください。

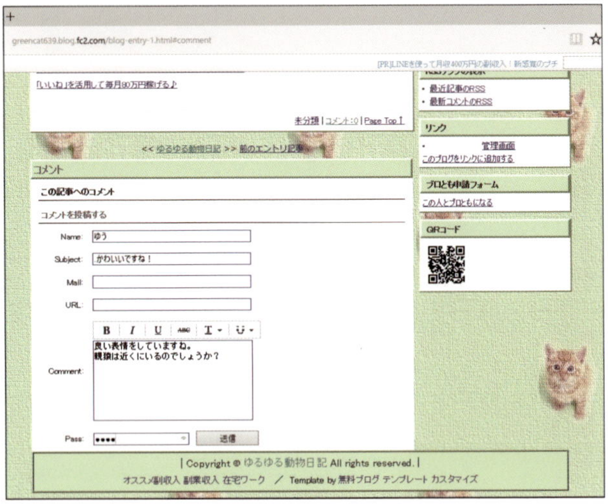

自分のブログのコメントを確認する

自分のブログにコメントがついたときは、「お知らせ」画面や通知メールから確認します。スパムやいたずらのコメントが気になるときは、内容を確認してからブログに表示する「承認制」を選ぶこともできます。コメントの管理については、Sec.49、50を参照してください。

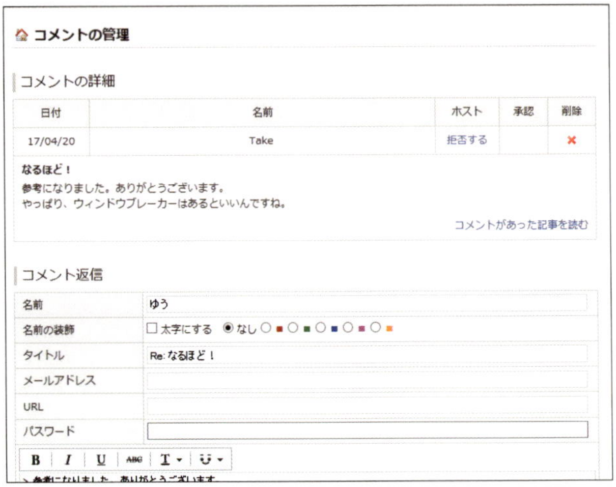

2 SNSと連携する

記事に「いいね！」や「ツイート」ボタンをつける

記事の下に「いいね！」や「ツイート」ボタンを表示することで、FacebookやTwitterでの記事の拡散につながります。「いいね！」ボタンがにはクリックされた数も表示されるので、人気の記事もすぐにわかります。FacebookやTwitterのボタンの設置については、Sec.51を参照してください。

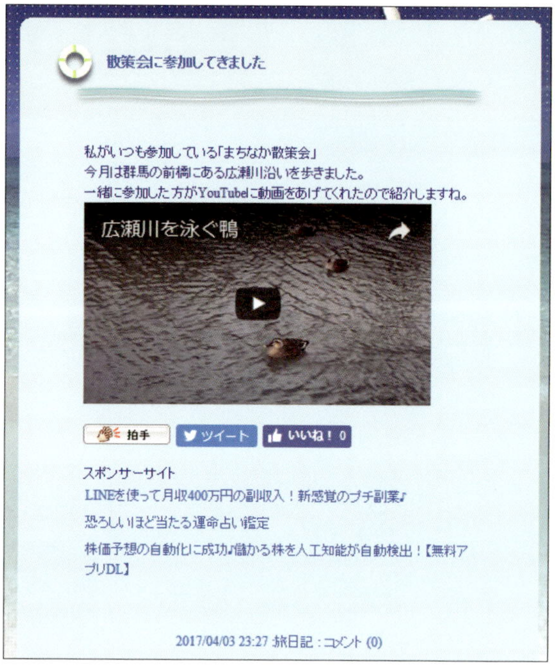

更新のお知らせをSNSに自動投稿する

FacebookやTwitterのアカウントを連携することで、ブログを更新したときに自動で更新のお知らせを投稿できます。手間をかけずにブログの更新情報を広めたいときに便利な方法です。SNSとの連携については、Sec.52、53を参照してください。

Section 48

コメントでほかのユーザーと交流しよう

✔キーワード
- ▶コメント
- ▶URL
- ▶コメントの修正

コメントは、ほかのユーザーと交流するための手段として気軽に利用できる機能のひとつです。各記事のコメント欄に入力するだけでかんたんに投稿でき、自分のブログのURLを載せることもできます。気になるブログの記事に感想などをコメントしてみましょう。

1 ほかのユーザーのブログにコメントする

キーワード コメント

コメントとは、ブログを読んだ人が感想などを投稿できる機能です。一つ一つ記事に対してコメント欄が用意されており、FC2ブログの利用者でなくても投稿できます。

メモ コメント欄の項目

コメントには、自分のユーザー名を表示したり、タイトルを付けたりすることができます。ユーザー名やコメントのタイトルは、空欄のままでも投稿できます。

ステップアップ コメントにURLを表示する

手順3の画面で「URL」欄に自分のブログのURLを入力すると、コメント内の「URL」の文字に自分のブログのリンクを設定できます。コメントしたブログの管理者や、そのブログの読者に自分のブログを見てもらいたい場合に活用できます。

1 コメントしたいユーザーのブログを表示します。

2 <コメント>をクリックします。

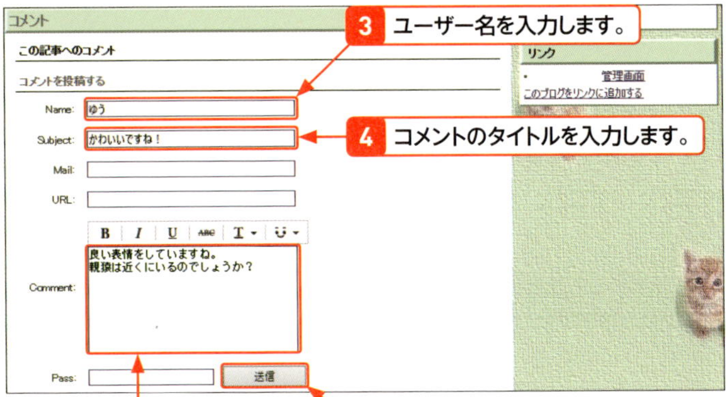

3 ユーザー名を入力します。

4 コメントのタイトルを入力します。

5 コメントを入力して、

6 <送信>をクリックします。

7 入力内容を確認して、

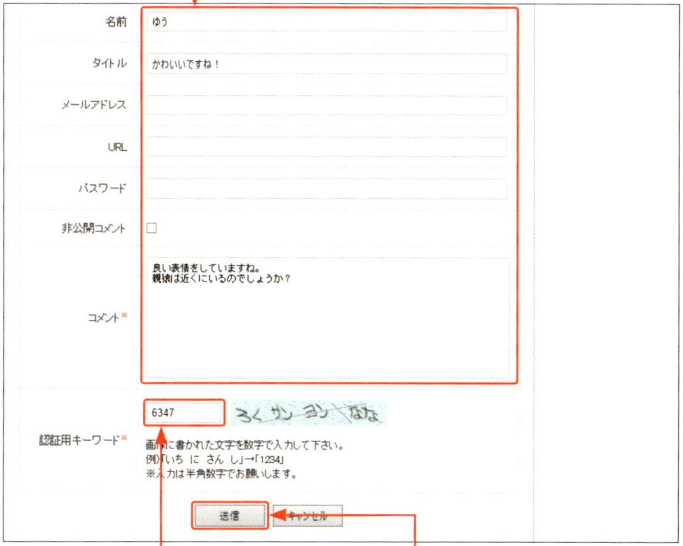

8 表示されている画像の文字を半角数字で入力します。

9 <送信>をクリックします。

10 コメントの投稿が完了します。

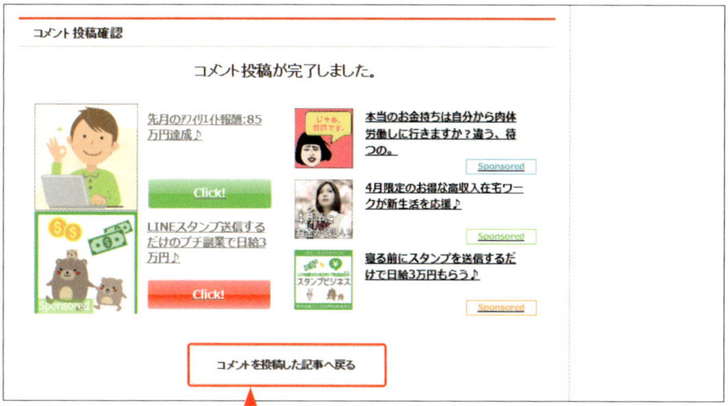

11 <コメントを投稿した記事へ戻る>をクリックすると、

12 記事のコメント欄に自分のコメントが表示されています。

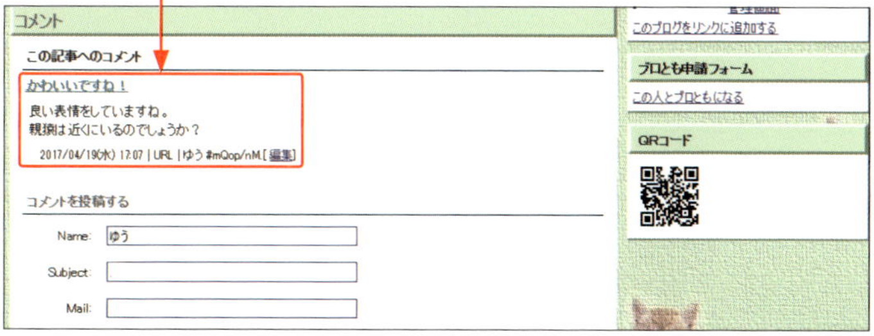

ヒント 修正・削除用のパスワードを設定する

左ページの手順3の画面で、「Pass」の入力欄にパスワードを入力して設定することができます。パスワードは、自分が投稿したコメントを投稿後に修正したり、削除したりしたい場合に必要になります。手順12の画面で<編集>をクリックすると、投稿したコメントの修正や削除を行えます。

キーワード 認証用キーワード

「画像認証キーワード」の入力欄には、ひらがなとカタカナで表現される数字を、半角数字に置き換えて入力します。読みづらい場合には、ページを再読み込みすると画像を変更できますが、入力した内容が失われる可能性があるので、注意しましょう。

メモ コメントが表示されない場合

ブログの管理者がコメントを承認制にしている場合、コメントを投稿してもすぐには表示されません。その場合は、管理者の設定によって、「このコメントは管理者の承認待ちです」と表示される場合と、何も表示されない場合があります(Sec.50参照)。

Section

49 自分のブログのコメントを確認しよう

✔キーワード
- コメントの管理
- コメントがあった記事を読む
- トラックバック

自分のブログに訪問者からのコメントがついたら、その内容を確認しましょう。コメントは返信して、ほかのユーザーとコミュニケーションをとることもできます。コメントはメインメニューの＜コメント＞をクリックして、「コメントの管理」画面を表示することで確認できます。

1 コメントを確認する

メモ 「新着コメント」からコメントを確認する

「お知らせ」画面上部の「新着コメント」には、新しくついたコメントのタイトルが表示されます。ここをクリックすることでも手順2の画面を表示して、コメントを確認できます。

1 メインメニューの＜コメント＞をクリックします。

2 確認したいコメントをクリックします。

3 コメントが表示されます。

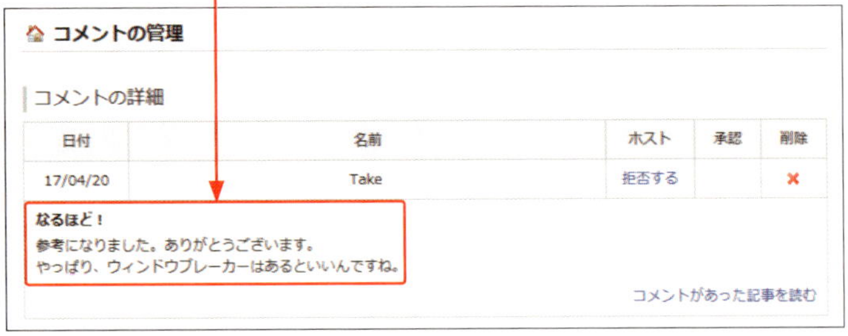

ヒント メールにコメントの通知が届くようにする

コメントがつくと、メールで通知を受け取れるように設定することができます。設定すると、「新着コメントのお知らせ」というメールが届き、コメントの投稿者の名前やコメントのタイトル、内容などを確認できます。メールで通知を受け取るには、メインメニューの＜環境設定＞をクリックし、「メール通知」の「コメント・トラックバックの受信をメールで」の項目で＜通知する＞を選択して、＜更新＞をクリックします。

2 コメントがついた記事を確認する

1 <コメントがあった記事を読む>をクリックします。

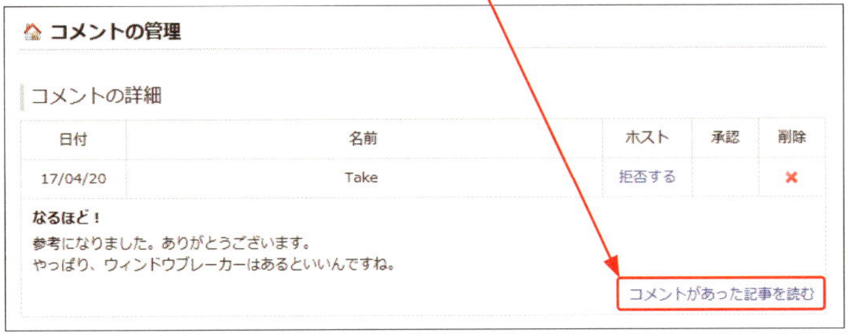

2 コメントがついた記事が表示されます。

メモ コメントに返信する

自分のブログについたコメントには、返信することもできます。返信したい場合は、手順**1**の画面の下部に表示される「コメント返信」欄に返信を入力して、<送信>をクリックします。返信の本文には、あらかじめ相手のコメントが引用マーク付きで表示されていますが、不要な場合には削除することも可能です。

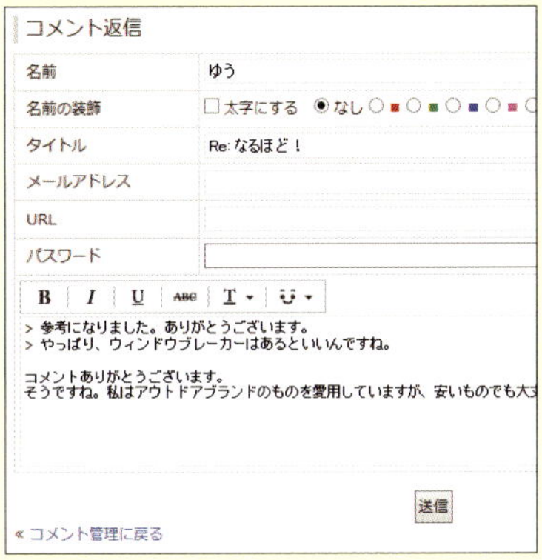

ステップアップ トラックバックでブログを紹介してもらう

トラックバックとは、ブログ内でほかのブログの記事を参照したときに、参照したブログの管理者に通知する機能です。たとえば、Aさんがブログ記事の中でBさんのブログを紹介した場合、Bさんにトラックバックが送られます。受け取ったトラックバックは、メインメニューの<トラックバック>をクリックすると、確認できます。
トラックバックを受け取れるようにするには、メインメニューから<環境設定>→<ブログの設定>→<投稿設定>の順にクリックして、「トラックバック」の<受け付ける>を選択します。

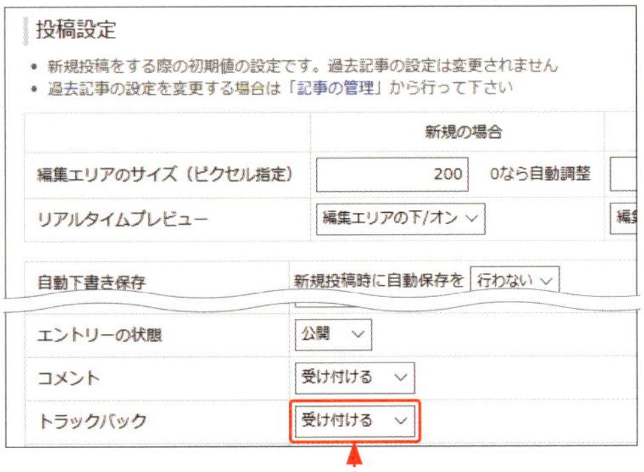

Section 50

承認していないコメントを非表示にしよう

✔キーワード
- 承認の設定
- コメントの承認
- コメントの削除

ブログに投稿されたコメントは、管理者が承認するまで表示しない設定にもできます。問題のないコメントだけを承認することで、スパムやいたずらなどの不適切なコメントがブログに表示されることを防止できます。コメントの承認は「環境設定」画面で設定し、メインメニューの<コメント>でクリックして管理します。

1 コメントを承認制にする

1 メインメニューの<環境設定>をクリックします。

2 <ブログの設定>にカーソルを合わせ、

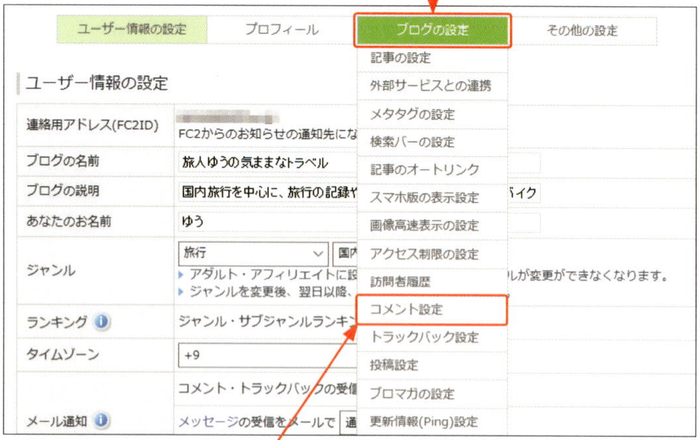

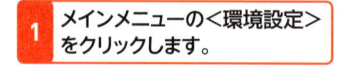

3 <コメント設定>をクリックします。

4 <承認後表示>を選択します。

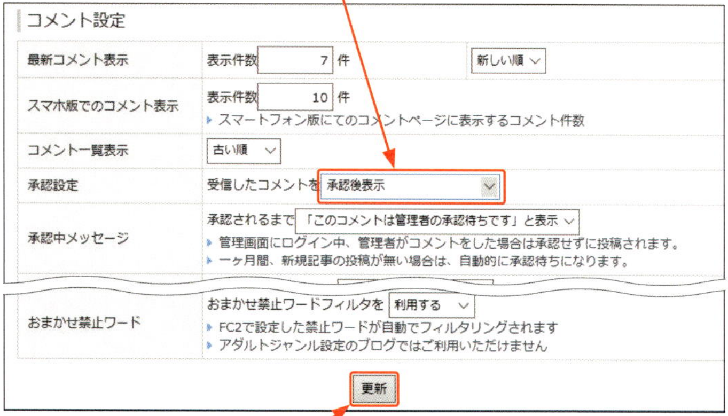

5 <更新>をクリックします。

ヒント <コメント設定>をクリックする

手順2では、<ブログの設定>にマウスカーソルを合わせると、設定できる項目の一覧が下に表示されます。表示される一覧の中から<コメント設定>をクリックするには、一覧をなぞってマウスカーソルを真っ直ぐ下に移動させてクリックします。

メモ 承認前のコメント

承認前のコメントは、承認待ちのコメントが存在することだけがブログに表示され、読者から見られることはありません。なお、手順4の画面で「承認中メッセージ」のドロップダウンリストをクリックすると、承認待ちのコメントを非表示に設定できます。

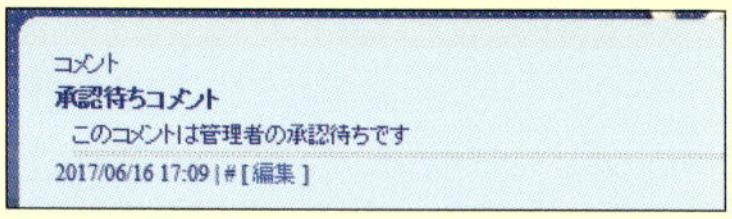

2 コメントを承認する

1 メインメニューの<コメント>をクリックします。

2 「承認」のチェックをクリックします。

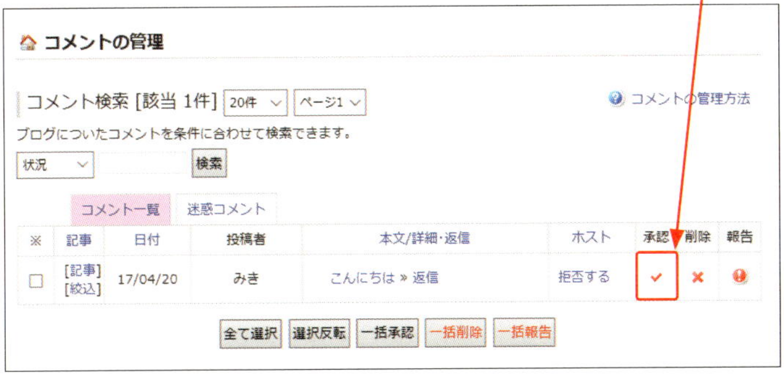

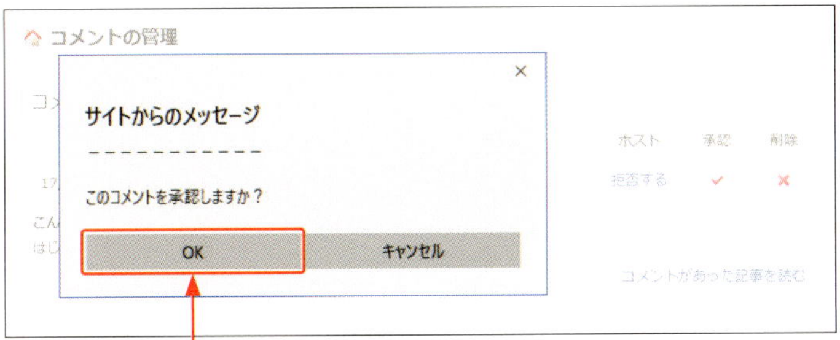

3 <OK>をクリックします。

コメントが承認され、ブログ上に表示されるようになります。

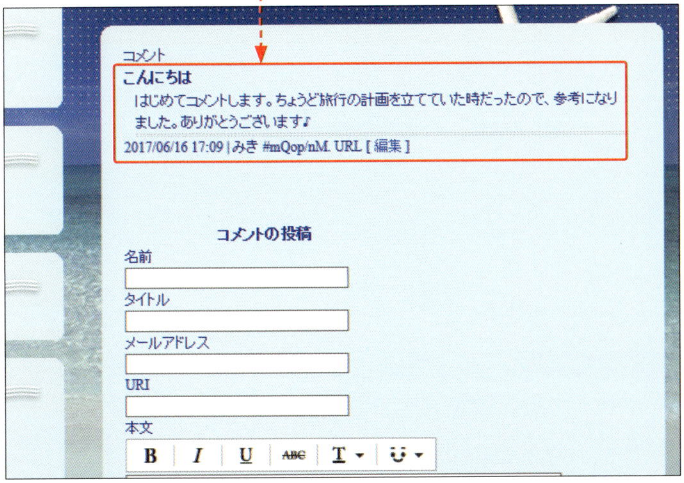

ヒント 承認済みのコメント

既に承認しているコメントは、手順**2**の「承認」欄のチェックマークが表示されません。

メモ コメントを削除する

コメントを承認しない場合や、すでに表示されているコメントを削除したい場合は、手順**2**で ✕ をクリックします。確認メッセージが表示されるので、<OK>をクリックすると削除されます。

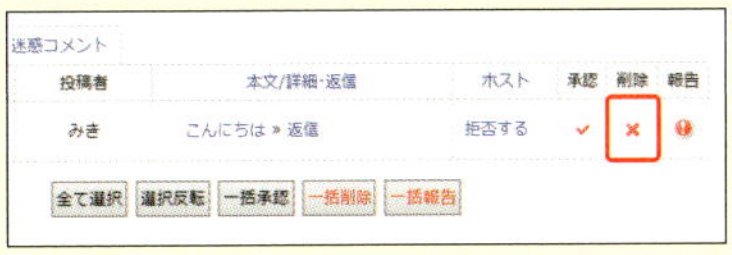

メモ 鍵マークのついたコメント

コメントの前に鍵のアイコンがついているものは、「秘密コメント」として送信されたものです。このコメントはブログ上には表示されず、管理者だけが読むことができます（コメントを読む方法は152ページ参照）。

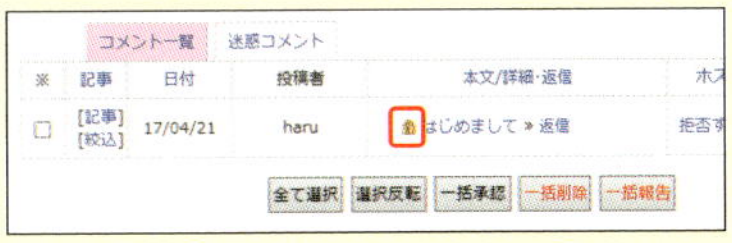

Section 51

「いいね!」や「ツイート」ボタンを設置しよう

✓キーワード

- SNS
- 「いいね!」ボタン
- 「ツイート」ボタン

FacebookやTwitterと連動した、「いいね！」や「ツイート」などのボタンを記事に表示することで、ブログを読んだ人が簡単にSNSで記事を紹介することができます。ボタンの設置にはSNSのアカウントを登録する必要はありません。ボタンの設置はメインメニューの<環境設定>をクリックして行います。

1 「いいね！」ボタンを表示する

キーワード 「いいね!」ボタン

「いいね！」ボタンはブログの記事に表示されるボタンで、クリックすることでFacebookにその記事のURLが入力された投稿画面をかんたんに表示することができます。「いいね！」ボタンにはクリック数も表示されるので、どの記事が注目されているかもわかりやすくなります。

1 メインメニューの<環境設定>をクリックします。

2 <ブログの設定>をクリックします。

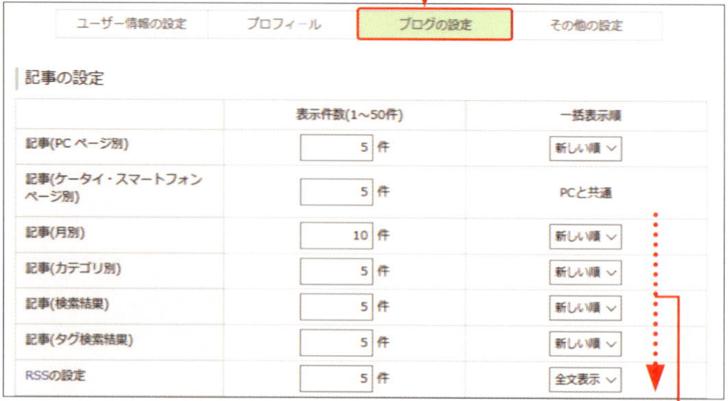

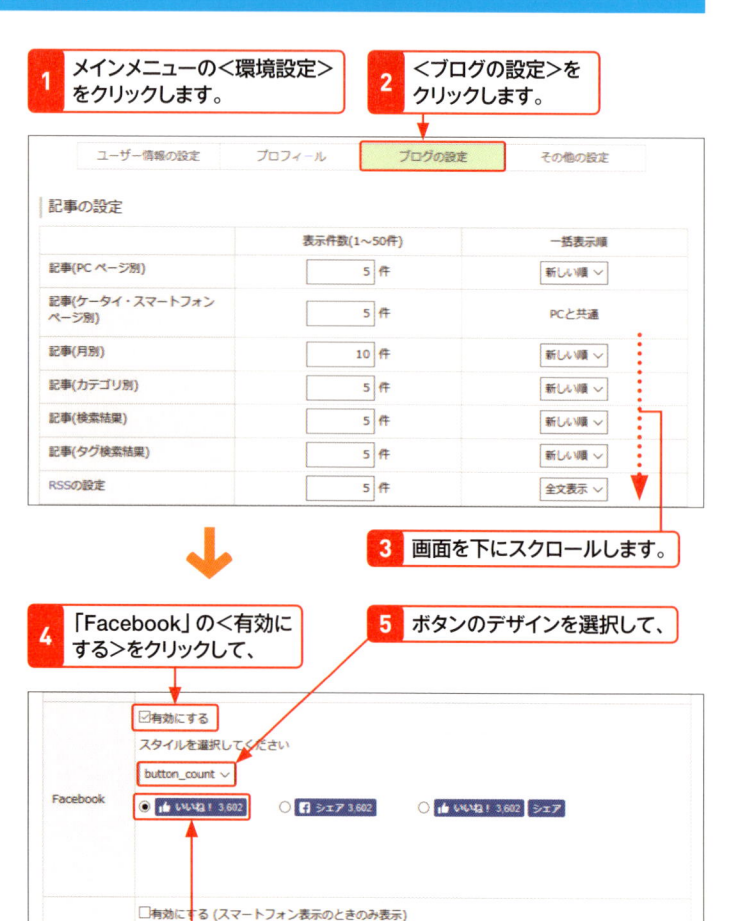

3 画面を下にスクロールします。

4 「Facebook」の<有効にする>をクリックして、

5 ボタンのデザインを選択して、

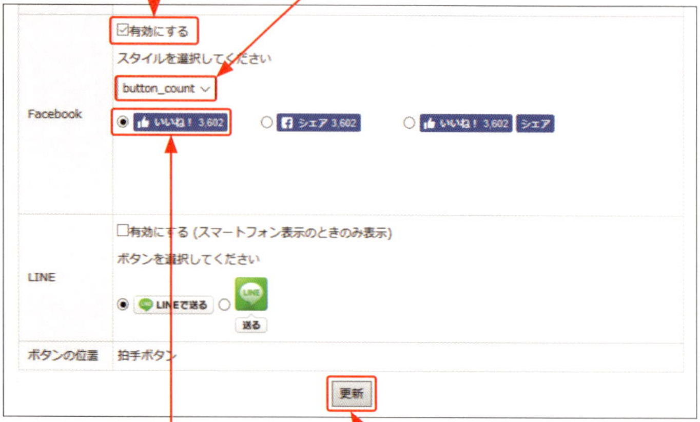

6 ボタンの種類を選択します。

7 <更新>をクリックします。

ヒント 「シェア」ボタン

Facebookのボタンには、「シェア」と「いいね！」の2種類があります。「シェア」ボタンをクリックすると、Facebookへの投稿画面が表示されます。また、シェアする範囲を設定したり、メッセージを追加してシェアすることができます。

ブログの記事に「いいね!」ボタンが表示されます。

メモ 「いいね!」がついたとき

ボタンがクリックされると、ボタンの右側に数字が表示されます。この数字がクリックされた数を表しています。

2 「ツイート」ボタンを表示する

1 前ページの手順1～3と同様の操作をします。

2 「Twitter」の<有効にする>をクリックして、

3 ボタンの種類を選択します。

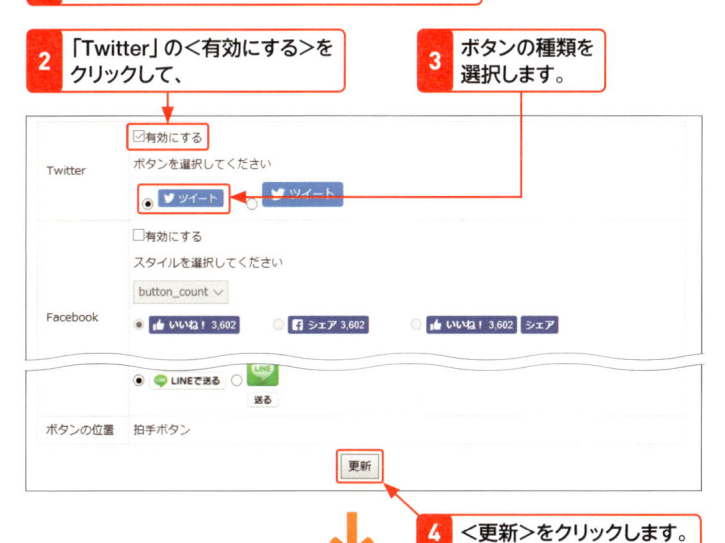

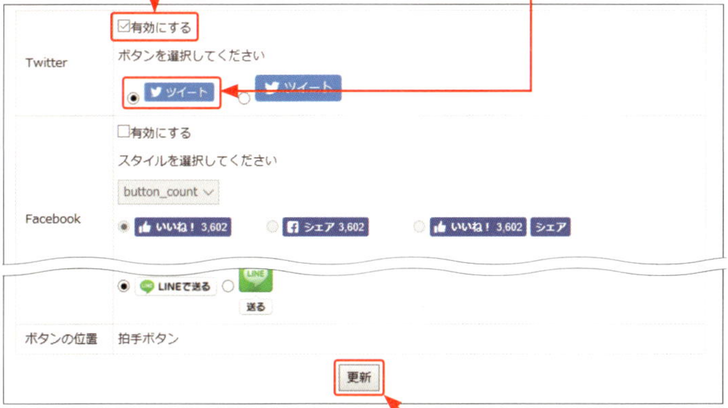

4 <更新>をクリックします。

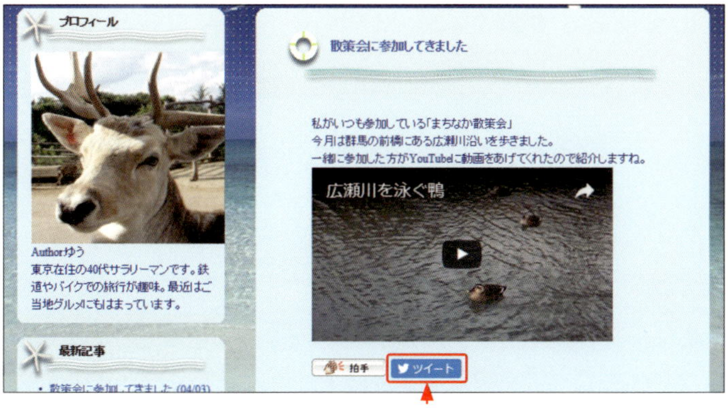

ブログの記事に「ツイート」ボタンが表示されます。

キーワード 「ツイート」ボタン

「ツイート」ボタンは、ブログの記事に表示されるボタンで、クリックするとTwitterでその記事のURLが入ったツイートを投稿することができます。

ステップアップ 「LINEで送る」ボタン

LINEで友だちに記事のリンクを送信できる「LINEで送る」ボタンを設置することもできます。「LINEで送る」ボタンを設置するには、左ページの手順1～3と同様の操作を行い、「LINE」の<有効にする>をクリックして、<更新>をクリックします。「LINEで送る」ボタンはスマートフォンでブログを見た場合のみ表示されます。

Section 52

Facebookでブログの更新を広めよう

✓キーワード

- ▶Facebook
- ▶外部サービスとの連携
- ▶共有範囲

ブログの更新をFacebookで知らせたい場合は、Facebookとの連携機能を有効にしておくとよいでしょう。記事を投稿すると、記事のリンクがFacebookに自動投稿されるようになります。Facebookでの投稿が表示される範囲は、「友達」や「友達の友達」「全員」などから選択が可能です。

1 Facebookとの連携を有効にする

キーワード Facebook

Facebookは、近況を文章や画像で投稿するなどして、友達と交流するSNSのひとつです。基本的に実名で登録することや、投稿の共有範囲を細かく設定できることが特徴です。FC2ブログは、Facebookと連携することで、新しい記事を投稿したときに、記事のURLをFacebookに自動的に投稿させることができます。

ヒント Facebookのアカウント作成

Facebookと連携するには、Facebookのアカウントが必要です。Facebookのアカウントを作成するには、「https://www.facebook.com」にアクセスします。名前と登録するメールアドレス（または携帯電話番号）、パスワード、誕生日、性別を入力し、<アカウントを作成>をクリックすると、アカウント登録の手続きを進めることができます。

メモ Facebookにログインしている場合

Facebookにすでにログインしている状態だと、手順5の画面は表示されずに、手順7の画面が表示されます。その場合、手順5～6は省略し、手順7以降の操作を行います。

1 メインメニューの<環境設定>をクリックします。

2 <ブログの設定>にマウスカーソルを合わせて、

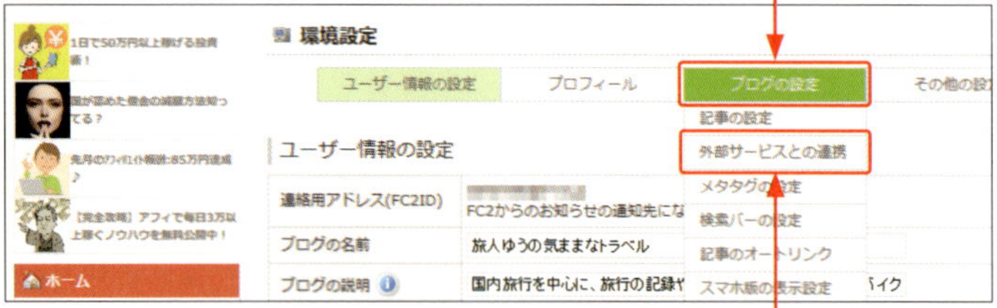

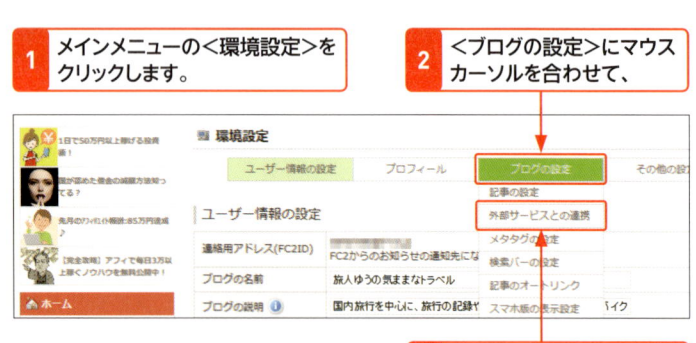

3 <外部サービスとの連携>をクリックします。

4 「Facebookとの連携」の<有効にする>をクリックします。

5 Facebookに登録しているメールアドレスとパスワードを入力します。

6 <ログイン>をクリックします。

7 <○○(ユーザー名)としてログイン>をクリックします。

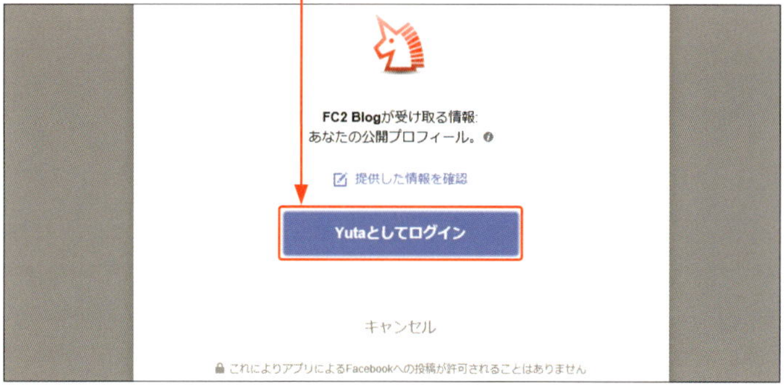

8 Facebookでの投稿の共有範囲を選択して、

9 <OK>をクリックします。

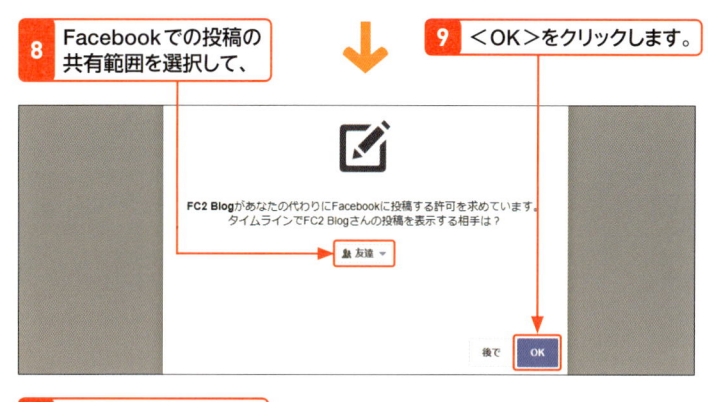

10 Facebookとの連携が有効になります。

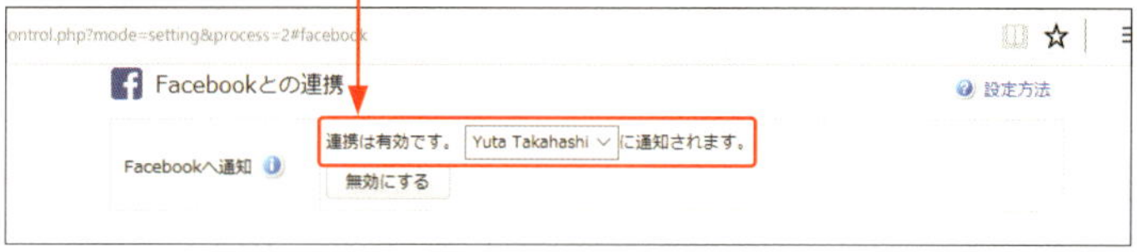

新しい記事をFC2ブログで投稿すると、Facebookにその記事へのリンクが投稿されます。

ヒント 共有範囲を変更する

Facebookに投稿されるブログ更新のお知らせを見ることのできる人の範囲は、手順**8**で設定を変更できます。<公開>に設定すると、Facebookを利用しているすべての人が投稿を見ることができます。<友達>の場合は、Facebookで友達としてつながっている人だけが、<友達の友達>の場合は友達の友達も投稿を見ることができます。<自分のみ>に設定すると、Facebookへのお知らせの投稿は非公開になり、自分以外見ることができなくなります。<カスタム>は一部の友達にのみ公開するなど、細かい設定をすることができます。

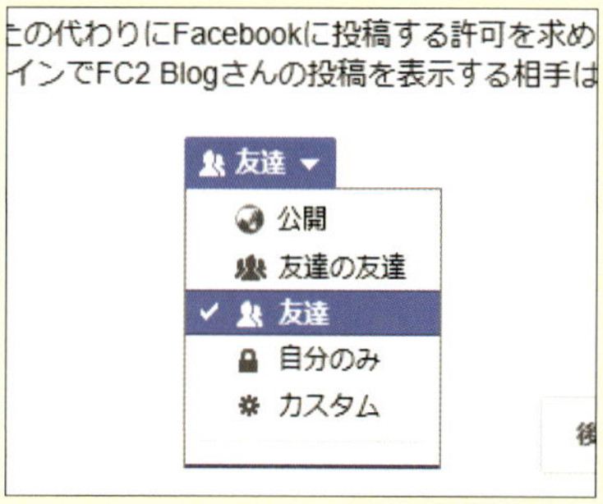

メモ アイキャッチ画像を設定する

記事内に写真が入っている場合や、アイキャッチ画像が設定されている場合は、Facebookの画面にその写真が表示されます。記事に写真を挿入する方法についてはSec.20を、アイキャッチ画像の設定についてはSec.26を参照してください。

Section 53

Twitterで ブログの更新を広めよう

✔キーワード
- Twitter
- 外部サービスとの連携
- Twitterへ通知

ブログの更新を効率的に広めたいときに役立つのが、Twitterとの連携機能です。Twitterと連携すると、ブログを更新したときに記事のタイトルとURLを自動でツイートしてくれます。Twitterのアカウントを持っている場合、自分で更新のお知らせをツイートする手間を省くことができます。

1 Twitterとの連携を有効にする

キーワード Twitter

Twitterとは、140字以内の「つぶやき（ツイート）」を投稿して、情報を発信したり、ほかのユーザーのツイートを見て交流したりするSNSのひとつです。FC2ブログは、Twitterと連携して、記事のタイトルやURLが記載されたツイートを自動投稿させることができます。

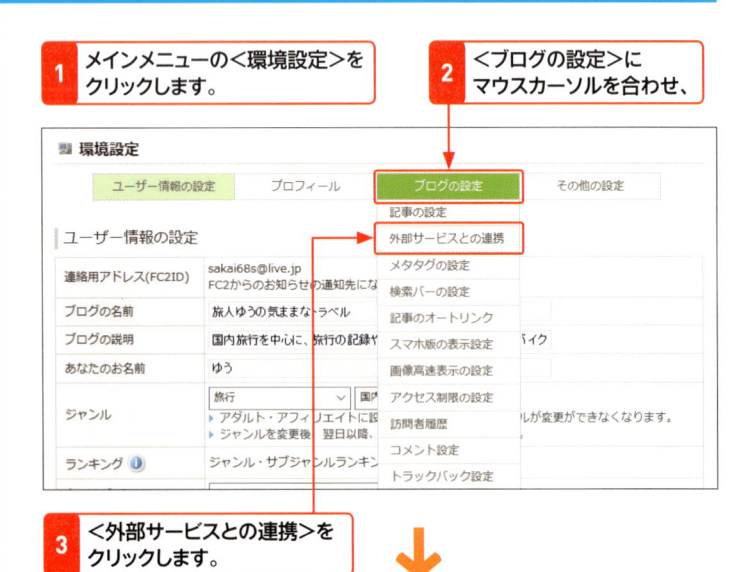

1 メインメニューの<環境設定>をクリックします。

2 <ブログの設定>にマウスカーソルを合わせ、

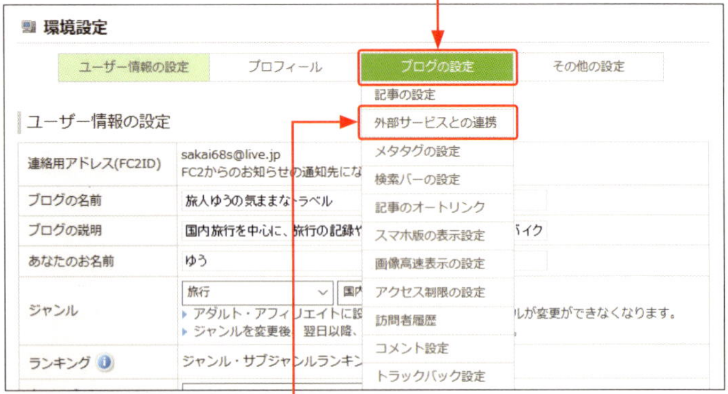

3 <外部サービスとの連携>をクリックします。

4 「Twitterへ通知」の<有効にする>をクリックします。

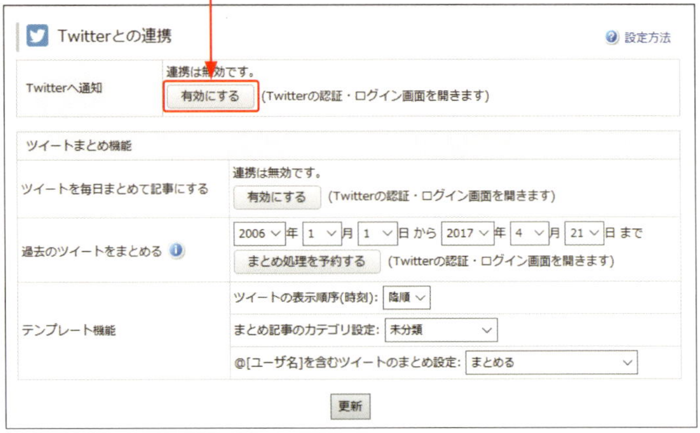

ヒント Twitterのアカウント作成

Twitterと連携するには、Twitterのアカウントが必要です。Twitterのアカウントを作成するには、「https://twitter.com/signup」にアクセスします。Twitterで使用する名前とメールアドレス（または電話番号）、パスワードを入力し、<アカウント作成>をクリックすると、アカウント登録の手続きを進めることができます。

5 Twitterに登録したユーザー名とパスワードを入力します。

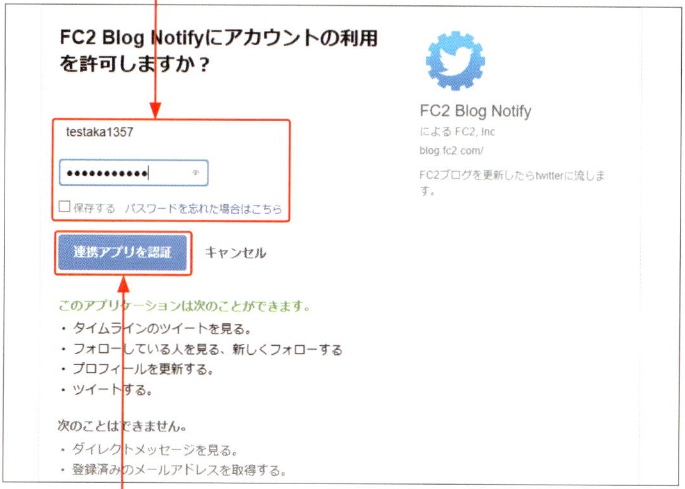

6 ＜連携アプリを認証＞をクリックします。

7 連携が有効になります。

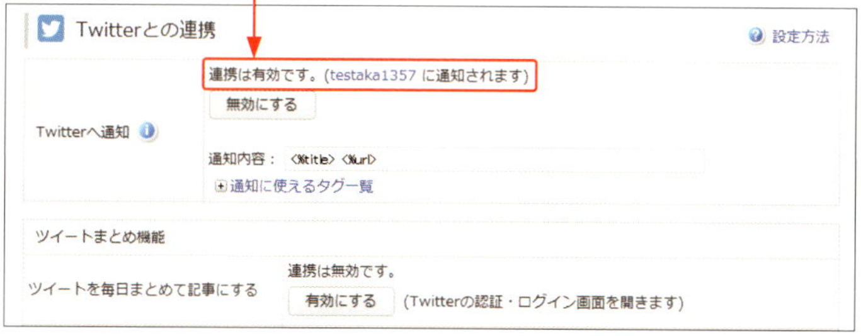

新しいブログ記事を投稿すると、Twitterに通知のツイートが投稿されます。

メモ　すでにログインしている場合

Twitterにログインした状態で連携設定を行った場合、アカウントやパスワードの入力画面は表示されません。そのまま＜連携アプリを認証＞をクリックして、手順**7**に移ります。

メモ　連携ツイートの文面

Twitterとの連携を有効にした状態で新しい記事を投稿すると、記事のタイトルとURLのみが記載されたツイートが投稿されます。「ブログを更新しました」のような文章を加えたツイートをしたい場合は、記事の投稿完了直後に表示される画面で、＜Twitterでツイート＞をクリックし、ツイート内容を編集してから投稿します。

ヒント　連携を解除する

連携をやめたいときは、前ページ手順**4**の画面を表示して、＜無効にする＞をクリックします。確認メッセージが表示され、＜OK＞をクリックすると、Twitterとの連携は削除されます。

Section 54

Twitterのつぶやきをブログに表示しよう

✔キーワード
- Twitter
- ウィジェット
- フリーエリア

サイドバーにはTwitterの最新ツイートを表示することができます。自分のTwitterを読者に知らせてフォローしてもらうことで、ブログの更新情報なども より届きやすくなります。ツイートを表示するには、「フリーエリア」プラグインにTwitterの専用のコードを入力します。

1 ウィジェットのコードを取得する

メモ ブログにツイートを表示する

フリーエリアを利用することで、Twitterのツイートをブログに表示することができます。ブログのサイドバーにツイートを表示することで、Twitterを利用していないブログの読者にも、かんたんにツイートを見てもらうことができます。

1 Twitter（https://twitter.com）にアクセスします。

2 画面右上の自分のアイコンをクリックして、

3 <設定とプライバシー>をクリックします。

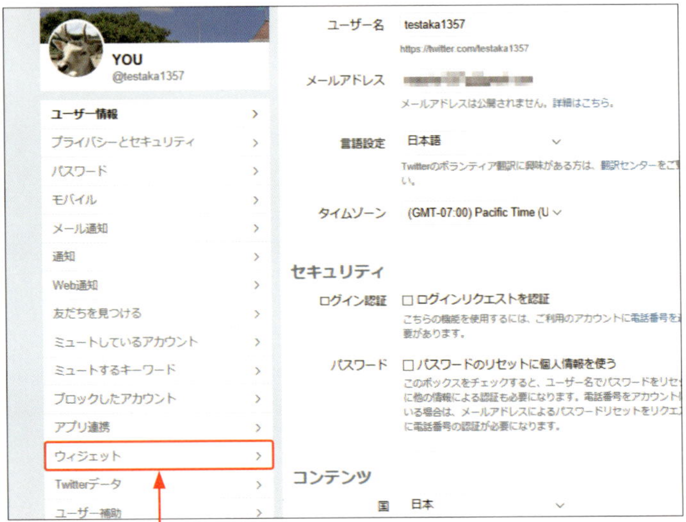

4 <ウィジェット>をクリックします。

キーワード ウィジェット

ウィジェットとは、ブログに追加できる外部のサービスが用意しているパーツのことです。ウィジェットを追加することで外部サービスと関連するさまざまな機能をブログで利用できるようになります。ここで紹介しているTwitterでは、ツイート一覧を表示するためのウィジェットが用意されています。

5 <新規作成>をクリックして、

6 <プロフィール>をクリックします。

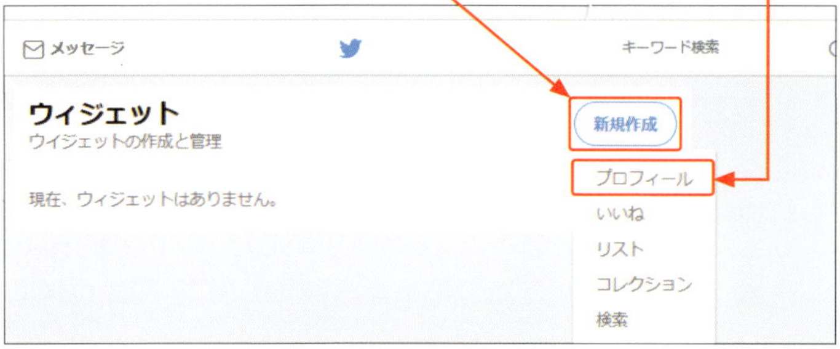

7 「https://twitter.com/（自分のユーザー名）」を入力して、Enter キーを押します。

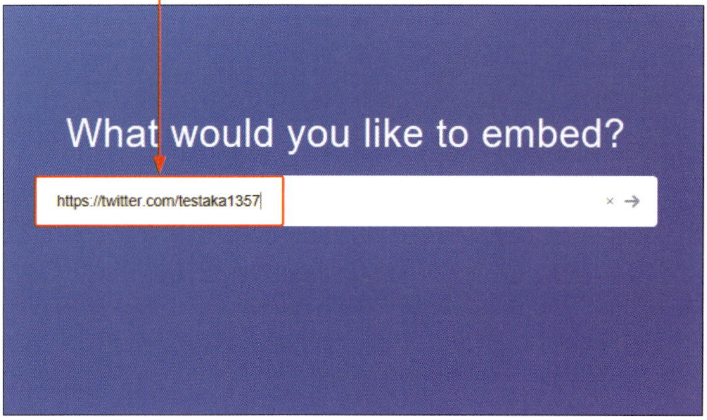

8 「Embedded Timeline」をクリックします。

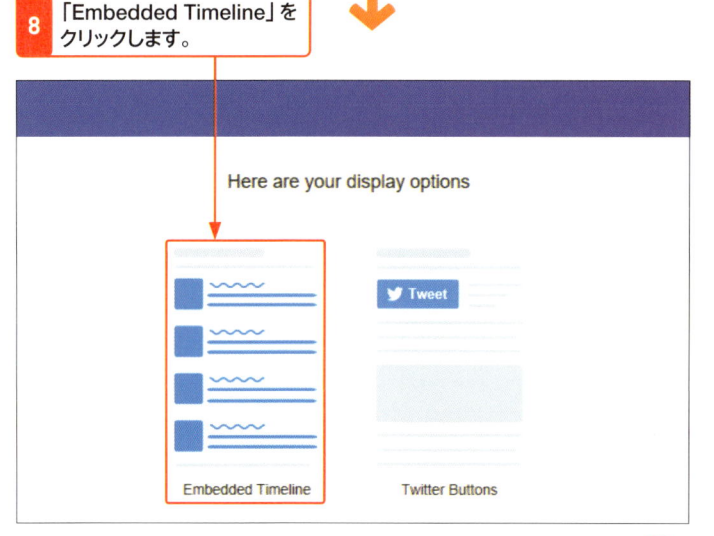

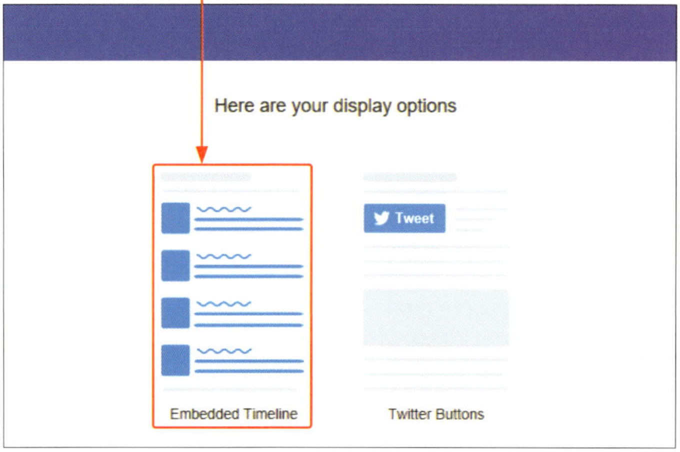

ヒント 入力するURL

手順7では、Twitterの自分のプロフィール画面のURLを入力します。下の画像のアカウントであれば、「https://twitter.com/testaka1357」と入力します。事前にプロフィール画面を表示してURLをコピーしておき、入力欄に貼り付けてもよいでしょう。

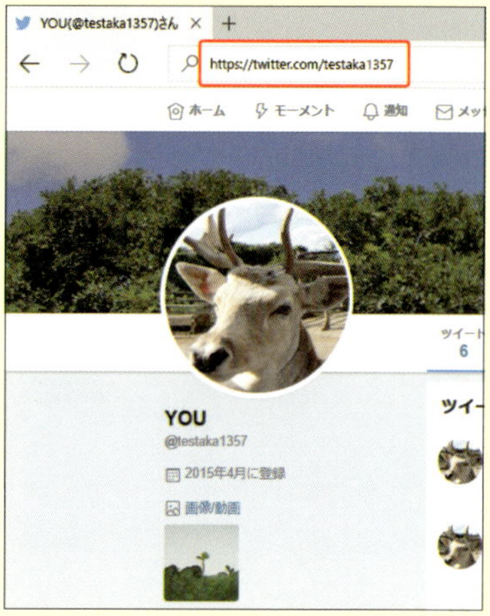

ステップアップ ブログに「フォロー」ボタンを表示する

手順8で「Twitter Buttond」をクリックし、次に表示される画面で「Follow Button」をクリックすることで、「フォロー」ボタンのウィジェットを作成できます。読者に「フォロー」ボタンをクリックしてもらい、Twitterで自分をフォローしてもらうことができます。

メモ コードのコピー

手順9でコピーしたコードは、FC2ブログの「フリーエリア」プラグインに貼り付けて使用します（右ページ手順3参照）。コードのコピーが完了したら、FC2ブログを表示させましょう。その際、Twitterの画面は閉じてしまっても構いません。

9 <Copy Code>をクリックします。

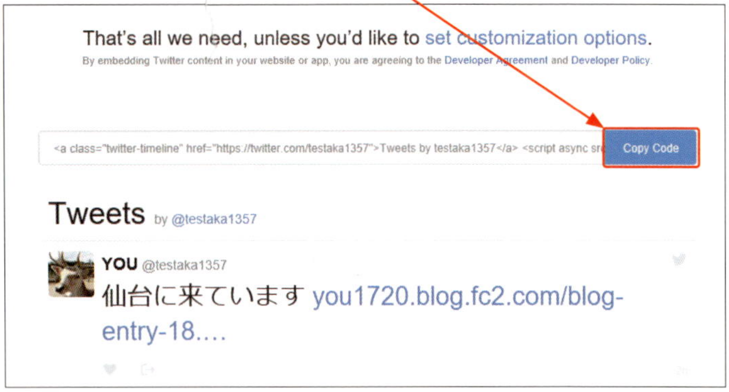

10 コードのコピーが完了します。

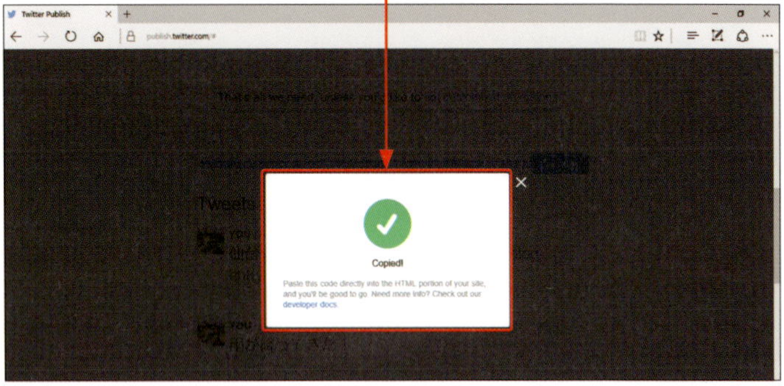

2 Twitterをブログに表示させる

ヒント 複数のフリーエリアを利用する

「フリーエリア」プラグインは、同時に2つ以上利用することが可能です。例えば、7章で紹介するアフィリエイトの広告バナー用と、ツイート表示用にそれぞれフリーエリアを追加するといった使い方ができます。

1 FC2ブログで、メインメニューの<プラグイン>をクリックします。

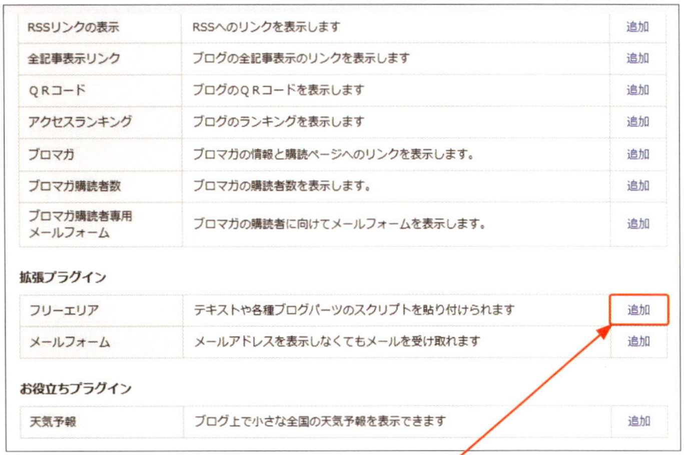
RSSリンクの表示 RSSへのリンクを表示します 追加
全記事表示リンク ブログの全記事表示のリンクを表示します 追加
ＱＲコード ブログのＱＲコードを表示します 追加
アクセスランキング ブログのランキングを表示します 追加
ブロマガ ブロマガの情報と購読ページへのリンクを表示します。 追加
ブロマガ購読者数 ブロマガの購読者数を表示します。 追加
ブロマガ購読者専用メールフォーム ブロマガの購読者に向けてメールフォームを表示します。 追加
拡張プラグイン
フリーエリア テキストや各種ブログパーツのスクリプトを貼り付けられます 追加
メールフォーム メールアドレスを表示しなくてもメールを受け取れます 追加
お役立ちプラグイン
天気予報 ブログ上で小さな全国の天気予報を表示できます 追加

2 「フリーエリア」の<追加>をクリックします。

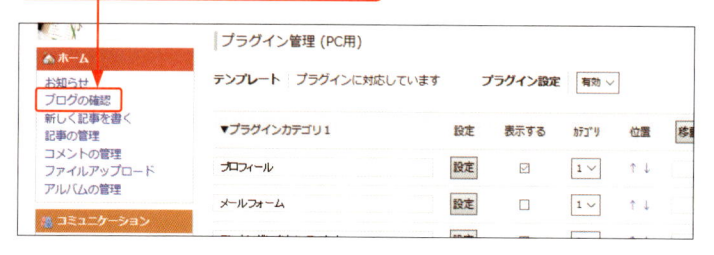

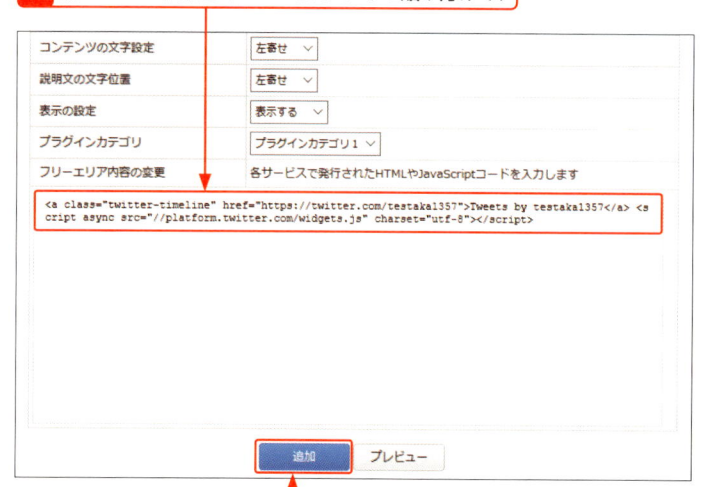

3 前ページの手順**9**でコピーしたコードを貼り付けて、

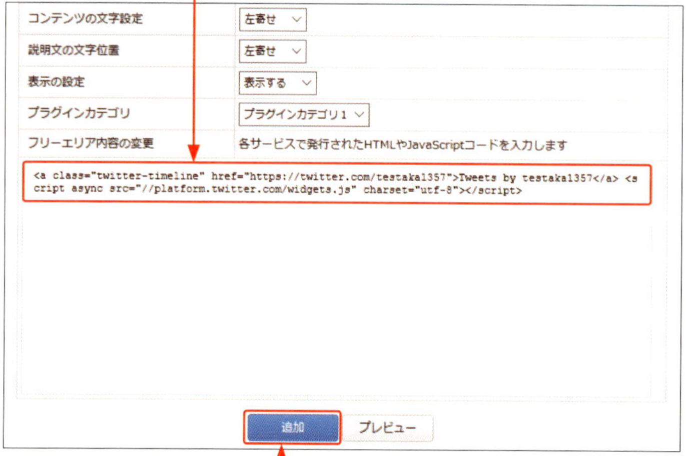

4 ＜追加＞をクリックします。

5 ＜ブログの確認＞をクリックします。

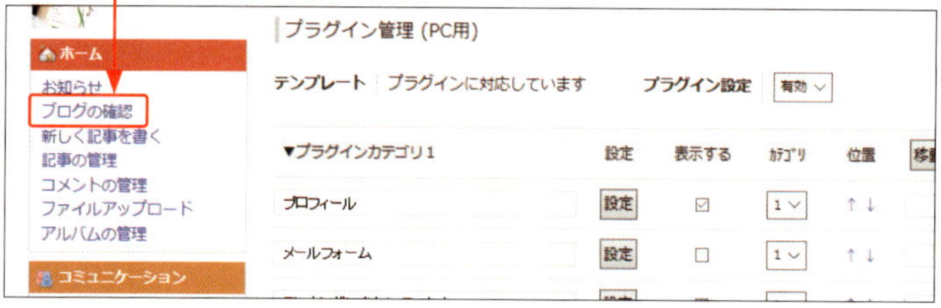

6 ブログのサイドバーに
ツイートが表示されます。

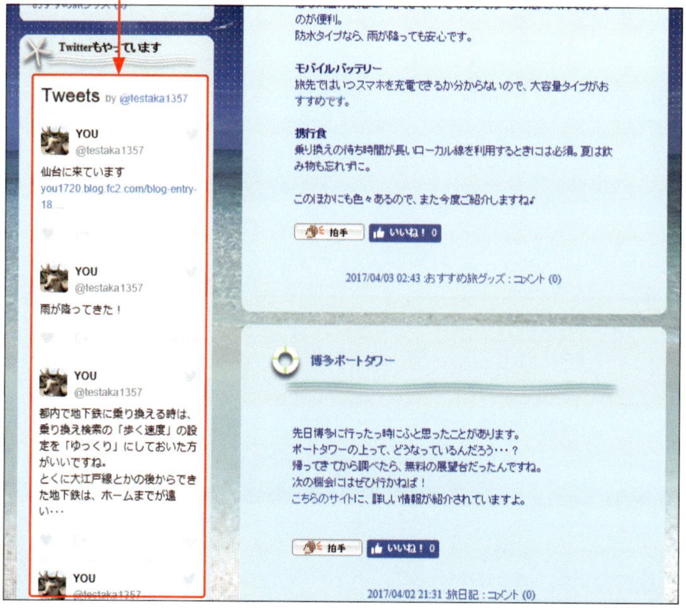

ヒント フリーエリアの タイトルを変更

「フリーエリア」プラグインのタイトルは、初期状態では「フリーエリア」となっています。「Twitter」など、わかりやすい表記に書き換えるとよいでしょう。プラグインのタイトルの変え方はSec.32を参照してください。

メモ ブログから Twitterに移動する

サイドバーに表示されたツイート一覧の最下部にある「View on Twitter」の文字をクリックすると、Twitterを表示することができます。

Section 55

ブログランキングに参加しよう

キーワード
- ブログランキング
- 人気ブログランキング
- 日本ブログ村

ブログをより多くの人に見てもらうために、ブログランキングを利用してみましょう。ブログに表示したバナーを訪問者がクリックすることで、ランキングの順位が上がります。ここでは、登録件数の多さや豊富なカテゴリが特徴の「人気ブログランキング」への登録手順を解説します。

1 ブログランキングに登録する

キーワード ブログランキング

ブログランキングとは、登録されたブログに設置したバナーをクリックして、ランキングサイトへのアクセスした数を計測することで、ブログの人気を順位づけするサービスです。「人気ブログランキング」は登録数が12万件以上、カテゴリ数3000以上と非常に大規模なランキングサイトとなっています。ブログランキングに登録することで、ランキングサイト経由で新たな読者がブログを訪問することが期待できます。

1 「人気ブログランキング」(http://blog.with2.net) にアクセスします。

2 <新規登録>をクリックします。

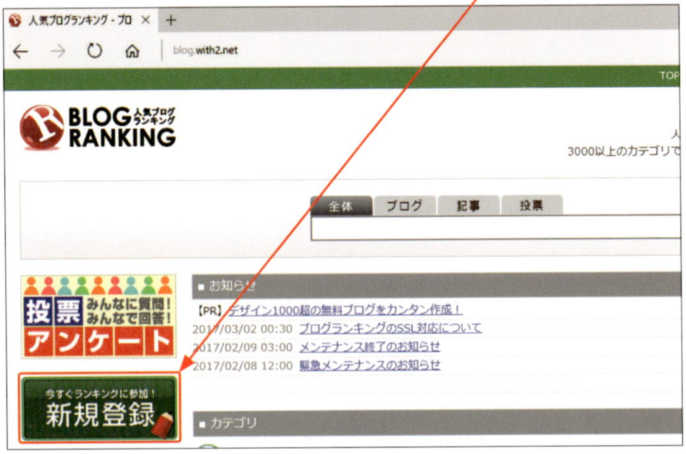

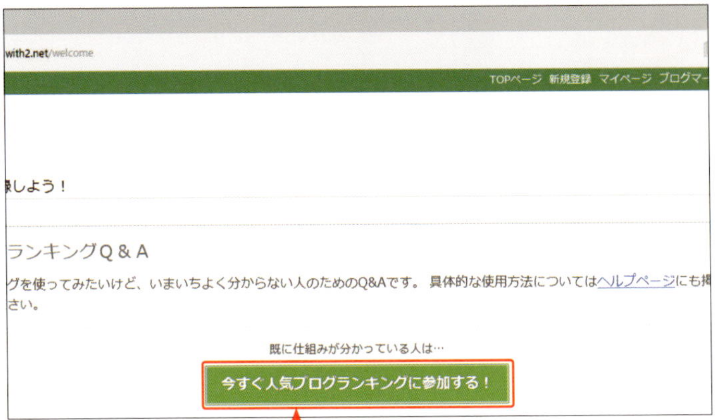

3 <今すぐ人気ブログランキングに参加する!>をクリックします。

メモ 人気ブログランキングのQ&A

手順3の画面を下にスクロールすると、人気ブログランキングに関するQ&Aを確認できます。サービスの利用方法や、ほかのユーザーがブログランキングに登録した理由などを見ることができます。

4 メールアドレス、パスワード、名前を入力します。

5 ブログのURLを入力します。

6 <上記URLからタイトル・説明文を取得する>をクリックします。

7 自動入力された内容が正しいことを確認して、

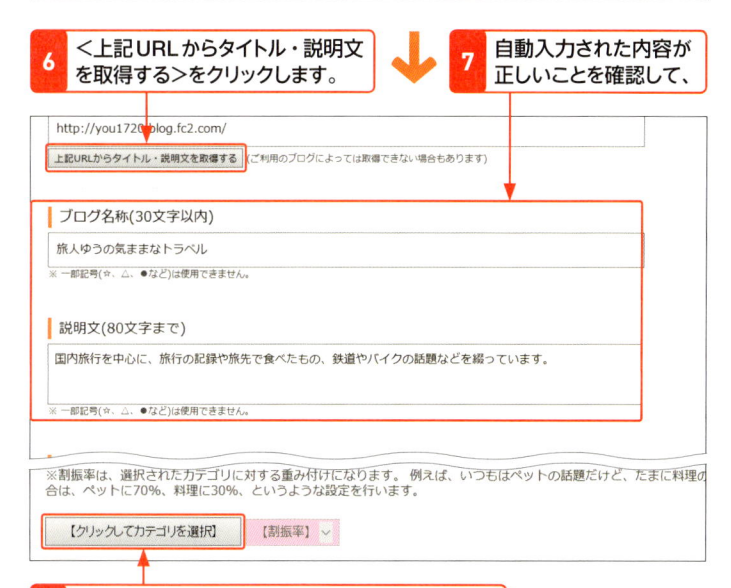

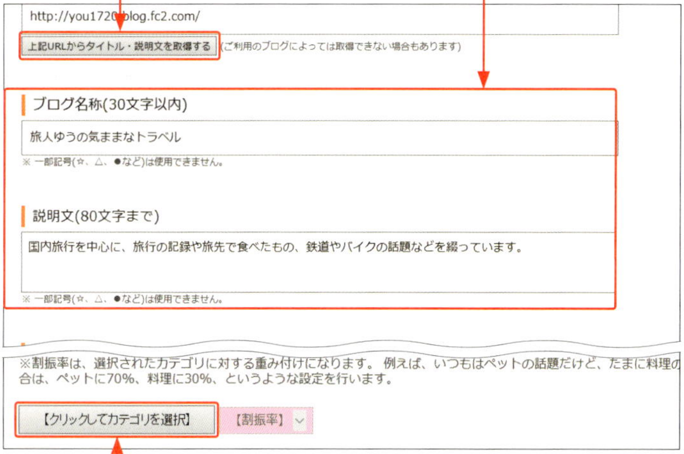

8 <クリックしてカテゴリを選択>をクリックします。

9 大カテゴリをクリックして、

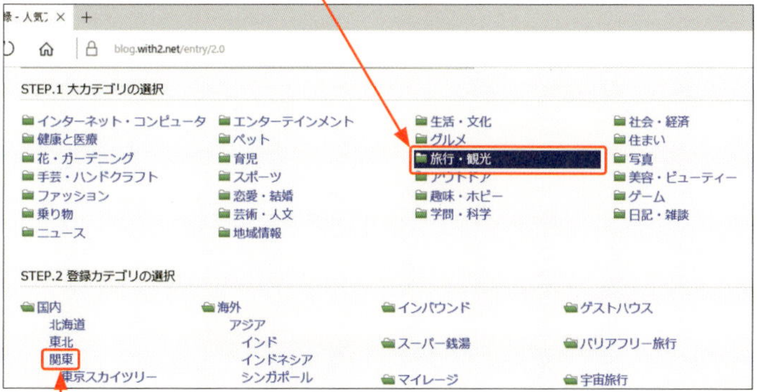

10 登録カテゴリをクリックします。

ヒント ブログURLの入力

手順5では、自分のブログのURLを入力します。ブログのURLは、「お知らせ」画面で<ブログの確認>をクリックすると、ブログの閲覧画面が新しいタブで表示され、アドレスバーで確認することができます。そこからURLをコピーして貼り付けるとよいでしょう。

メモ 上記URLからタイトル・説明文を取得する

ブログの名称と説明文は手動でも入力できますが、ブログURLを入力し、<上記URLからタイトル・説明文を取得する>をクリックすると、FC2ブログに登録しているブログ名と説明文が自動で入力されます。自動入力されるブログ名称と説明文は、FC2ブログの「環境設定」画面の「ユーザー情報の設定」の、「ブログの名前」と「ブログの説明」でそれぞれ確認できます。

メモ カテゴリを選択する

カテゴリは最初に大カテゴリを選択し、その次により細かく分類された登録カテゴリを選択します。登録カテゴリの中には、「国内」や「海外」のように、さらに細分化されたカテゴリを選択できるものもあります。登録カテゴリは5つまで選択が可能です。

キーワード 割振率

複数のカテゴリを選択した場合、それぞれのカテゴリにどのくらい比重を置くか、割振率を指定します。ブログ内に設置したランキングのバナーがクリックされると、この割振率に応じてポイントが割り振られます。ポイントによってカテゴリ内のランキングが決まるので、優先的にランキングを上げたいカテゴリへの比重を大きくしておくと良いでしょう。

メモ 内容を修正する

手順14で<内容を修正する>をクリックすると、手順4〜13にかけての画面に戻ります。内容を修正したら、再び<確認画面へ>をクリックして、手順14へと進みます。

ヒント 登録ID

登録が完了すると、登録IDが表示されます。登録IDは人気ブログランキングにログインする際に必要になるので、忘れないようにしておきましょう。なお登録IDは、登録完了時に送られてくるメールにも記載されています。

11 手順9、10を繰り返して登録するカテゴリをすべて選択します。

12 割振率を選択します。

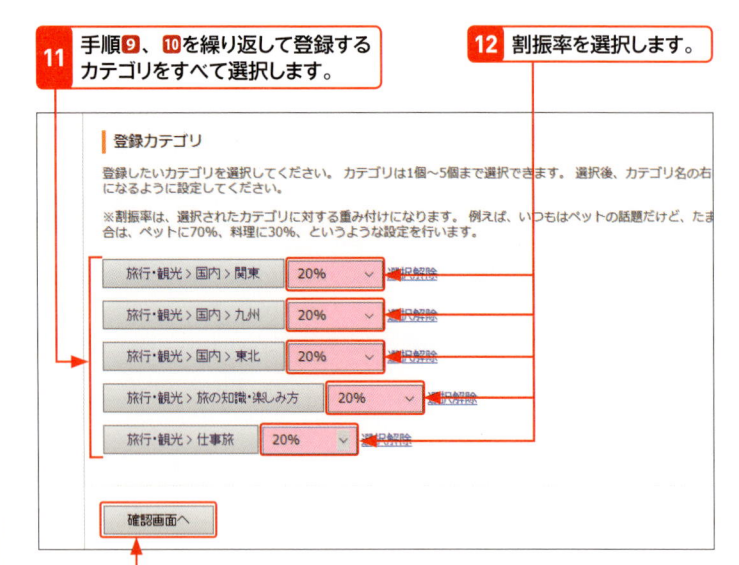

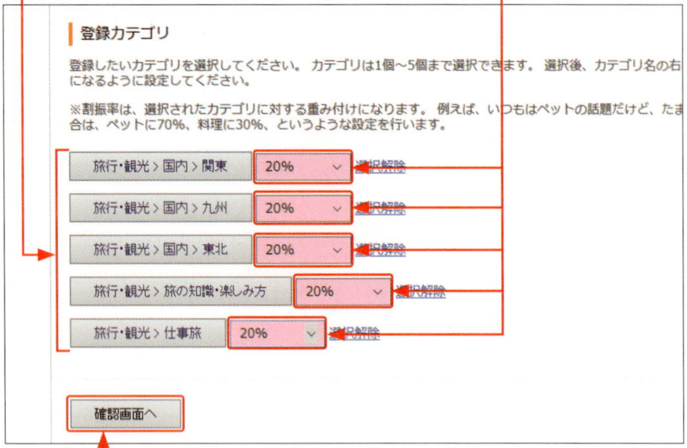
登録カテゴリ
登録したいカテゴリを選択してください。カテゴリは1個〜5個まで選択できます。選択後、カテゴリ名の右
になるように設定してください。
※割振率は、選択されたカテゴリに対する重み付けになります。例えば、いつもはペットの話題だけど、たま
合は、ペットに70%、料理に30%、というような設定を行います。
旅行・観光 > 国内 > 関東　20%　選択解除
旅行・観光 > 国内 > 九州　20%　選択解除
旅行・観光 > 国内 > 東北　20%　選択解除
旅行・観光 > 旅の知識・楽しみ方　20%　選択解除
旅行・観光 > 仕事旅　20%　選択解除
確認画面へ

13 <確認画面へ>をクリックします。

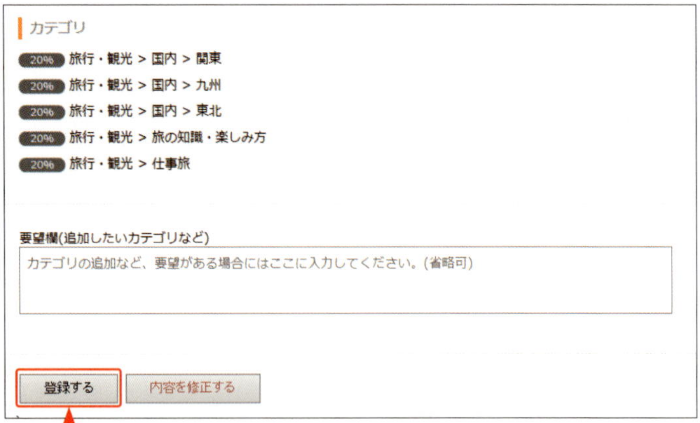
カテゴリ
20% 旅行・観光 > 国内 > 関東
20% 旅行・観光 > 国内 > 九州
20% 旅行・観光 > 国内 > 東北
20% 旅行・観光 > 旅の知識・楽しみ方
20% 旅行・観光 > 仕事旅
要望欄(追加したいカテゴリなど)
カテゴリの追加など、要望がある場合にはここに入力してください。(省略可)
登録する
内容を修正する

14 <登録する>をクリックします。

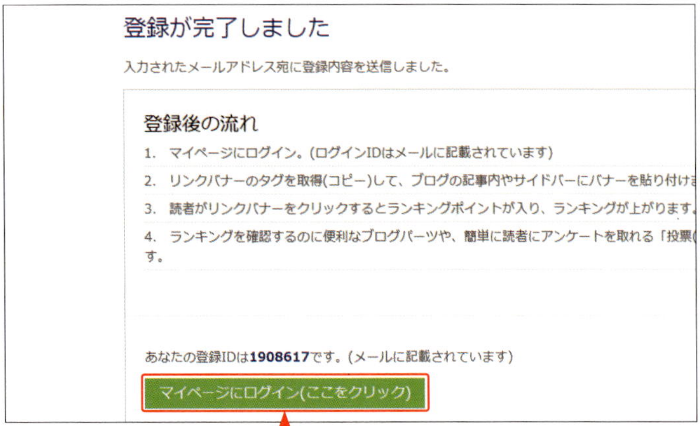
登録が完了しました
入力されたメールアドレス宛に登録内容を送信しました。
登録後の流れ
1. マイページにログイン。(ログインIDはメールに記載されています)
2. リンクバナーのタグを取得(コピー)して、ブログの記事内やサイドバーにバナーを貼り付け
3. 読者がリンクバナーをクリックするとランキングポイントが入り、ランキングが上がります。
4. ランキングを確認するのに便利なブログパーツや、簡単に読者にアンケートを取れる「投票
す。
あなたの登録IDは1908617です。(メールに記載されています)
マイページにログイン(ここをクリック)

15 <マイページにログイン>をクリックします。

16 手順4で登録したパスワードを入力して、

17 ログインをクリックします。

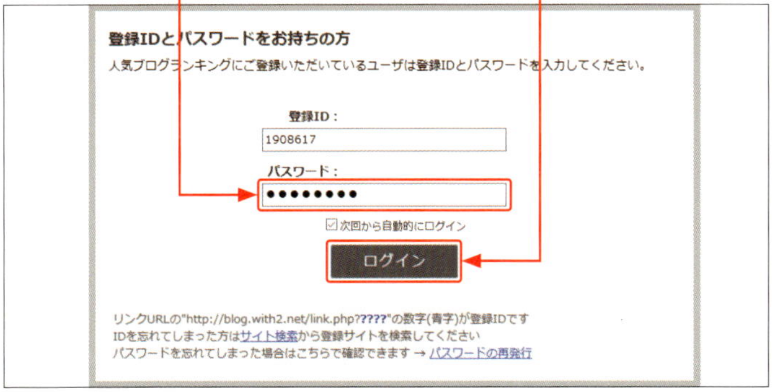

メモ ログイン画面の登録ID

登録完了後にマイページにログインするときの画面では、登録IDがあらかじめ入力された状態になっています。パスワードだけ入力してログインしましょう。

2 ブログランキングのバナーをブログに表示する

1 <リンクバナー・URL>をクリックします。

2 画面を下にスクロールして、

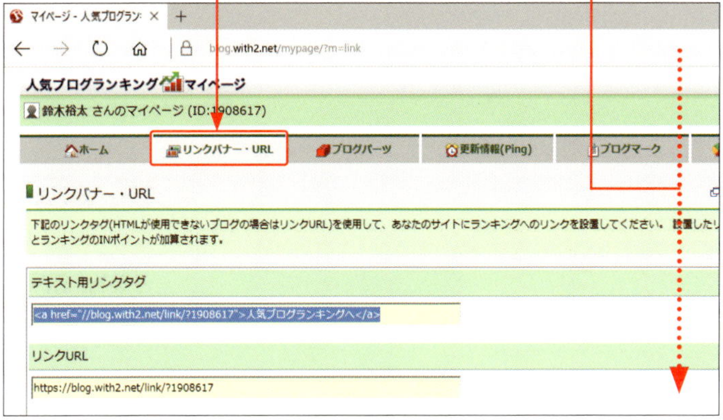

3 ブログに表示したいバナーをクリックします。

ヒント バナー

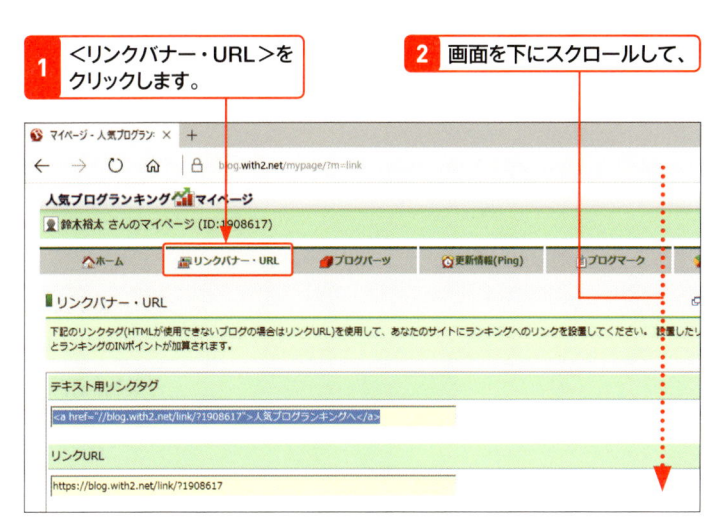

ブログのサイドバーに表示する、ランキングに参加していることを示す画像をバナーといいます。ブログの閲覧者がバナーをクリックして、人気ブログランキングにアクセスすることで、ランキングが上がります。バナーにはブログランキングのタイトルが入ったもののほかに、カテゴリごとのものや季節限定のデザインなど多くの種類が用意されています。

メモ 設定したバナーを変更する

手順3で選択したバナーは、あとから変更することも可能です。バナーを変更したい場合は、日本ブログランキングにアクセスして、画面右上の＜マイページ＞をクリックします。登録IDとパスワードを入力して、＜ログイン＞をクリックすると、手順1の画面が表示されるので、再度バナーの選択とコードのコピー・貼り付けの操作を行います。

4 表示されるコードをコピーします。

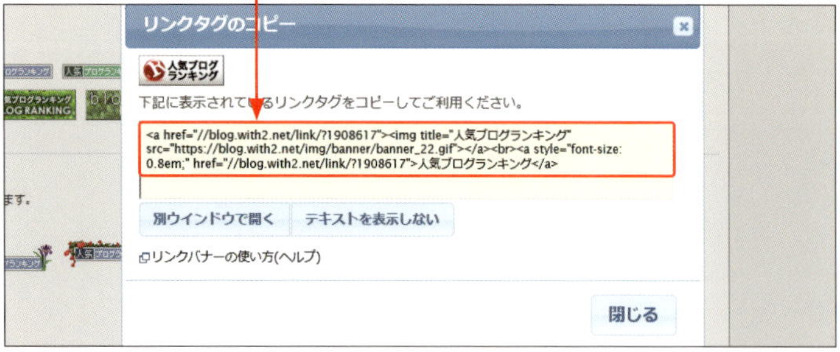

5 FC2ブログでメインメニューの<プラグイン>をクリックします。

6 「フリーエリア」プラグインを追加します（Sec.29参照）。

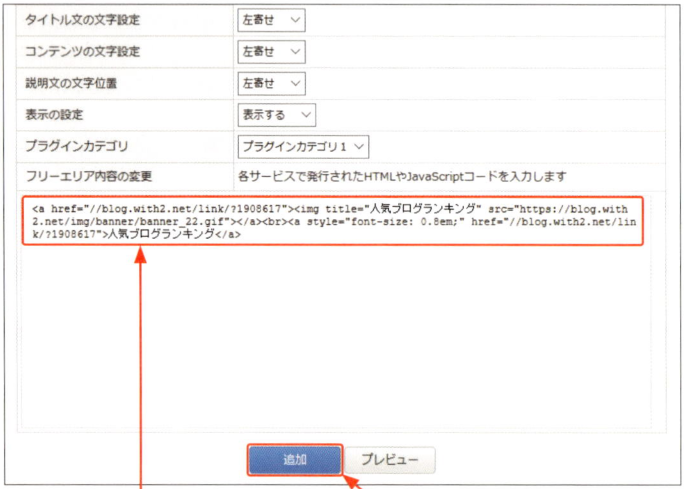

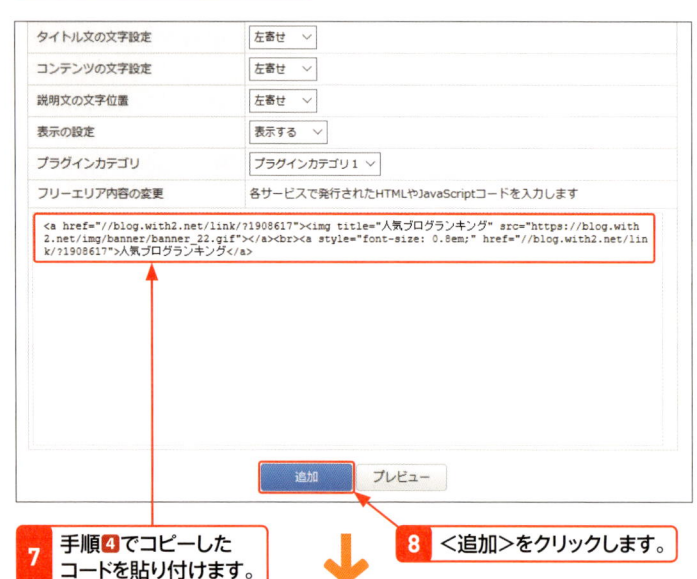

7 手順4でコピーしたコードを貼り付けます。

8 <追加>をクリックします。

ブログを確認すると、バナーが表示されます。

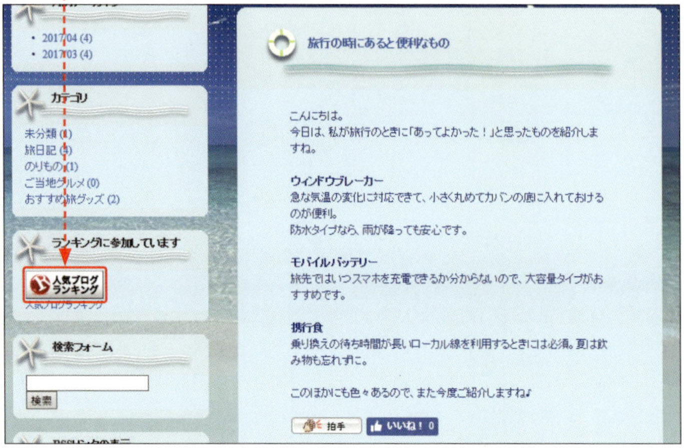

メモ フリーエリアの編集画面を表示する

ブログランキングのバナーのコードをコピーしたら、FC2ブログの管理画面に戻り、「フリーエリア」プラグインにコードを貼り付けます。「フリーエリア」プラグインの編集画面を表示するには、FC2ブログのメインメニューから、<プラグイン>→<公式プラグイン追加［PC用］>の順にクリックし、「フリーエリア」の<追加>をクリックします。手順7の画面が表示されるので、コピーしたコードを貼り付けます。

メモ 複数のランキングに登録する

読者がブログを訪問するきっかけとなる場所を増やしたいときには、複数のランキングに登録することもひとつの方法です。ブログのランキングサイトには、ほかに「日本ブログ村」(http://www.blogmura.com/）などがあり、両方のランキングに同時に登録することも可能です。その場合は、それぞれのランキングのバナーをブログ内に表示します。

第7章

アフィリエイトを利用しよう

Section 56

アフィリエイトについて知ろう

✔キーワード
▶アフィリエイト
▶広告
▶ASP

ブログの楽しみを増やしたいときは、アフィリエイトの利用を検討してみましょう。アフィリエイトとはブログに広告を載せることで、成果に応じた報酬を得られるしくみです。専用のサービス会社を通して気軽にはじめることができます。

1 アフィリエイトとは

アフィリエイトのしくみ

アフィリエイトとは、ブログに広告を載せることで報酬を得ることのできるしくみです。扱われる商品は、食品や衣類、日用品などの品物のほか、保険やクレジットカードといった各種のサービスなど幅広く、自分のブログに合わせた商品の広告を自由に選んで掲載できます。
アフィリエイトでは、広告主とブログの管理人を「ASP」(アフィリエイトサービスプロバイダー)とよばれる代理店が仲介します。まず、ブログの管理人は、ASP経由で商品の広告を入手してブログに掲載します。そして、ブログ経由で広告の商品が売れた場合、ASPからブログ管理人に報酬が支払われます。
ブログを楽しみながら報酬を得られることが、アフィエイトの大きな魅力です。また、アフィリエイトの場合、サービスを利用するための初期費用や会費などは必要ないので、仮に商品が売れなくても直接的な損失にはならないのもメリットです。

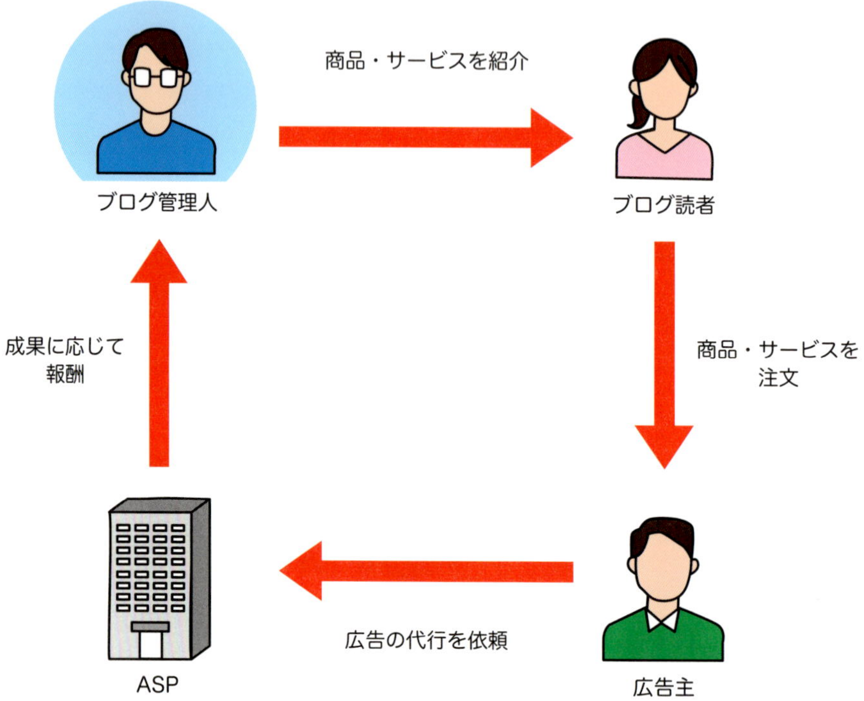

2 アフィリエイトで報酬が発生するまで

アフィリエイトの報酬は、ブログの管理人が自分のブログで商品を紹介する広告を載せ、その広告を経由して商品が購入された場合に発生します。広告の内容がサービスの場合は、登録や資料請求など、広告主が設定した条件を満たしたときに報酬が発生します。また、広告がクリックされた回数に応じて報酬が発生するタイプのアフィリエイトもあります。
発生した報酬が一定以上の金額になったら、支払いの申請を行い、口座振り込みなどで報酬を受け取ります。ASPによっては、1円から支払いが可能だったり、ネット上のサービスで使えるポイントとして報酬が受け取れたりする場合もあります。

1. ASPから取得した商品広告をブログに掲載する
   ↓
2. ブログに掲載した広告経由で商品が購入される
   ↓
3. 報酬が発生する
   ↓
4. 報酬が最低支払い金額を超えると、受け取りが可能になる
   ↓
5. 登録した口座に報酬が振り込まれる

3 FC2ブログでアフィリエイトをするには？

アフィリエイトをはじめるには、まずは利用するASPを決めて登録を行います。登録の際は、自分の氏名や住所といった基本情報や、ブログのURL、ブログで扱っているテーマなどの入力が求められます。本書ではSec.59～61でAmazonアソシエイトを例に、具体的な手順を解説しています。

Section 57

アフィリエイトをはじめる準備をしよう

✔キーワード
- アフィリエイトの手順
- メールアドレス
- 銀行口座

アフィリエイトをはじめるためには、ブログやメールアドレス、報酬受け取り用の口座などを用意する必要があります。報酬の受け取り方など、アフィリエイトの種類によってサービスの内容は異なります。最初にアフィリエイトを行うために必要な準備と、登録から広告の掲載、報酬受け取りまでの、大まかな流れを理解しましょう。

1 アフィリエイトをはじめるために用意するもの

ブログ

アフィリエイトには、広告を載せるためのブログが必要になります。現在利用しているブログを使ってアフィリエイトをはじめる場合は、ブログのテーマに合っているかを考えて、扱う商品やASPを選ぶようにしましょう。

登録用メールアドレス

アフィリエイトの登録の際には、メールアドレスが必要になります。複数のASPに登録する場合などは、アフィリエイト専用のメールアドレスを作成しておくとよいでしょう。

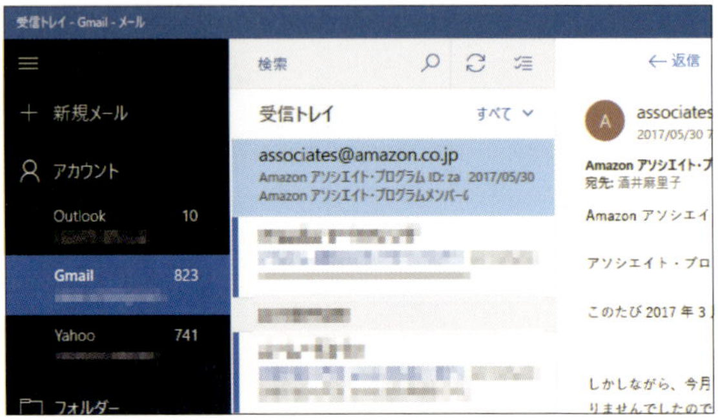

銀行口座

報酬の振込先となる銀行口座を用意します。なお、ASPによっては、通販サイトのポイントやギフト券として報酬を受け取れるケースもあり、これらの方法を選択する場合は口座の登録は必要ありません。

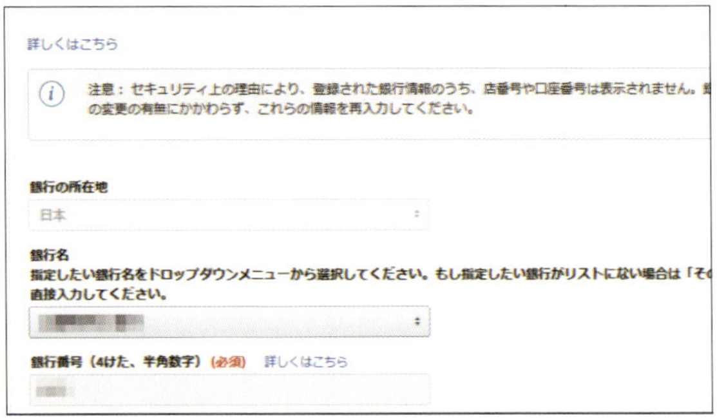

2 アフィリエイト登録の手順

❶ サービスを選ぶ

アフィリエイトを利用するためには、まずアフィリエイト用のサービスに登録する必要があります。サービスを提供するASPによって、扱っている商品や報酬の支払い方法などが異なるので、各社を比較して自分に合ったものを選ぶとよいでしょう。

❷ 利用申し込みをする

利用するサービスを決めたら、ブログのURLなどの必要な情報を登録して、利用開始のための申し込みを行います。申し込み後に審査が実施され、承認されると広告を掲載できる状態になります。

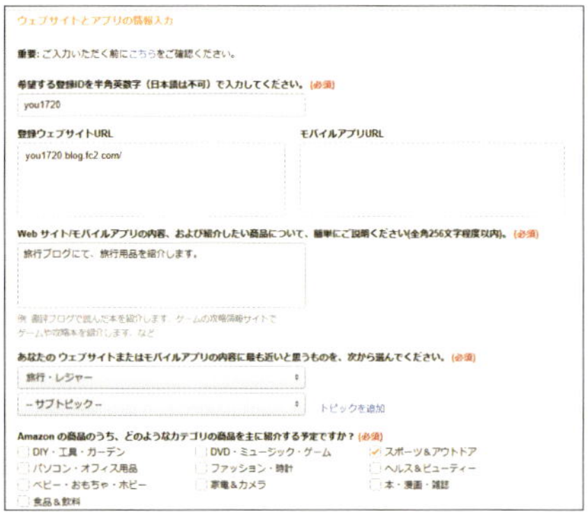

❸ 報酬支払先を登録する

報酬の受け取りに使用する銀行口座などを登録します。これは報酬が発生してからでも構いません。

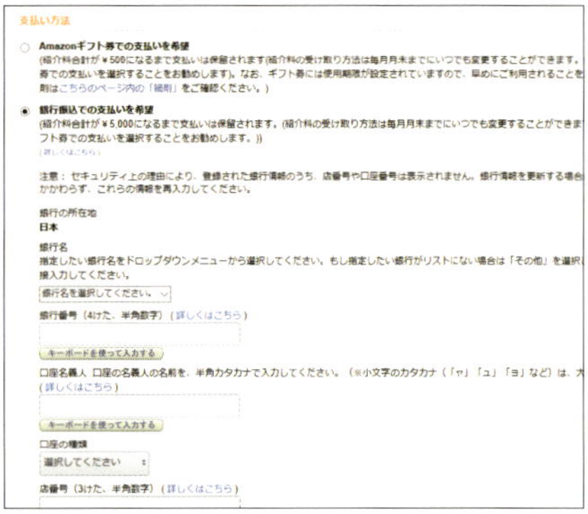

❹ ブログで商品を紹介する

ブログで紹介する商品を決めたら、ブログに広告を掲載します。読者のニーズを意識して商品を選びましょう。広告は記事の中に挿入できるほか、プラグインを利用してサイドバーにも表示できます（Sec.60、61参照）。

❺ 報酬が発生する

報酬の状況は、アフィリエイトサービスの管理画面から確認できます。報酬が一定金額以上になったら支払われるケースや、1円から支払い可能なケースなど、サービスによってルールが異なります。報酬が振り込まれる最低金額や、振込手数料の有無などを確認しておきましょう。

Section 58

主なサービスの特徴を知ろう

✔キーワード
- Amazon アソシエイト
- A8.net
- FC2アフィリエイト

アフィリエイトをはじめるために、まずはアフィリエイトサービスを提供する業者であるASPを選ぶ必要があります。扱っている商品や、報酬支払に関するしくみが、各社で異なるので、それぞれ比較して自分のブログに合っているものや、導入しやすいものを探してみましょう。

1 主なアフィリエイトサービス

Amazon アソシエイト

https://affiliate.amazon.co.jp

大手オンライン通販業者のAmazonが提供するサービスです。商品ジャンルの幅が広いので、ブログのテーマにかかわらず利用しやすいことが魅力です。報酬は銀行口座振り込みのほか、Amazonでの買い物で使える「Amazonギフト券」で受け取ることもできます。銀行振込の場合は5000円以上、Amazonギフト券の場合は500円以上で受け取りが可能になります。

楽天アフィリエイト

https://affiliate.rakuten.co.jp

楽天市場で販売されている商品のほか、楽天トラベルや楽天カードなど、楽天の各種サービスを扱っているアフィリエイトです。商品の購入やサービスへの登録、資料請求など、商品ごとに指定された成果に応じて報酬が支払われるしくみで、報酬は楽天の各サービスで利用できる「楽天スーパーポイント」として、1ポイントから受け取れます。なお、成果報酬が一定以上となった場合には、オンラインマネーの「楽天キャッシュ」で受け取ることも可能です。

Google Adsense

https://www.google.co.jp/adsense

Googleが提供するサービスで、広告がクリックされると報酬が支払われる「クリック報酬型」のアフィリエイトです。広告の内容は自動的に決められ、表示する広告の形式を、テキスト、画像、動画などの中から選択します。報酬の受け取りには、Googleから郵送される個人識別番号をサイト上で入力する手続きが必要になります。また、利用にあたっての詳細なルールが定められており、それらを守って運用する必要があります。

A8.net

https://www.a8.net

1万6000社を超える広告主が参加するアフィリエイトサービスで、商品数が非常に豊富です。会員登録時にサイト審査が行われないため、ブログをこれからはじめる場合や、ブログをはじめたばかりで記事数が少ない場合でも登録できます。

FC2アフィリエイト

https://affiliate.fc2.com

FC2が提供するアフィリエイトプログラムです。FC2 IDを使って登録でき、扱っている広告にFC2関連サービスが多いことが特徴です。報酬は「FC2ポイント」で支払われ、換金のためには別途手続きが必要です。

Section 59

Amazonアソシエイトを利用しよう

✔キーワード
- Amazonアソシエイト
- アカウント作成
- アカウント情報

アフィリエイトの例として、Amazonの商品をブログで紹介できるAmazonアソシエイトに登録してみましょう。普段の買い物で使用するAmazonアカウントを持っていれば、サービスの登録が可能です。登録後の審査に通過すると、アフィリエイトを利用できます。

1 Amazonアソシエイトに登録する

キーワード Amazonアソシエイト

Amazonが提供しているアフィリエイトプログラムです。Amazonで販売されている商品をブログで紹介すると、ブログのリンク経由で商品が売れた場合に報酬が発生します。Amazonのアカウントで登録できることや、報酬をAmazonギフト券で受け取れるといった特徴があります。

ヒント Amazonアカウントを新規作成する

Amazonのアカウントを持っていない場合や、アフィリエイト用に新規作成したい場合は、手順3の画面でメールアドレスを入力したら、「初めて利用します」を選択して<サインイン>をクリックします。画面が切り替わったら、名前やメールアドレス、パスワードなどの必要事項を入力して、アカウントを作成します。

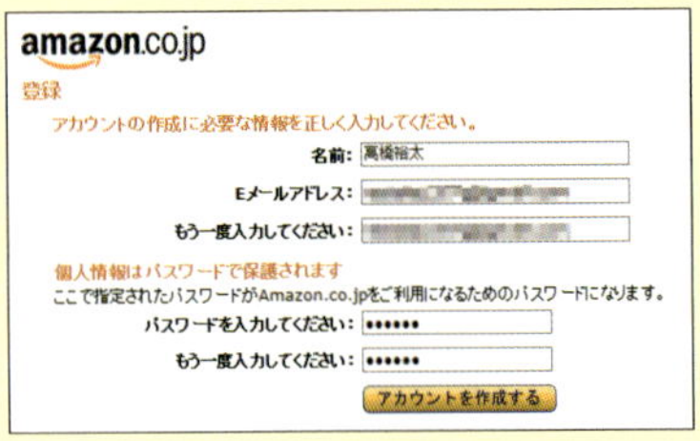

1 「Amazonアソシエイト」(https://affiliate.amazon.co.jp)にアクセスします。

2 <無料アカウントを作成する>をクリックします。

3 Amazonに登録しているメールアドレスとパスワードを入力して、

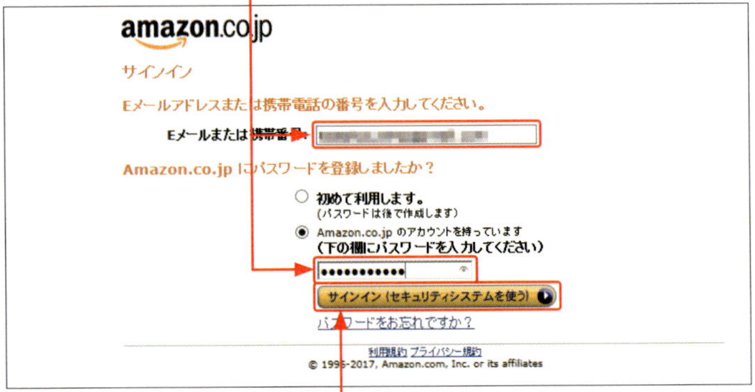

4 <サインイン>をクリックします。

5 住所など必要事項を入力して、

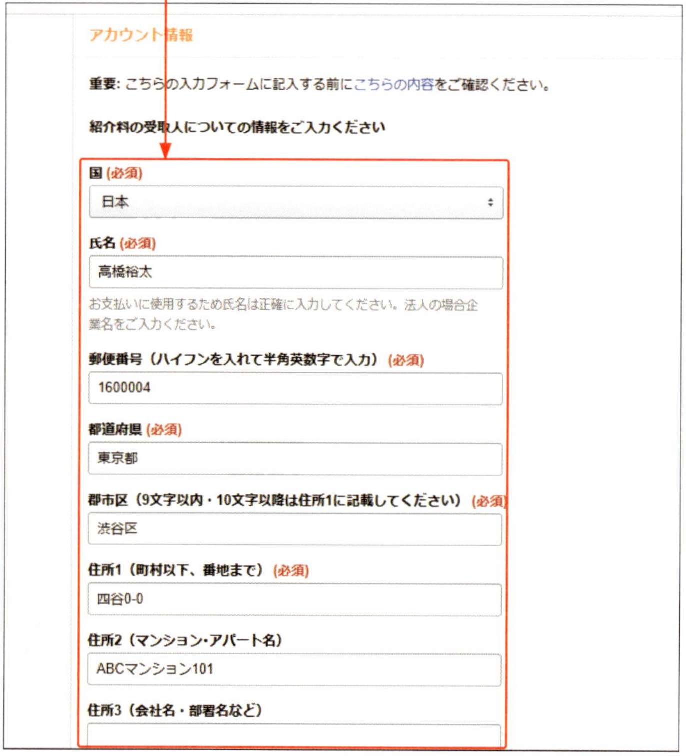

6 ＜次へ＞をクリックします。

メモ 入力必須の項目

手順5～10では、Amazonアフィリエイトに登録するために必要な情報を入力します。登録には氏名と住所、郵便番号、電話番号のほか、以下の情報を入力します。

- **ウェブサイトの情報**：ブログのURLを入力します。FC2ブログの「お知らせ」画面で、＜ブログの確認＞をクリックするとブログの閲覧ページが表示され、URLを確認することができます。
- **希望する登録ID**：Amazonアソシエイトで使用するIDを決めて入力します。IDには半角英数字のみ利用できます。
- **ウェブサイトの内容および紹介したい商品**：登録するブログの主なテーマと、そこで紹介したい商品のジャンルの簡単な説明を入力します。
- **ウェブサイトの内容に近いもの**：ブログの内容のジャンルを選択肢の中から選びます。
- **ウェブサイトの月間ユニークビジター数**：ブログの月間訪問者数を、選択肢の中から選びます。
- **Amazonアソシエイトプログラムを利用する理由**：アフィリエイトを行う目的を、選択肢の中から選びます。
- **Amazonアソシエイトをどこで知ったか**：「口コミ／友人からのすすめ」などの選択肢の中から、Amazonアソシエイトを知ったきっかけを選びます。

メモ 電話番号の入力方法

ここで入力する電話番号は、国コード「+81」を選択してから入力します。また、市外局番や携帯電話番号の冒頭の「0」は入力不要です。例えば、「090-1234-5678」という携帯電話なら、入力欄の中には「9012345678」と入力します。

7 ブログのURLを入力します。

8 <追加>をクリックします。

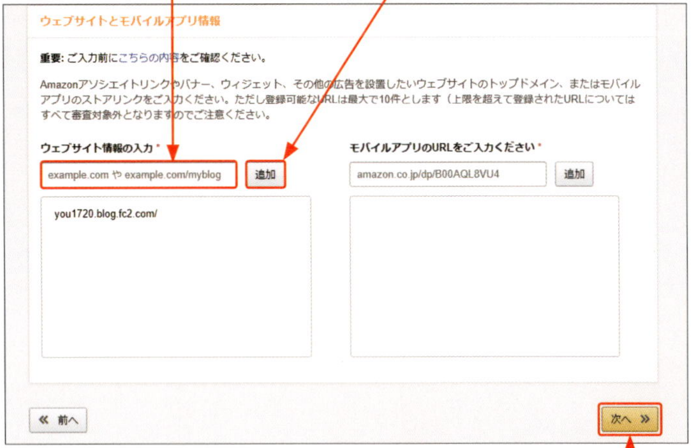

9 <次へ>をクリックします。

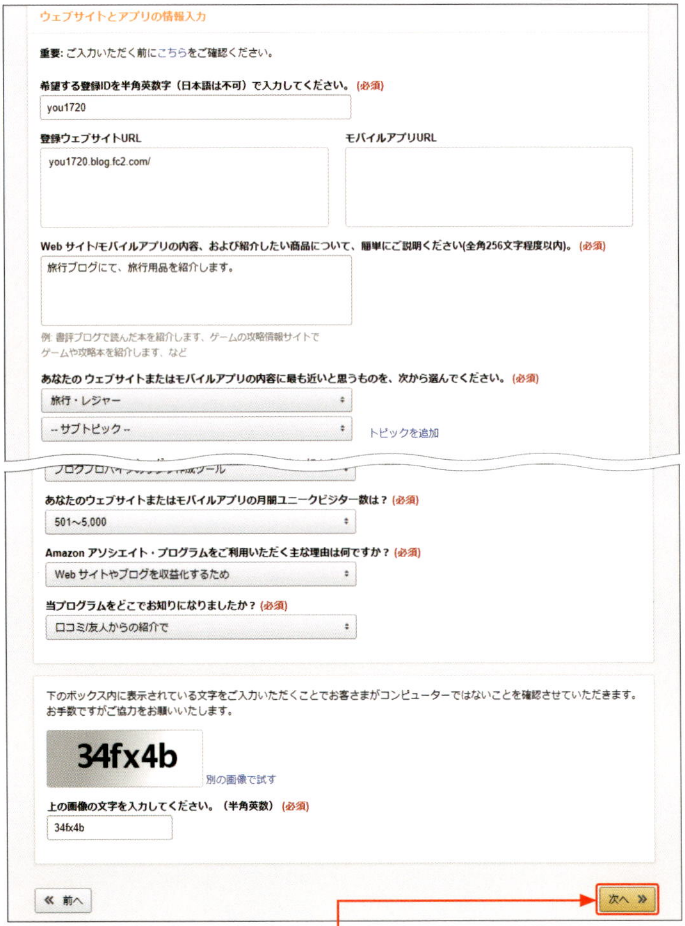

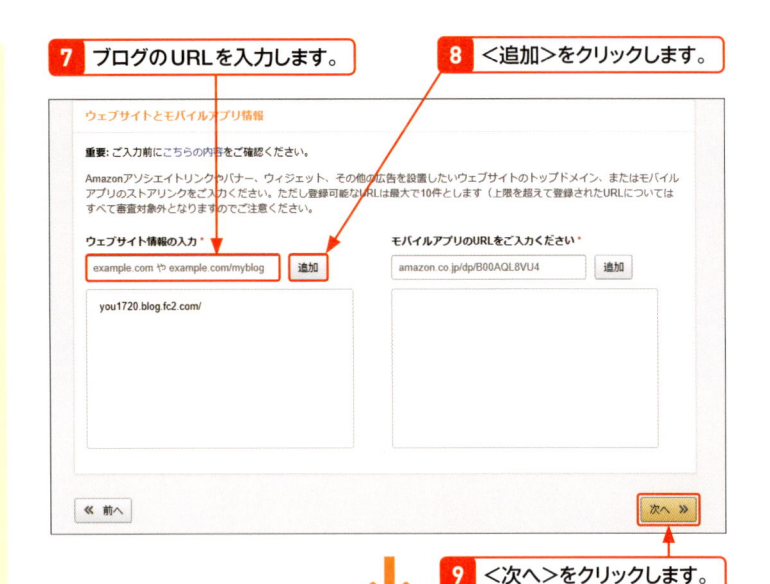

10 IDをはじめ、必要事項を入力して、<次へ>をクリックします。

メモ URLを追加する

手順7、8の操作を行うと、手順7の入力欄の下にURLが表示されます（右図参照）。ブログのURLは、上部の入力欄に入力されただけでは登録されないので、入力後は忘れずに<追加>をクリックして、下の欄にURLが表示されたことを確認しましょう。

メモ 「集客に利用している方法」の選択

手順10の画面に表示される「ウェブサイトの集客に利用している方法」では、ブログの訪問者を増やすために実施しているものを選択します。この項目は必須なので、どれも当てはまらないと感じた場合は「その他」にチェックを入れましょう。

キーワード 月間ユニークビジター数

1か月間の訪問者の数を示す数字です。延べ人数ではないので、同じ人が複数回訪問した場合は「1人」と数えます。FC2アクセス解析やGoogleアナリティクス（Sec.63参照）を使用することで確認が可能です。

11 電話番号を入力して、＜今すぐ電話する＞をクリックします。

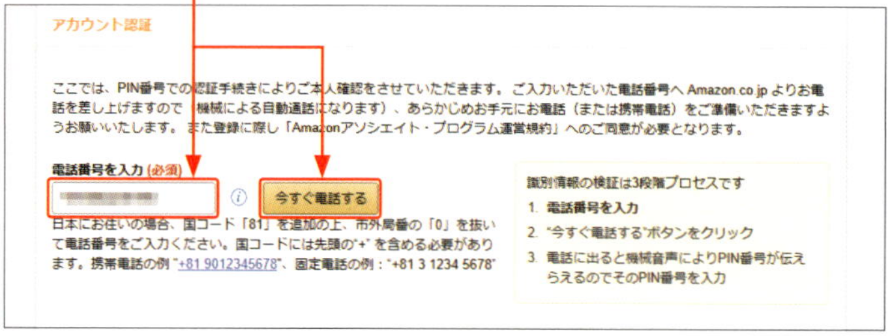

12 入力した電話番号にAmazonから電話がかかります。

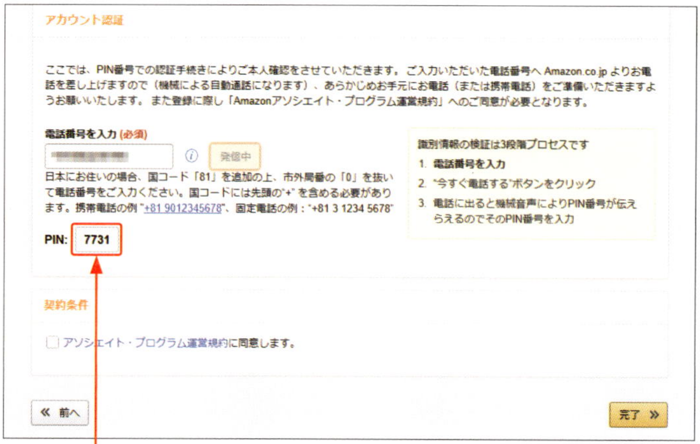

13 「画面に表示されているPIN番号を入力してください」という音声ガイダンスが流れたら、画面上の「PIN」に表示されている番号を、電話の数字ボタンで入力します。

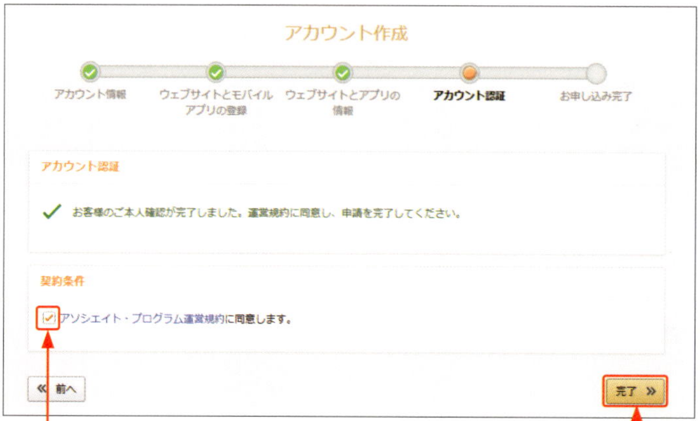

14 「アソシエイト・プログラム運営規約に同意します」にチェックを入れ、

15 ＜完了＞をクリックします。

メモ 電話番号の入力

手順**11**での電話番号の入力は、番号の頭の「0」は入力せず、代わりに頭に「+81」を入力する必要があります。例えば、「090-1234-5678」という番号であれば、「+819012345678」と入力します。

メモ 登録完了後は審査結果を確認

登録が完了すると、数日以内に登録したメールアドレスに審査結果のメールが届きます。審査で承認されると、Amazonアソシエイトを利用した広告をブログに掲載することが可能になります。

なお、ブログを作成したばかりで記事が少ない場合や、ブログを長期間更新していない場合、登録氏名が本名でない場合など、審査が通らない可能性もあります。その場合は、記事数を増やすなどの改善を行ったあと、再度申請してみましょう。審査については、Amazonアソシエイトのヘルプページ（https://affiliate.amazon.co.jp/help/topic/t21）から確認できます。

ヒント 振込先を登録する

登録完了後に表示される画面の「お支払い情報と税金情報をご入力ください」で＜今すぐ＞をクリックすると、報酬の支払い方法を登録できます。銀行振込での支払いを選択した場合には、振込先口座の登録が必要です。

Section
60 Amazonの広告をブログの記事に載せよう

✔キーワード
- アソシエイト・セントラル
- 商品リンク
- リンクを作成

Amazonの商品広告を紹介するには、Amazonアソシエイトのサイトから広告用のリンクを取得し、記事に追加します。Amazonアソシエイトの広告にはいくつかの種類ありますが、ここでは特定の商品を選択して紹介する場合の手順を解説します。

1 紹介する商品を選ぶ

キーワード アソシエイト・セントラル

Amazonアソシエイトで広告を取得する場合、最初に表示する画面です。紹介する商品を検索して広告を取得するほか、売上の結果を確認したり、登録情報を更新したりする場合もここから操作します。

メモ アソシエイトセントラルにサインインする

手順1の画面で、画面右上に登録メールアドレスやアソシエイトIDが表示されていないときは、Amazonアソシエイトにサインインしていない状態になっています。サインインし直すには、画面右上の<サインイン>をクリックして、登録したメールアドレスとパスワードを入力します。

ヒント 商品の詳細を確認する

検索結果の商品名のリンクをクリックすると、その商品のページが開きます。商品について詳細な情報を確認できます。

1 「アソシエイト・セントラル」(https://affiliate.amazon.co.jp/home)にアクセスします。

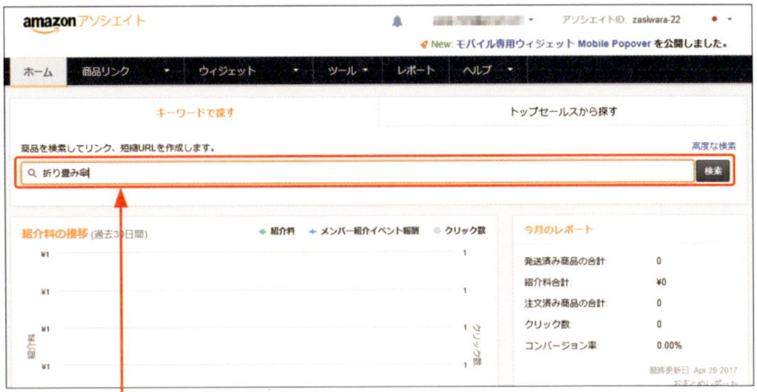

2 ブログの記事に載せる商品名を検索します。

3 紹介したい商品の<リンク作成>をクリックします。

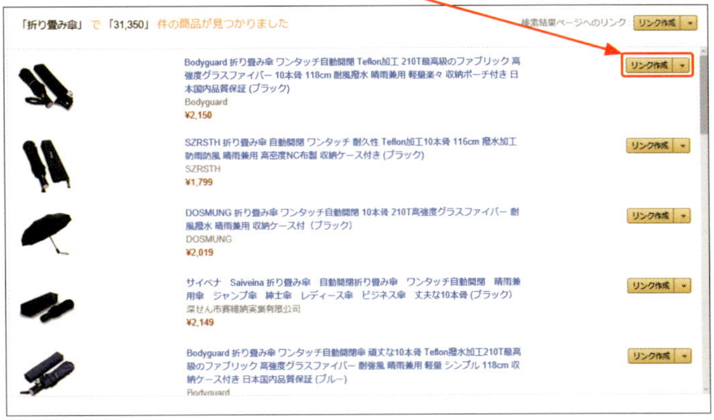

4 <テキストと画像>をクリックし、

5 ブログ上での表示内容を確認します。

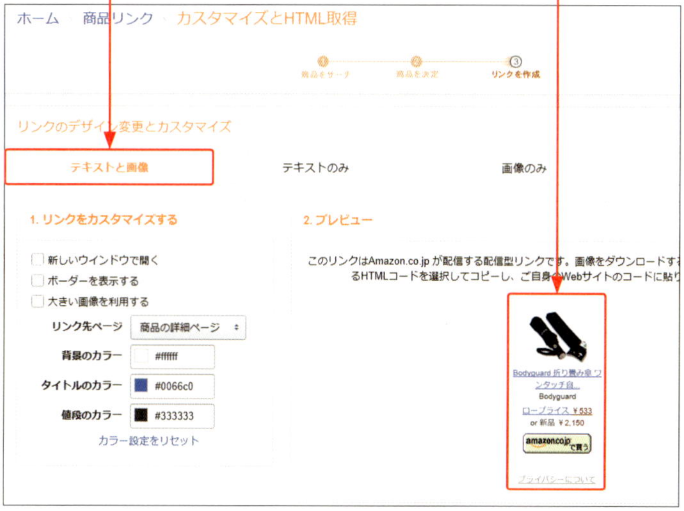

6 <選択する>をクリックして、

7 選択状態になったコードをコピーします。

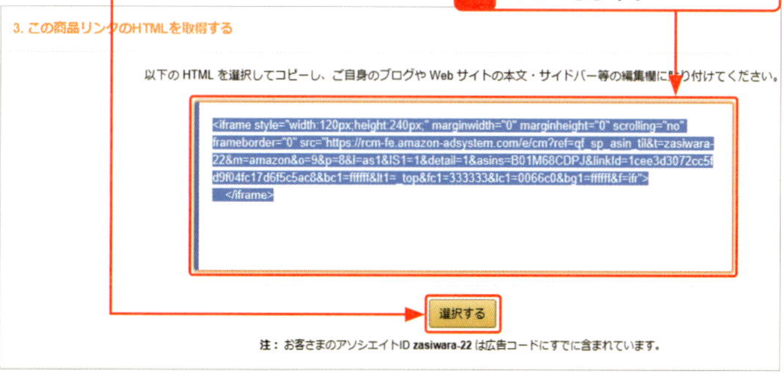

ステップアップ リンクをカスタマイズする

手順4の画面で、「大きい画像を利用する」にチェックを入れると、リンクに表示する画像のサイズが大きくなります。また、「背景のカラー」のカラーコードが表示された部分をクリックすると、背景色を選択できます。同様にして、「タイトルのカラー」や「値段のカラー」を選択して、広告の商品名や値段表示の色を変更できます。

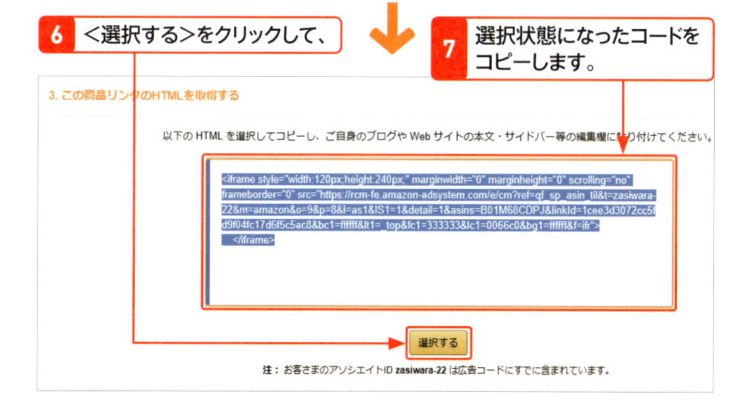

ステップアップ 人気の商品から探す

紹介する商品が決められないときは、売れ筋商品の中から探してみましょう。手順1の画面で、<トップセールスから探す>をクリックして、画面左側の一覧から商品のジャンルを選択すると、そのジャンルの人気商品が表示されます。商品のジャンルは、大分類、中分類、小分類の3段階に分かれていますが、いずれを選択しても各ジャンルの商品が表示されます。一覧から紹介したい商品を探して、<リンクを作成>をクリックすると、キーワードで検索したときと同様に手順4の画面に移動します。

2 記事に商品のリンクを追加する

キーワード HTML表示

HTML表示とは、HTML（Sec.72参照）を利用して記事を編集する際に使用する機能です。取得したコードは、HTML表示に切り替えてから貼り付ける必要があります。なお、HTML表示のときは、＜画像の挿入＞など、画面上部の編集ツールが使用できず、本文の改行も反映されません。記事の本文は通常の表示方法で入力してから、HTML表示に切り替えましょう。

1 ブログの投稿画面を表示し、記事の内容を入力します。

2 ＜HTML表示＞をクリックします。

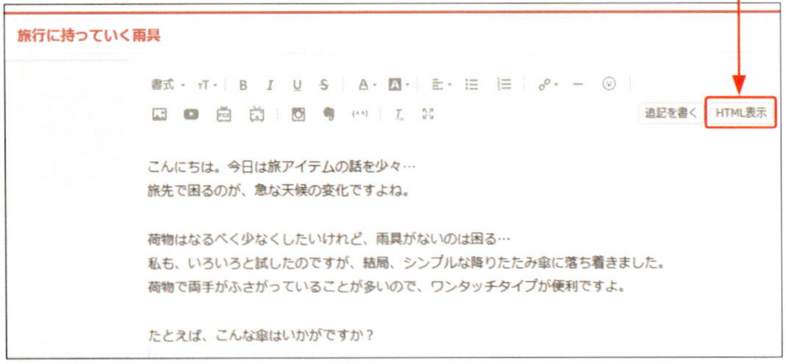

3 183ページでコピーしたAmazonの商品広告のコードを貼り付けます。

4 ＜HTML表示＞をクリックします。

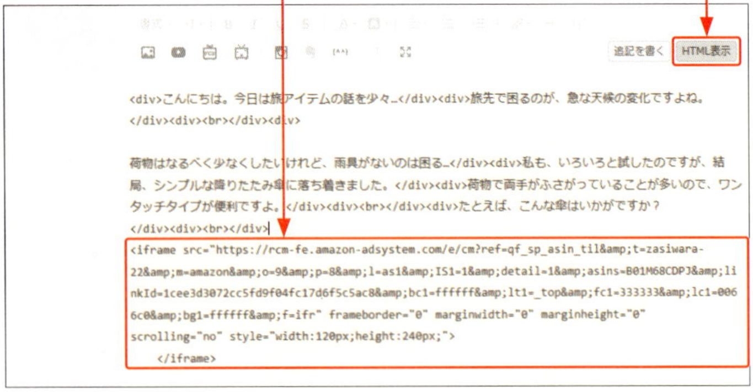

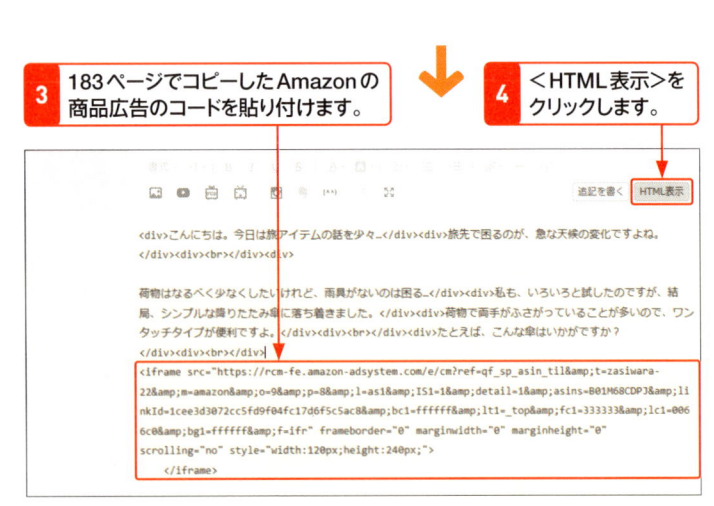

5 商品リンクが正しく表示されていることを確認して、

6 ＜記事を保存＞をクリックします。

ヒント リンクをペーストする位置

投稿画面の表示をHTML表示に切り替えると、本文が段落ごとに、"<div>"と"</div>"というタグに囲まれて表示されます。商品のリンク用コードは、リンクを追加したい位置の"</div>"の後ろに貼り付けます。

7 公開した記事に商品のリンクが表示されます。

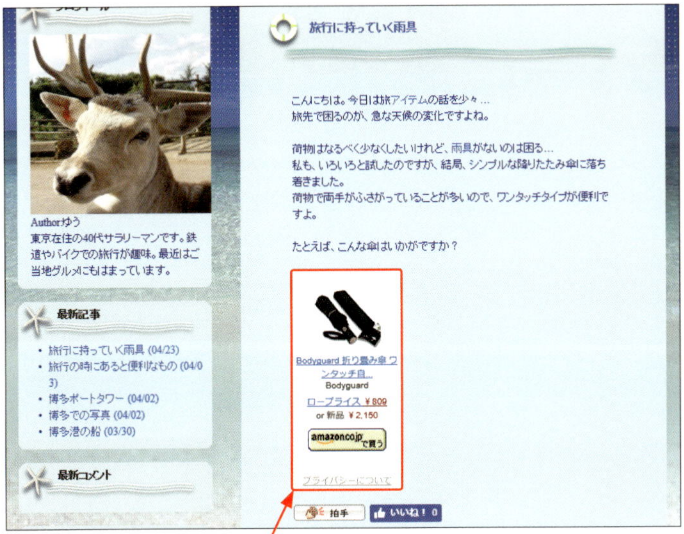

8 リンクをクリックします。

9 Amazonの商品ページに移動します。

メモ 報酬が発生するタイミング

ブログに掲載した商品リンク経由でAmazonのサイトにアクセスした人が、Amazonの訪問から24時間以内にその商品をショッピングカートに追加し、購入すると、アフィリエイト報酬が発生します。

注意 自分で購入しても報酬は発生しない

自分でブログの商品リンクをクリックして商品を購入することは禁止されています。購入しても、報酬の支払い対象にはなりません。また、ほかの人の代理での注文や、友人、家族、知人が使用する商品の注文であっても、禁止されているので注意しましょう。

ステップアップ さまざまな表示形式を使う

商品リンクの表示形式には、画像のみのものや、テキストのみのものもあります。いずれの場合も、183ページの手順4の画面で選択できます。「画像のみ」は、商品の写真だけをブログに表示したい場合に便利です。また、「テキストのみ」は、商品名や説明のテキストリンクだけが表示されます。

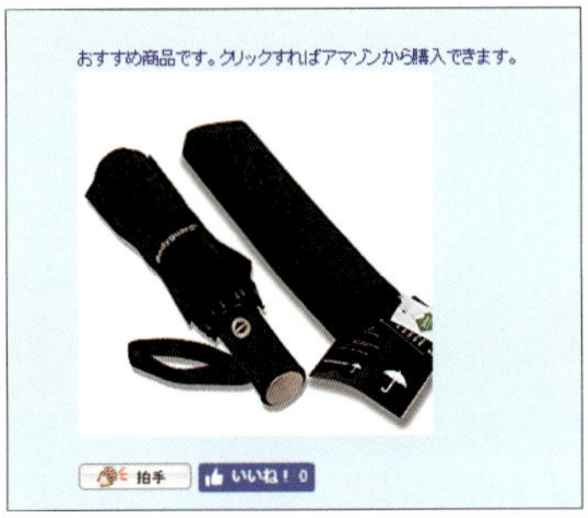

・画像のみ

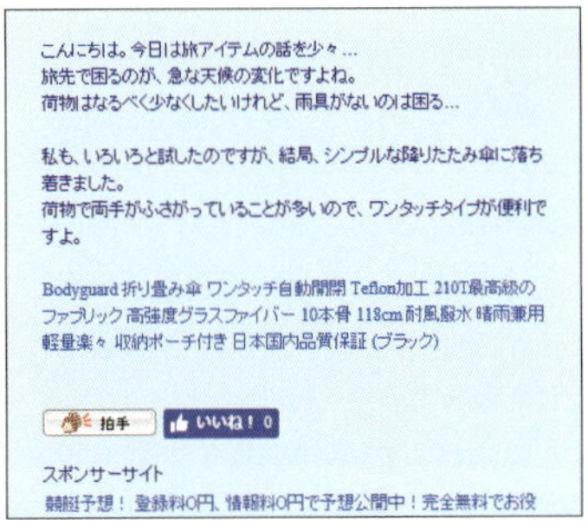

・テキストのみ

Section 61

Amazonの広告をサイドバーに表示しよう

✔キーワード

- Amazonライブリンク
- ウィジェット
- バナーリンク

Amazonアソシエイトの広告は、「フリーエリア」プラグインを利用することで、サイドバーにも表示できます。広告用のウィジェットは「アソシエイト・セントラル」から取得します。ウィジェットには、広告内容が自動的に切り替わる「Amazonライブリンク」などがあります。

1 おすすめ商品をランダム表示する

キーワード ライブリンク

Amazonライブリンクは、指定したキーワードに基づいて商品が表示される広告です。表示される広告は自動的に切り替わるので、掲載広告の差し替え作業を行う必要がなく、常に最新の情報を表示することができます。

メモ ウィジェットの種類

Amazonアソシエイトのウィジェットには「Amazonライブリンク」のほかに、選択した商品を順に表示する「くるくるウィジェット」、Amazonの検索ボックスを表示する「サーチウィジェット」、サイトの内容に合った商品を自動で選択して表示する「Amazonおまかせリンク」などの種類があります。

1 アソシエイト・セントラルにアクセスします（Sec.60参照）。

2 ＜ウィジェット＞をクリックして、

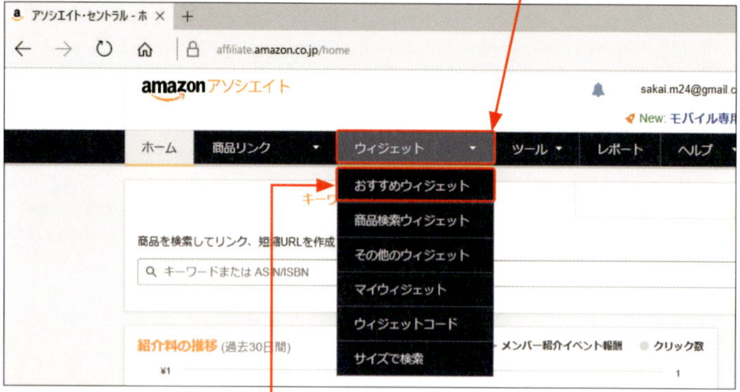

3 ＜おすすめウィジェット＞をクリックします。

4 「Amazonライブリンク」の＜あなたのWebサイトに追加＞をクリックします。

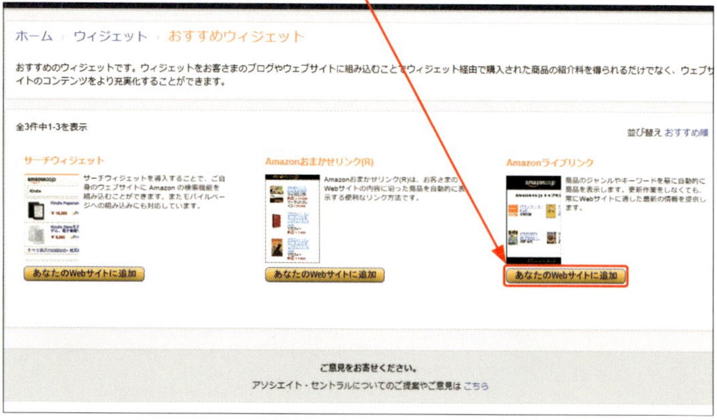

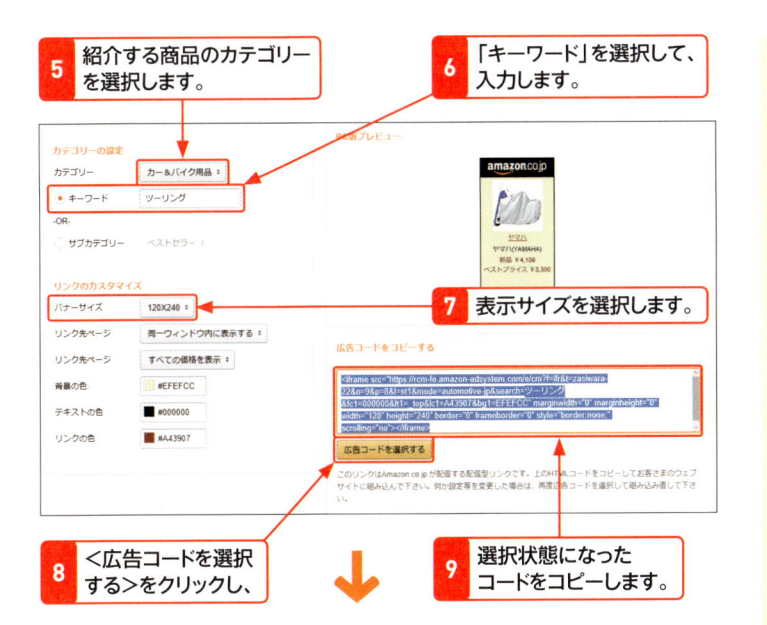

5 紹介する商品のカテゴリーを選択します。

6 「キーワード」を選択して、入力します。

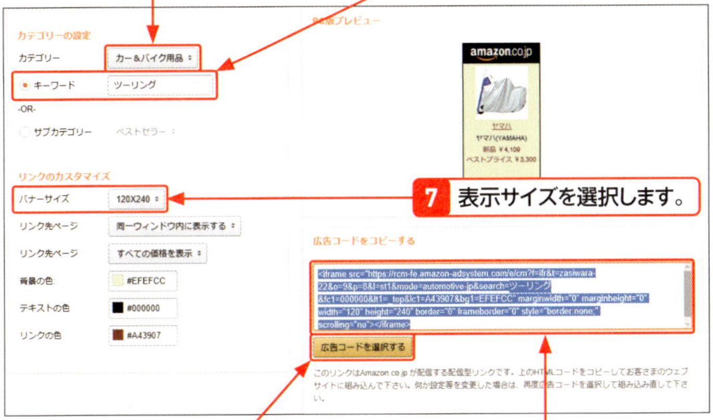

7 表示サイズを選択します。

8 ＜広告コードを選択する＞をクリックし、

9 選択状態になったコードをコピーします。

10 FC2ブログの「フリーエリア」プラグインの詳細設定画面を表示します（右下の「メモ」参照）。

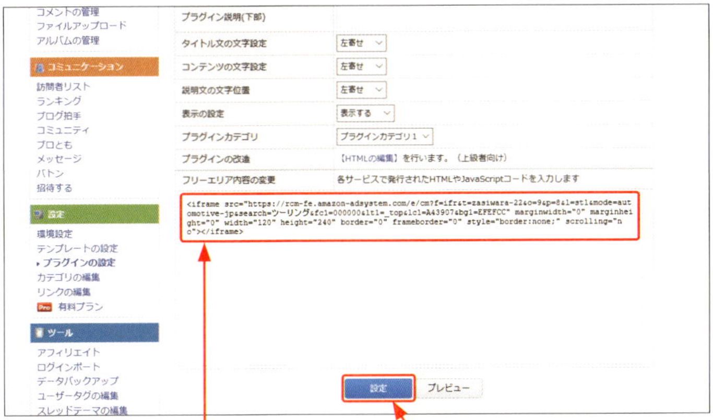

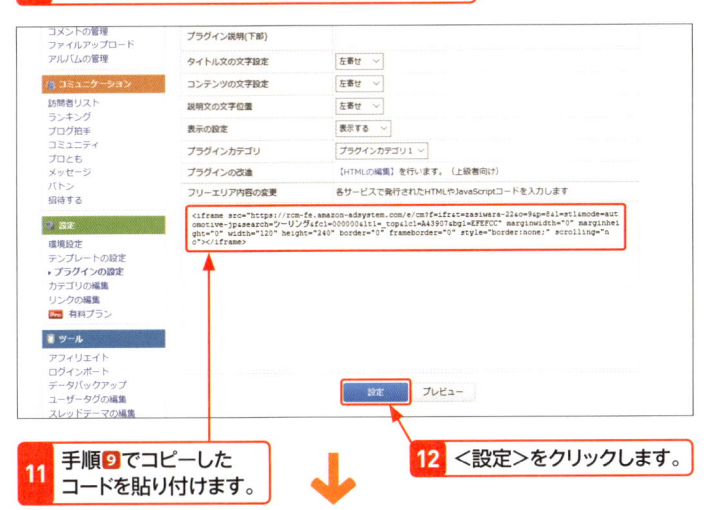

11 手順9でコピーしたコードを貼り付けます。

12 ＜設定＞をクリックします。

13 ブログの記事を表示すると、サイドバーに選択したカテゴリーの広告が表示されます。

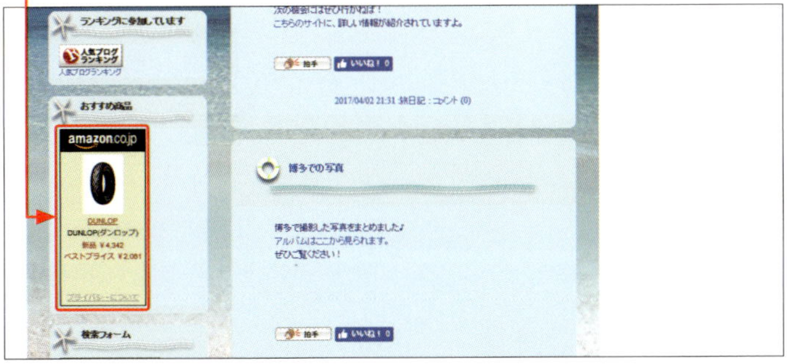

ヒント 選択したカテゴリの商品が表示される

サイドバーに設定するウィジェットには、手順5で選択したカテゴリの商品が表示されます。読者の興味をひく商品を表示するために、ブログのテーマに近いものを選択しましょう。

メモ サブカテゴリーを指定する

手順6は、キーワードを指定する代わりに、サブカテゴリーを選択することもできます。サブカテゴリーを設定するには、＜サブカテゴリー＞をクリックし、カテゴリーの種類をドロップダウンリストから選択します。キーワードやサブカテゴリーでは、最初に選択したカテゴリーより詳細な商品のジャンルなどを指定します。

メモ フリーエリアの編集画面を表示する

「フリーエリア」プラグインの編集画面を表示するには、FC2ブログのメインメニューから、＜プラグイン＞→＜公式プラグイン追加［PC用］＞の順にクリックし、「フリーエリア」の＜追加＞をクリックします。手順11の画面が表示されるので、コピーしたコードを貼り付けます。

2 ジャンル別のバナーを載せる

キーワード バナーリンク

バナーリンクとは、ブログの記事やサイドバーに追加できる画像形式の広告です。広告をクリックすると、Amazonのトップページやカテゴリー別のページ、セールのページなどが表示されます。

1 アソシエイト・セントラルにアクセスします（Sec.60参照）。

2 <商品リンク>をクリックして、

3 <バナーリンク>をクリックします。

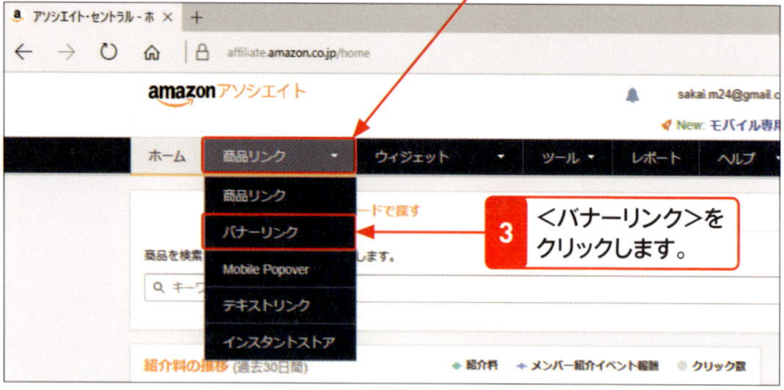

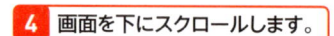

4 画面を下にスクロールします。

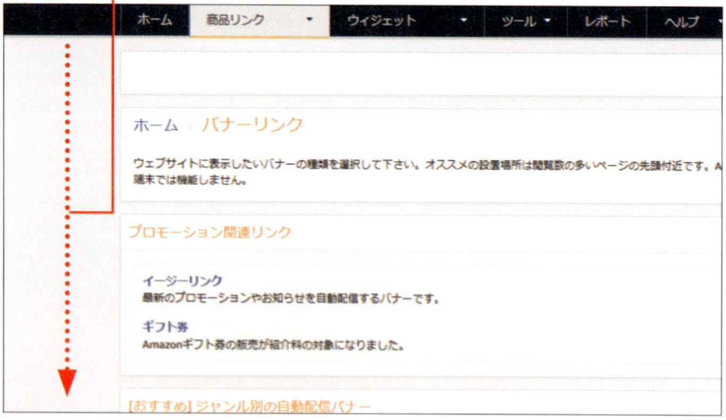

5 「ジャンル別の自動配信バナー」から、広告のジャンルを選んでクリックします。

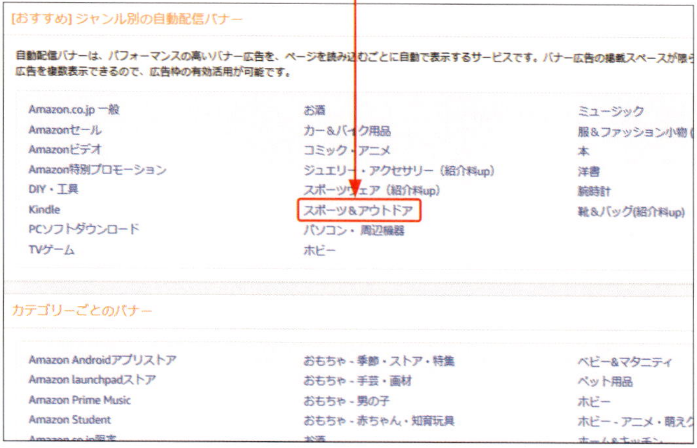

メモ バナーのサイズを選択する

右ページの手順6の画面では、バナーのサイズを選択でき、それぞれのサンプルが表示されているので、大きさを確認しながら、使うサイズのコードをコピーしましょう。

6 <選択する>をクリックし、

7 選択状態になったコードをコピーします。

HTML
<iframe src="https://rcm-fe.amazon-adsystem.com/e/cm?o=9&p=11&l=ur1&category=sports_outdoor&f=ifr&linkID=e8074d8dbadb474edb74afa960c3120e&t=zasiwara-22&tracking_id=zasiwara-22" width="120" height="600" scrolling="no" border="0" marginwidth="0" style="border:none;" frameborder="0"></iframe>
選択する
注： お客さまのアソシエイトID zasiwara-22 は広告コードにすでに含まれています。

8 FC2ブログの「フリーエリア」プラグインの詳細設定画面を表示します（187ページ右下の「メモ」参照）。

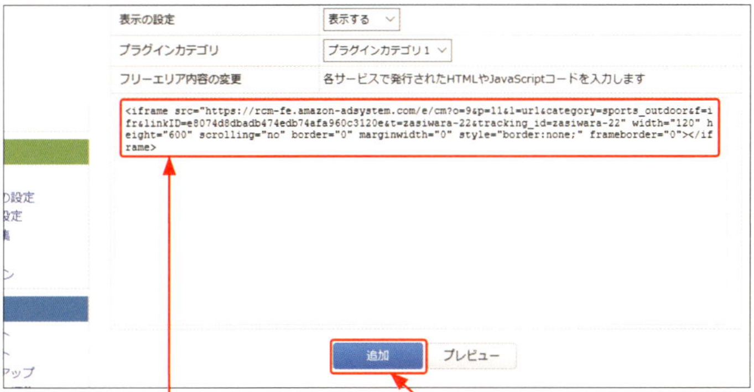
表示の設定
表示する
プラグインカテゴリ
プラグインカテゴリ1
フリーエリア内容の変更
各サービスで発行されたHTMLやJavaScriptコードを入力します
<iframe src="https://rcm-fe.amazon-adsystem.com/e/cm?o=9&p=11&l=ur1&category=sports_outdoor&f=ifr&linkID=e8074d8dbadb474edb74afa960c3120e&t=zasiwara-22&tracking_id=zasiwara-22" width="120" height="600" scrolling="no" border="0" marginwidth="0" style="border:none;" frameborder="0"></iframe>
追加
プレビュー

9 手順**7**でコピーしたコードを貼り付けます。

10 <設定>をクリックします。

ブログの記事を表示すると、サイドバーにバナー広告が表示されます。

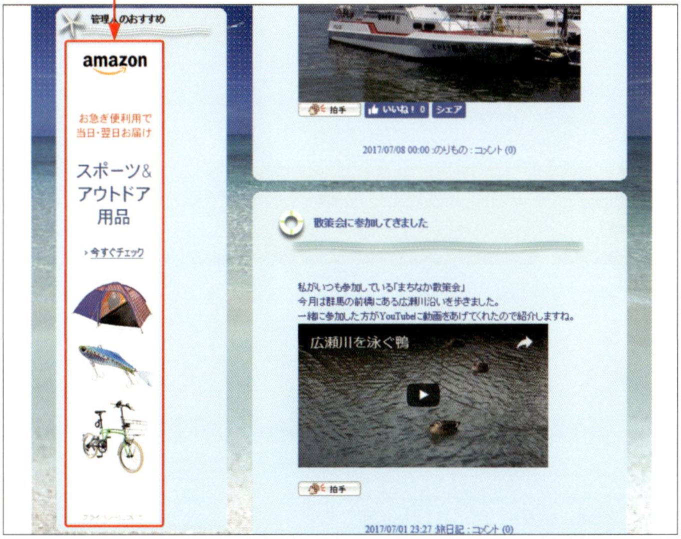
管理人のおすすめ
amazon
お急ぎ便利用で当日・翌日お届け
スポーツ&アウトドア用品
今すぐチェック
拍手
いいね！ 0
シェア
2017/07/08 00:00 :のりもの : コメント (0)
散策会に参加してきました
私がいつも参加している「まちなか散策会」
今月は群馬の前橋にある広瀬川沿いを歩きました。
一緒に参加した方がYouTubeに動画をあげてくれたので紹介しますね。
広瀬川を泳ぐ鴨
拍手
2017/07/01 23:27 :旅日記 : コメント (0)

ステップアップ 特定の商品の広告をサイドバーに表示する

サイドバーには、ウィジェットやバナーのほか、特定の商品の広告（Sec.60参照）を表示することもできます。特定の商品の広告を表示するには、182～183ページと同様の手順で広告のコードを取得し、「フリーエリア」プラグインに貼り付けます。

ヒント 広告の表示位置を工夫する

広告が表示される位置を変更したい場合は、「フリーエリアプラグイン」の位置を移動させます（Sec.31参照）。表示位置によって広告の目立ち方やクリックのされやすさも変わるので、工夫してみましょう。

Section

62 FC2アフィリエイトを利用しよう

✔キーワード
- ▶FC2アフィリエイト
- ▶「FC2アフィリエイト」プラグイン
- ▶バナー広告

気軽にアフィリエイトをはじめたいときは、FC2 IDを使って登録できるFC2アフィリエイトが便利です。最初に「サービスの追加」からFC2アフィリエイトへの登録を行います。その後、ブログにプラグインを追加して表示する広告の内容やバナーの種類を選択します。

1 FC2アフィリエイトに登録する

キーワード FC2アフィリエイト

FC2が独自に提供するアフィリエイトサービスです。FC2 IDを持っていれば利用できることや、扱っている広告にFC2関連サービスが多いことなどが特徴です。FC2アフィリエイトを利用するには、FC2 IDのホームから、アフィリエイトをサービス追加したあと、FC2アフィリエイト用の公式プラグインをFC2ブログで設定する必要があります。

メモ パスワードを再入力する

手順2のあとにパスワードの入力画面が表示されたら、ブログ登録時に設定したFC2 IDのパスワードを入力して<ログイン>をクリックします。ログインに成功すると、手順3の画面が表示され、以降の操作に進めます。

1 FC2IDの「サービスの追加」画面を表示します（74～75ページ参照）。

2 「アフィリエイト」の<サービス追加>をクリックします。

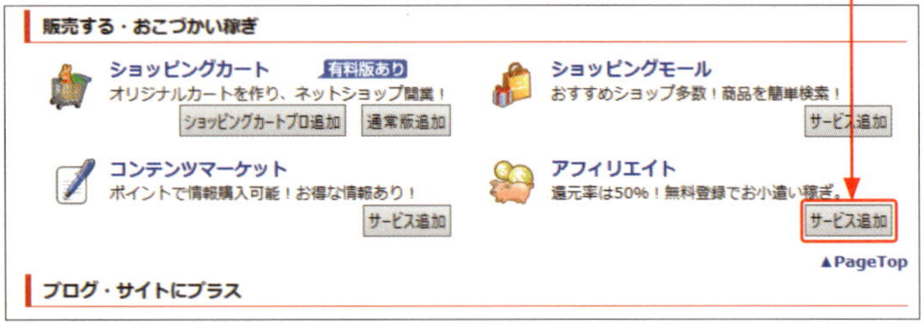

3 必要事項を入力して、

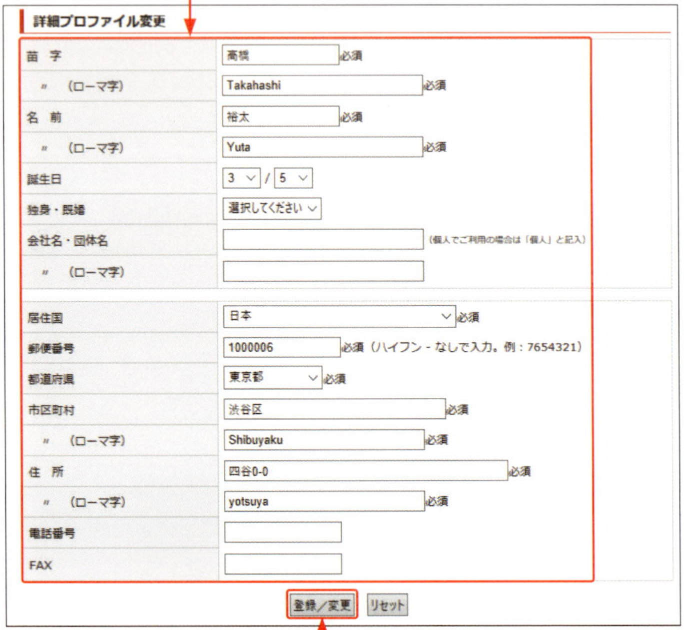

4 <登録／変更>をクリックします。

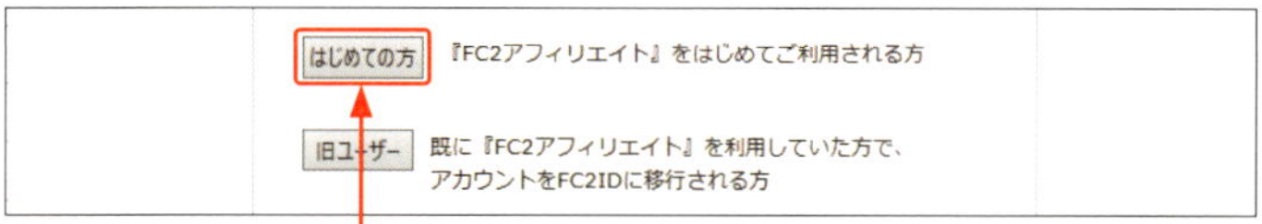

5 <はじめての方>をクリックします。

6 <ユーザー(アフィリエイター/紹介者)として自サイトで収益をあげたい>をクリックします。

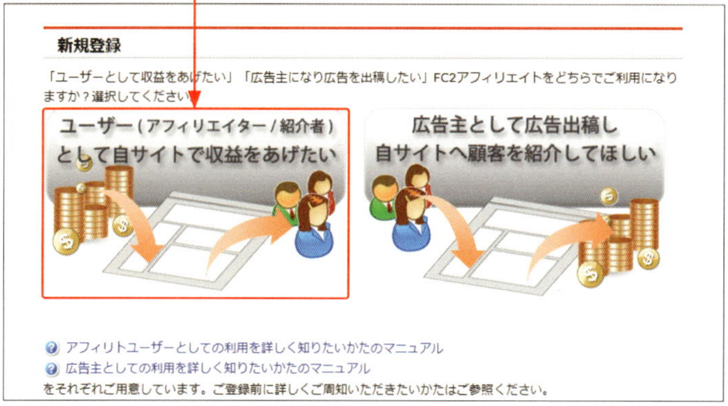

7 <同意する>をクリックします。

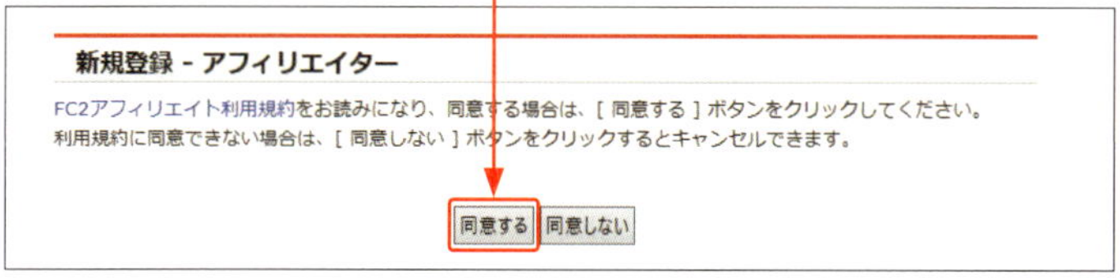

8 ブログのURLを入力します。

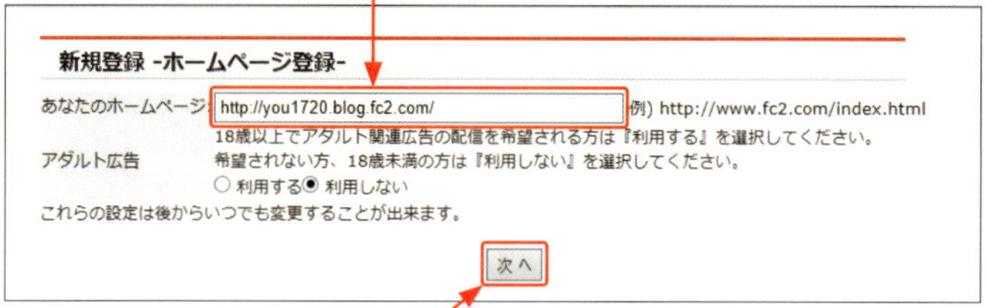

9 <次へ>をクリックします。

10 <ユーザー管理画面はこちらです>をクリックします。

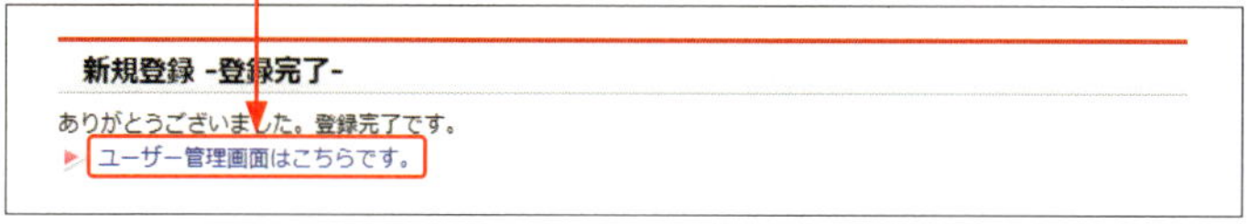

メモ 新規登録の種類

新規登録には、ブログにアフィリエイト広告を載せて報酬を得る「ユーザー」と、アフィリエイトの広告を出稿して報酬を支払う「広告主」の2種類があります。ここでは、ブログに広告を掲載するので、手順6でユーザーとしての登録を行います。

ヒント URLの入力

手順8では、ブログの閲覧画面のURLを入力します。URLがわからないときは、FC2ブログの「お知らせ」画面で<ブログの確認>をクリックすると、ブログの閲覧画面が表示され、URLを確認することができます。

ヒント サイト情報

手順11の画面では、ブログの名前やURL、ブログの主な内容（カテゴリ）などを入力します。ここで入力する情報は、広告主が売上の承認・審査をする際の審査対象となります。

キーワード 「開設日」と「1日あたりの表示数」

手順12の「開設日」にはブログを始めた日を入力します。また、「1日あたりの表示数」はブログの1日あたりの訪問者の数を入力します。ブログの訪問者数は、アクセス解析を利用することで、調べることができます（Sec.63参照）。

11 ブログの名前とURLを入力します。

12 カテゴリ、開設日、1日あたりの表示数をそれぞれ選択します。

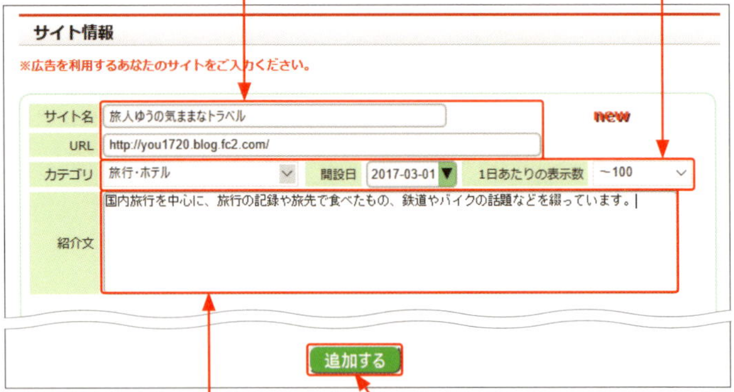

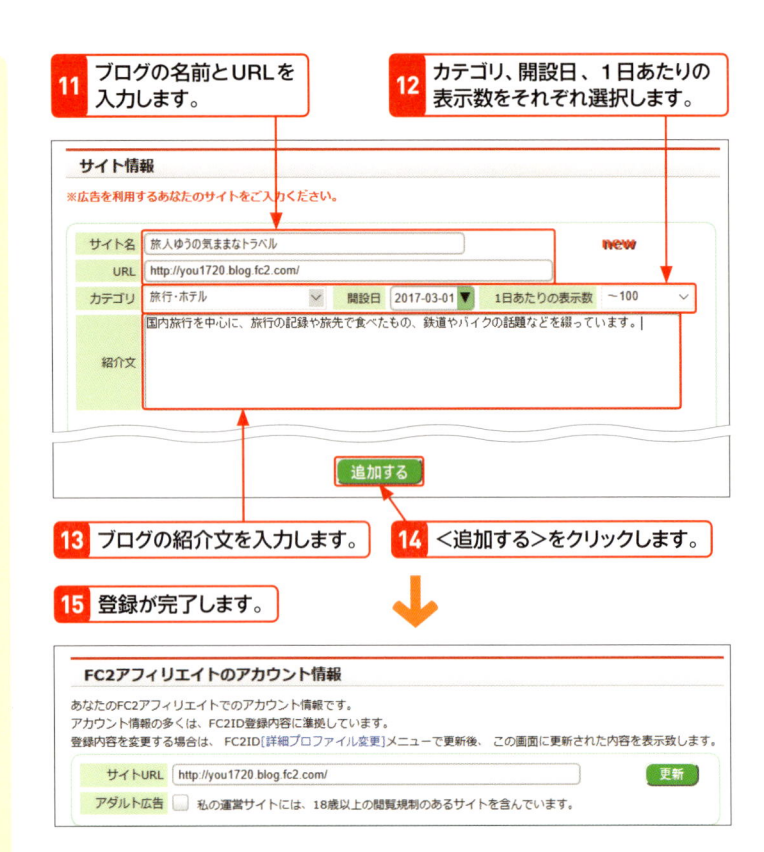

13 ブログの紹介文を入力します。

14 <追加する>をクリックします。

15 登録が完了します。

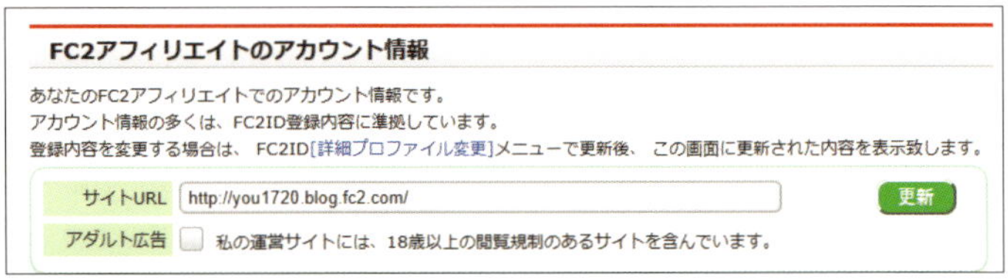

2 ブログに広告を追加する

ヒント バナーの種類を絞り込む

右ページ手順5の画面では、バナーの種類を絞り込めます。画面上部のドロップダウンリストをクリックして、選択したいカテゴリをクリックします。

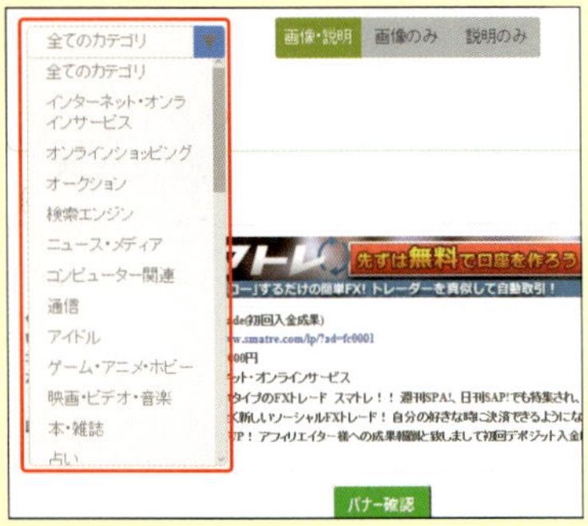

1 FC2ブログで「プラグインの設定」画面の<公式プラグイン追加>をクリックします（Sec.29参照）。

2 「FC2アフィリエイト」の<追加>をクリックします。

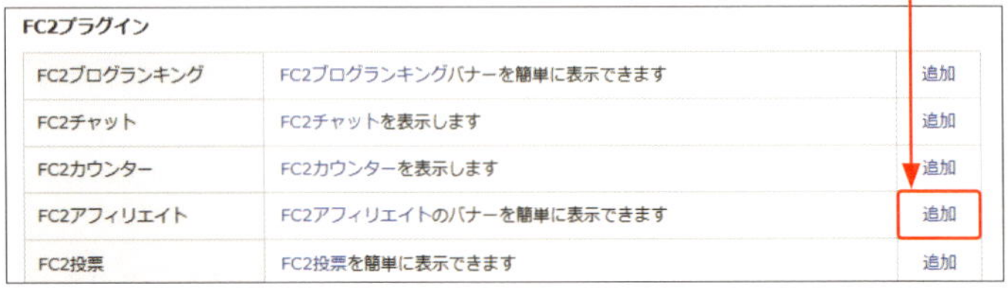

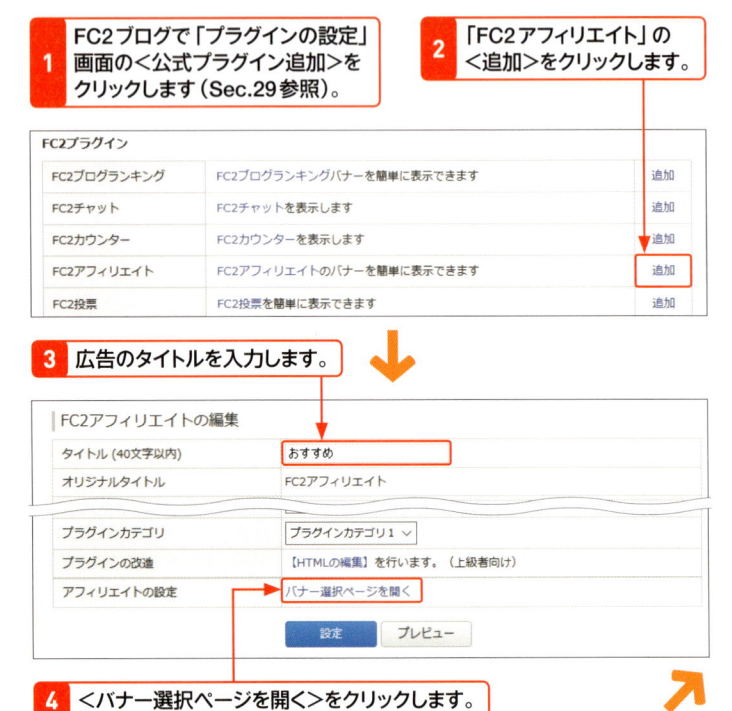

3 広告のタイトルを入力します。

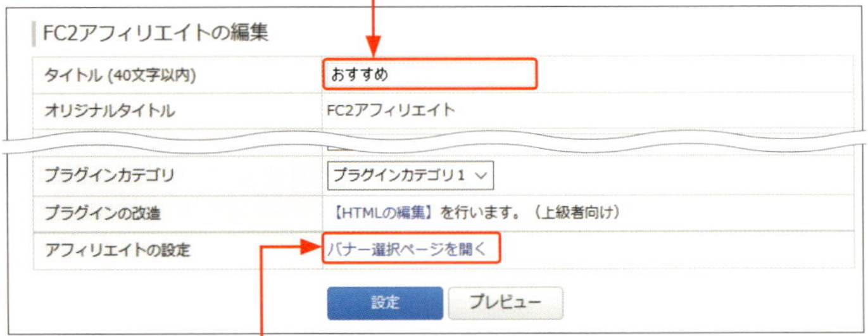

4 <バナー選択ページを開く>をクリックします。

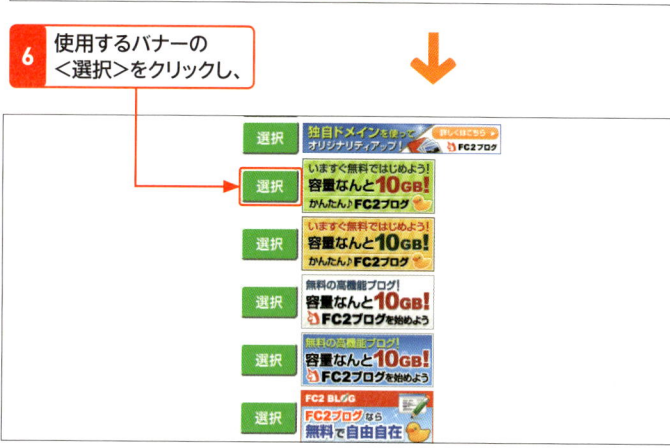

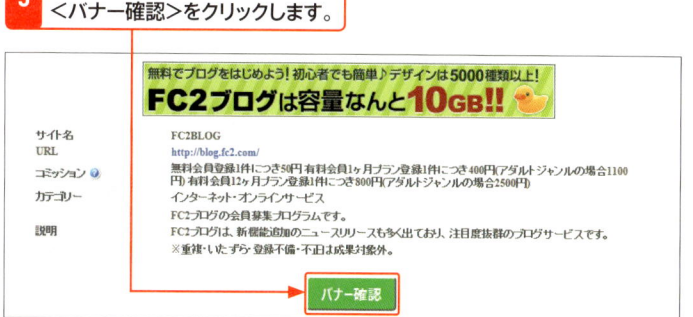

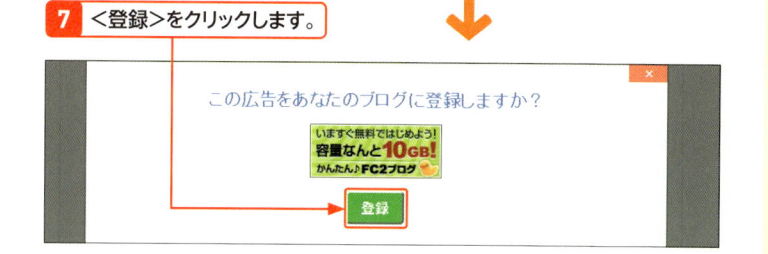

5 ブログに表示したい広告の＜バナー確認＞をクリックします。

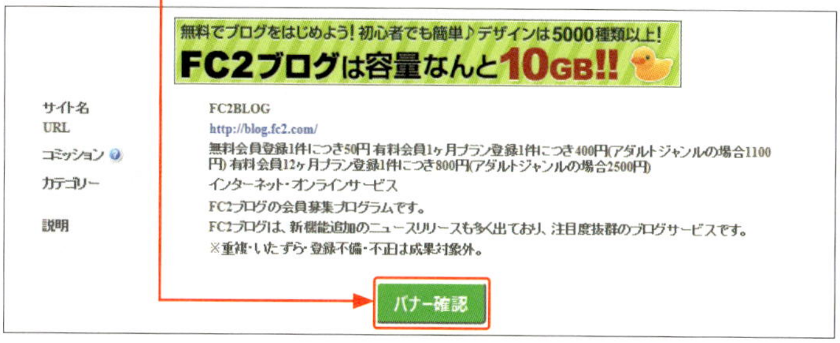

6 使用するバナーの＜選択＞をクリックし、

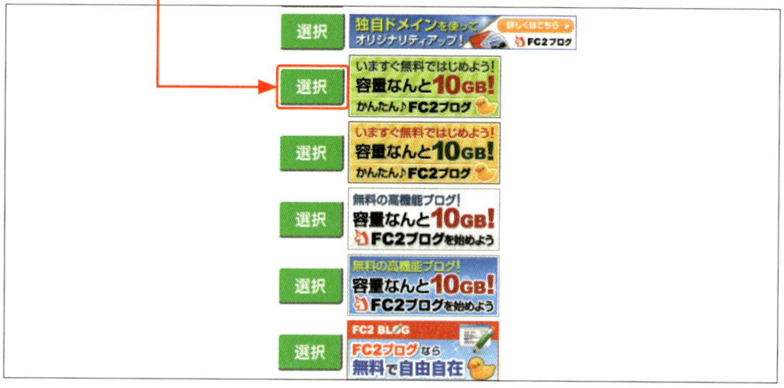

7 ＜登録＞をクリックします。

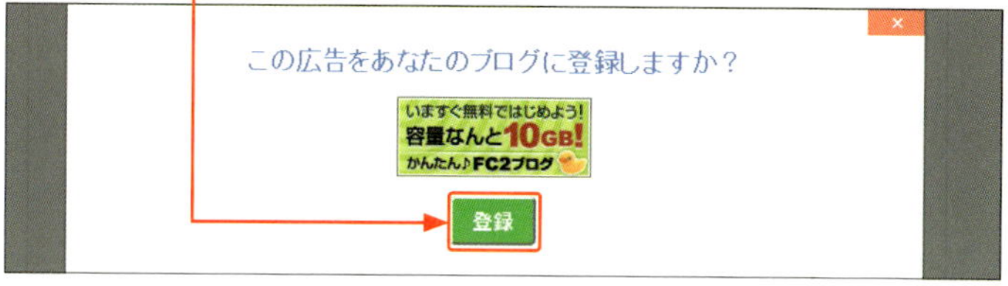

8 手順**3**の画面に戻るので、＜設定＞をクリックします。

ブログを表示すると、選択したバナーがプラグインとして表示されます。

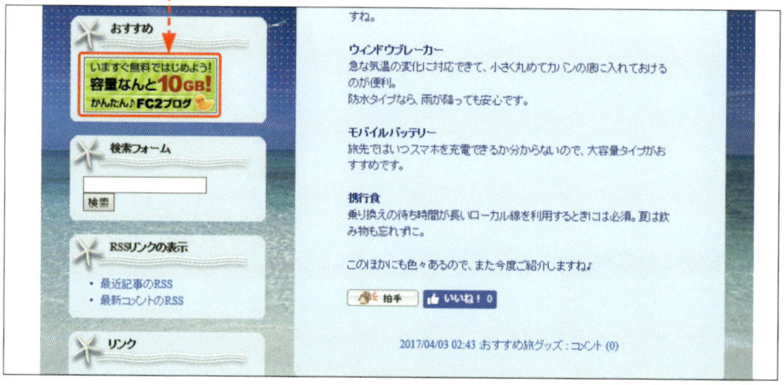

ヒント FC2アフィリエイトの報酬を受け取る

アフィリエイトの報酬はFC2アフィリエイトの管理画面から確認します。FC2アフィリエイト管理画面は、メインメニューの＜FC2 ID＞→「FC2アフィリエイト」の順にクリックして表示します。

報酬の受け取りは、FC2アフィリエイトの管理画面で、サイドメニューの＜FC2への請求処理＞→＜請求手続き＞の順にクリックし、＜FC2ポイント＞をクリックすると、報酬がFC2の各サービスで利用できる「FC2ポイント」として発行されます。

ステップアップ FC2ポイントを換金する

FC2ポイントを現金に換金するには、氏名や住所、振込先口座などの登録が必要です。この手続きは、FC2ID トップページで、＜決済/FC2ポイント＞→＜振込先銀行情報（換金専用）＞の順にクリックした画面から行います。口座の登録完了後に、「請求手続き」画面で＜FC2ポイントを換金する＞をクリックして、換金したいポイント数を入力することで、現在所有しているポイントを現金に換金できます。

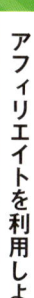

Section 63

アクセス数を解析しよう

✔キーワード
- アクセス数
- アクセス解析
- FC2アクセス解析

アフィリエイトを効果的に運用するには、どの記事がよく読まれているのかといったアクセス状況に関するデータを把握することが大切です。アクセス解析ツールを連携させると、ブログのアクセス状況を分析できます。ここでは、「FC2アクセス解析」と「Googleアナリティクス」の2種類のツールについて解説します。

1 FC2アクセス解析に登録する

キーワード アクセス解析

アクセス解析とは、ブログに専用のタグを追加することで、訪れた人の数や日時、閲覧されたページなどの情報を分析することです。アクセス解析を行うツールには、FC2 IDで利用できる「FC2アクセス解析」や、Googleが提供する「Googleアナリティクス」などがあります。

キーワード FC2アクセス解析

FC2アクセス解析は、FC2が提供するアクセス解析サービスで、FC2 IDを持っていれば、サービスを利用できます。なお、FC2アクセス解析を利用すると、ブログ画面上に小さな広告が表示されるようになります。広告の種類や表示位置は選択可能なので、気になる人は目立たないアイコンタイプの「61（FC2）」を設定しましょう（詳しくは右ページの手順9参照）。

1 メインメニューの<FC2 ID>をクリックします。

2 <サービス追加>をクリックします。

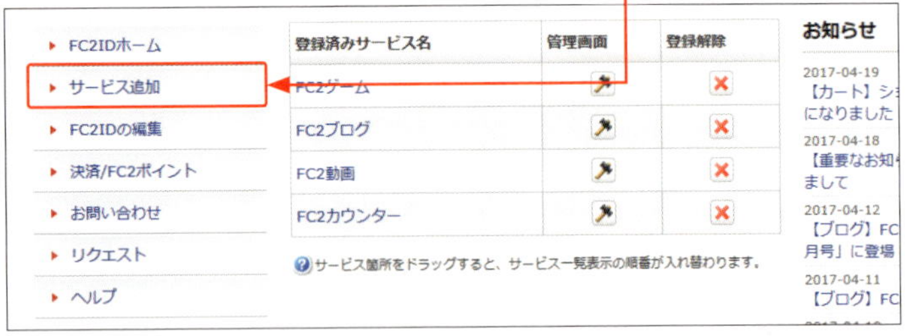

3 「アクセス解析」の<サービス追加>をクリックします。

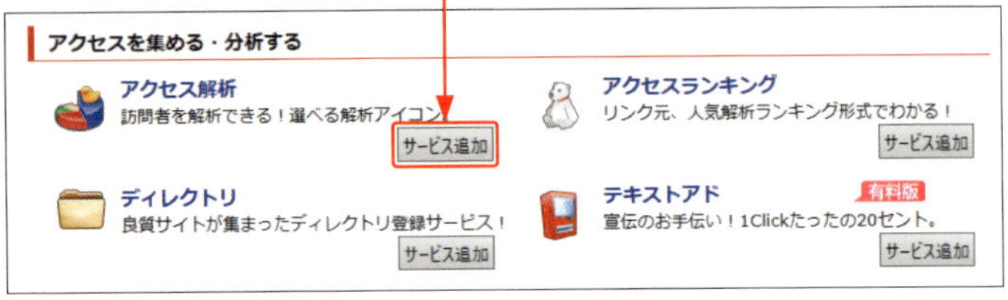

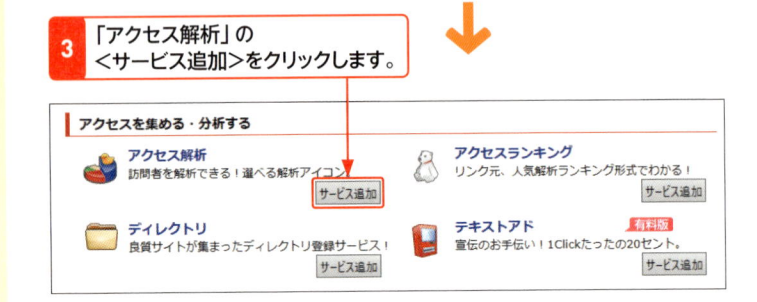

4 <利用規約に同意して登録する>をクリックします。

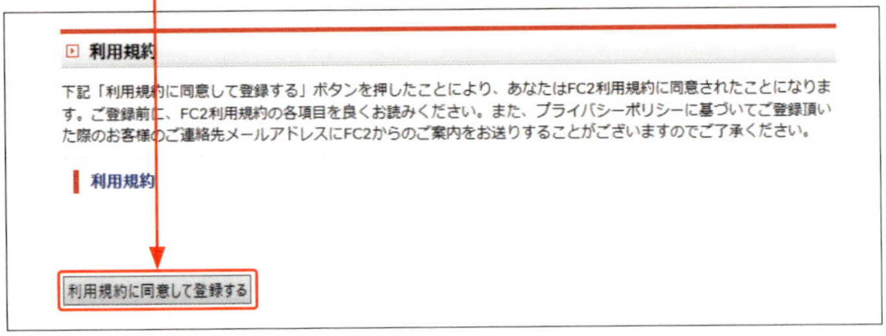

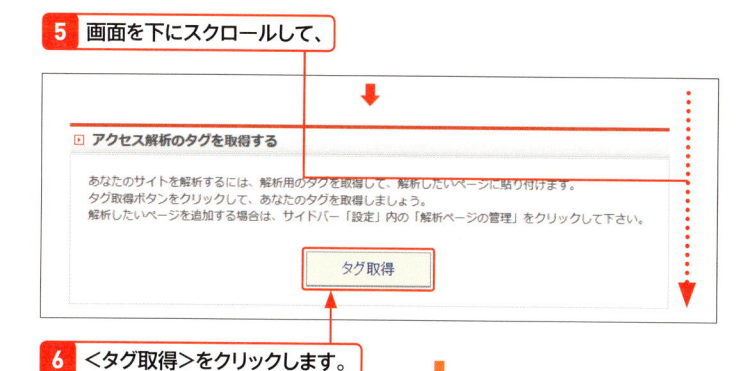

5 画面を下にスクロールして、

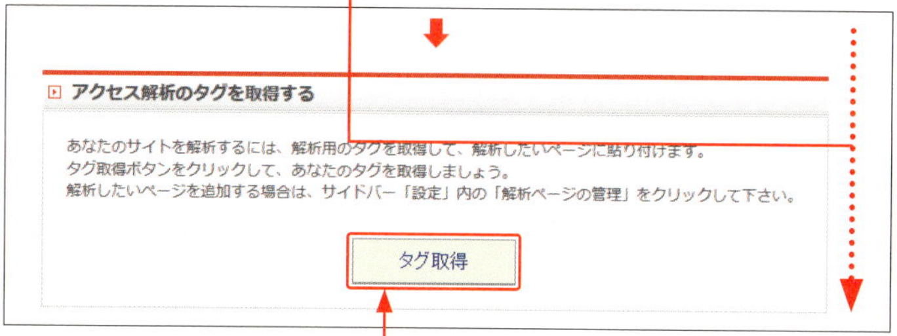

6 ＜タグ取得＞をクリックします。

7 画面を下にスクロールして、

8 ＜アイコンタイプ＞をクリックし、

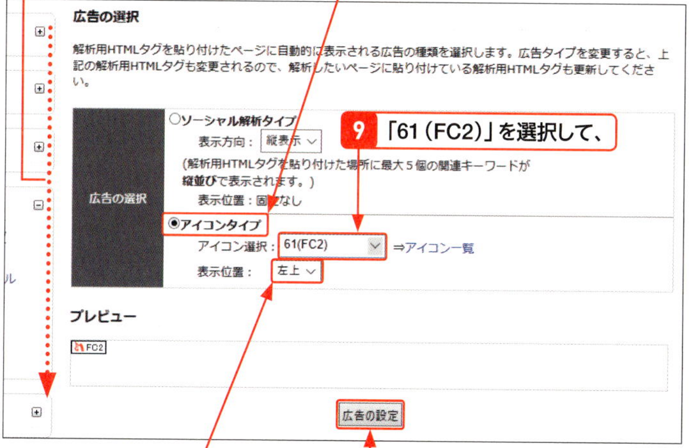

9 「61（FC2）」を選択して、

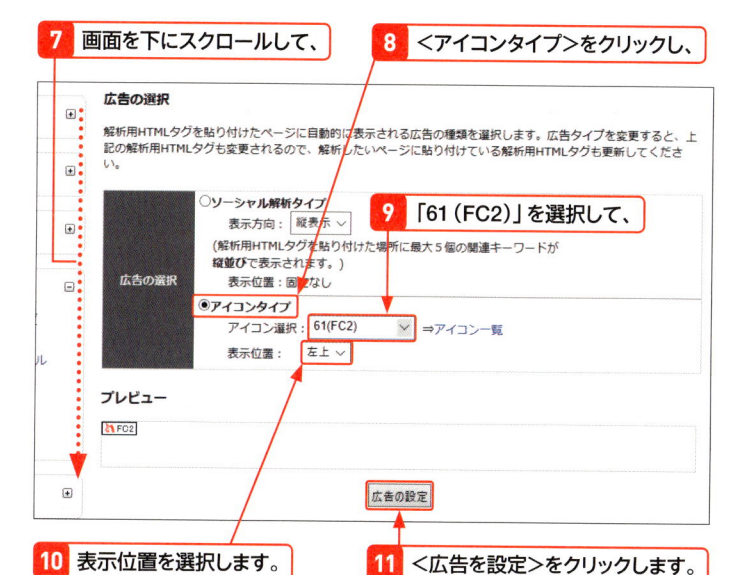

10 表示位置を選択します。

11 ＜広告を設定＞をクリックします。

12 表示されるコードをコピーします。

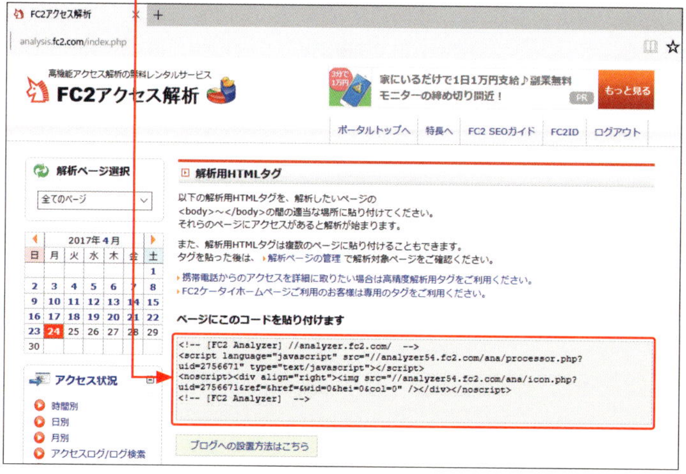

ヒント　ほかのサービスの追加ボタンが表示される

FC2アクセス解析登録完了後の画面には、FC2のほかのサービスへの登録ボタンが表示されます。ここではほかのサービスには登録しなので、画面をスクロールして一番下にある＜タグ取得＞をクリックします。

ヒント　広告の種類

FC2アクセス解析を設定すると、ブログの記事を表示する際に、広告が表示されます。ここでは目立ちにくいアイコンタイプの中でも、特に小さめのアイコンを設定しています。

ヒント タグの挿入場所を見つける

取得したタグを貼り付ける"<body>"の場所が見つけづらい場合は、キーボードの Ctrl ＋ F キーを押して、検索機能を利用することで、見つけやすくなります。画面上部に表示される検索ボックスに「<body>」と入力すると、該当箇所がハイライト表示されます。

13 FC2ブログでメインメニューの<テンプレート[PC]>をクリックします。

14 「○○（テンプレート名）のHTML編集」を表示します。

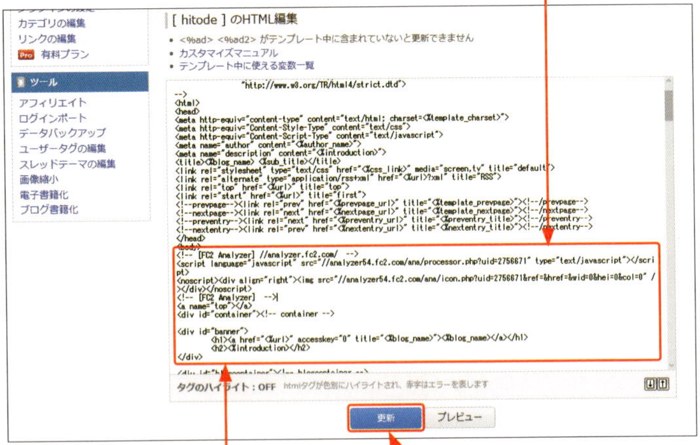

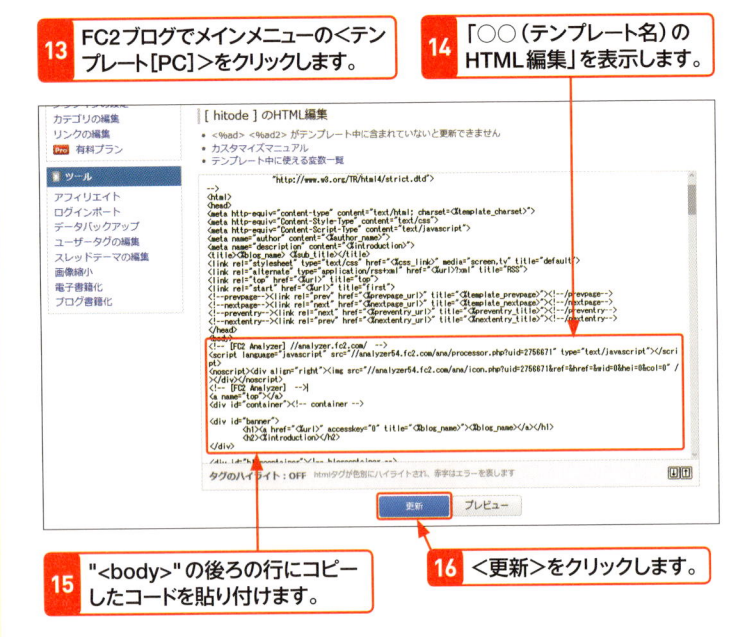

15 "<body>"の後ろの行にコピーしたコードを貼り付けます。

16 <更新>をクリックします。

2 FC2アクセス解析の結果を確認する

キーワード ユニークアクセスとトータルアクセス

日別や時間別のアクセス集計画面には、「ユニークアクセス」と「トータルアクセス」という2種類の数値が表示されます。「ユニークアクセス」は、同じ人が何度もサイトを訪れた場合に、それを重複してカウントせず、1回の訪問として扱った数値です。「トータルアクセス」は、同じ人が複数回訪問した場合も、すべてカウントした「延べ人数」を表す数値となります。

1 メインメニューの<FC2 ID>をクリックします。

2 「FC2アクセス解析」の<管理画面>アイコンをクリックします。

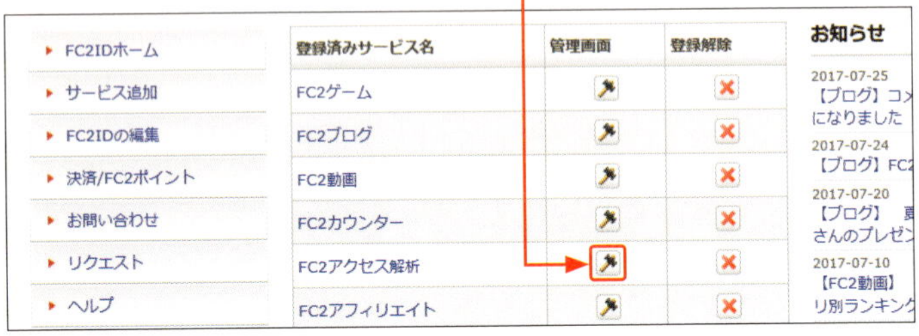

3 アクセス解析の結果が表示されます。

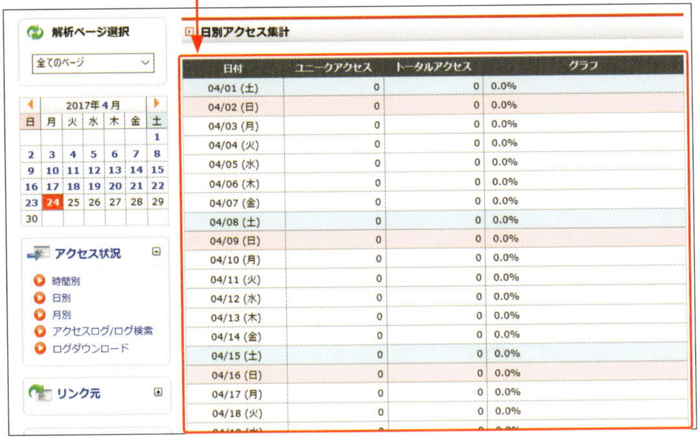

3 Googleアナリティクスを利用する

1 Googleアナリティクスのログインページ（https://www.google.com/intl/ja_ALL/analytics）にアクセスします。

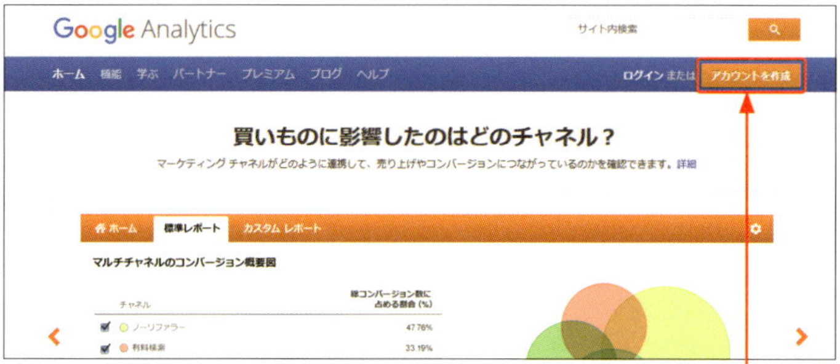

2 ＜アカウントを作成＞をクリックします。

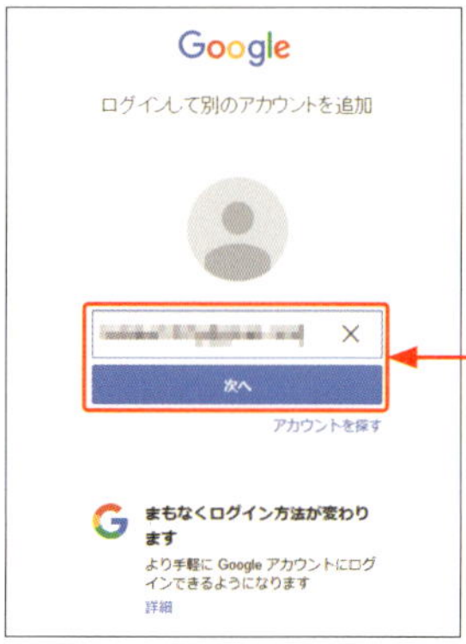

3 Googleアカウントを入力し、＜次へ＞をクリックします。次の画面でパスワードを入力したら、＜ログイン＞をクリックします。

4 ＜お申し込み＞をクリックします。

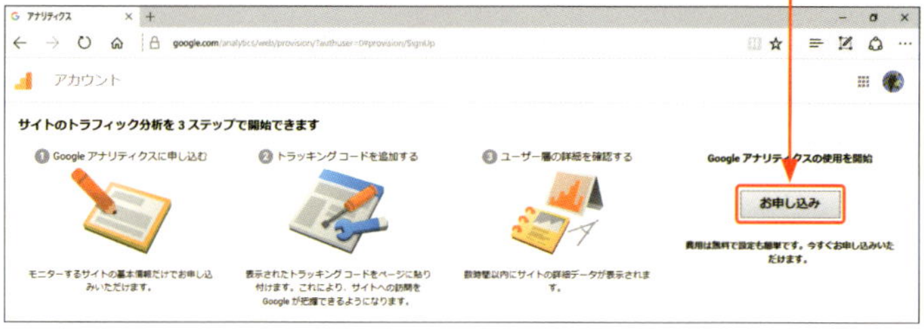

キーワード Googleアナリティクス

Googleアナリティクスは、Googleが提供しているアクセス解析ツールです。さまざまな指標を使い、サイトのアクセス状況を詳細に分析できることから、広く利用されています。

メモ Googleアカウント

Googleアナリティクスの利用には、Googleアカウントが必要です。すでにGoogleのアカウントを持っている場合は、そのアカウントでアナリティクスを利用できます。アカウントを持っていない場合や、いちから作る場合には、手順3の画面の下部にある＜アカウントを作成＞をクリックすると、アカウントの作成に進むことができます。

ヒント Googleにログインしている場合

すでにGoogleアカウントにログインしている場合は、手順2で＜アカウントを作成＞ボタンをクリックすると、パスワード入力画面が表示されます。その場合は、パスワードを入力して、＜ログイン＞をクリックします。

メモ FC2アクセス解析の結果を時間別や月別に確認する

左ページの手順3の画面では、アクセス状況別に結果を集計することもできます。「時間別」では、1日の中の時間ごとのアクセス数の確認が可能です。また、「訪問者」からは、訪問者の使用しているOSやブラウザ、地域などを見ることができます。

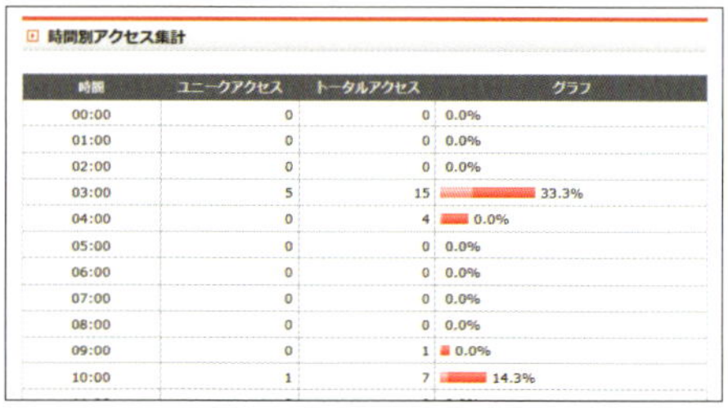
時間別アクセス集計

時間	ユニークアクセス	トータルアクセス	グラフ
00:00	0	0	0.0%
01:00	0	0	0.0%
02:00	0	0	0.0%
03:00	5	15	33.3%
04:00	0	4	0.0%
05:00	0	0	0.0%
06:00	0	0	0.0%
07:00	0	0	0.0%
08:00	0	0	0.0%
09:00	0	1	0.0%
10:00	1	7	14.3%

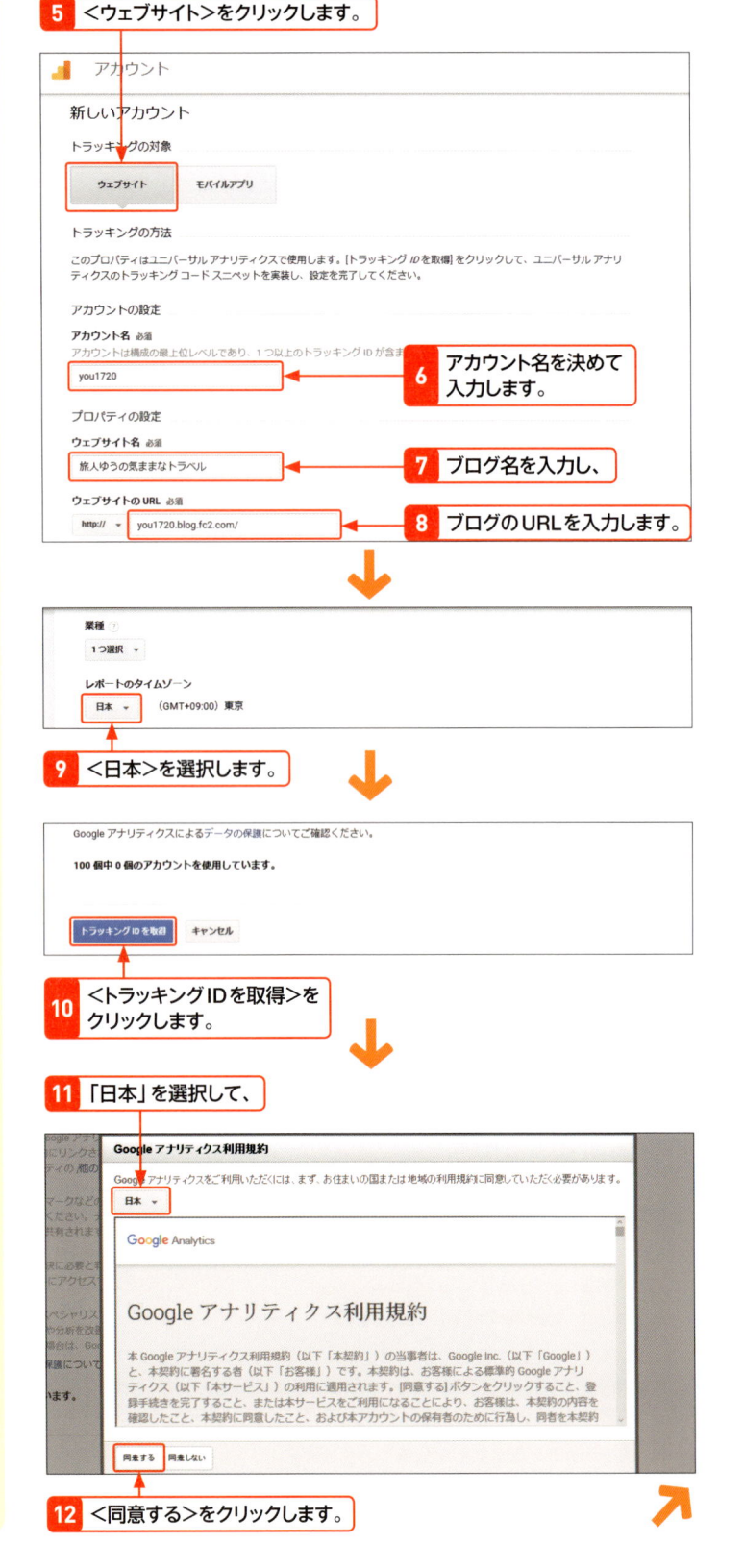

5 <ウェブサイト>をクリックします。

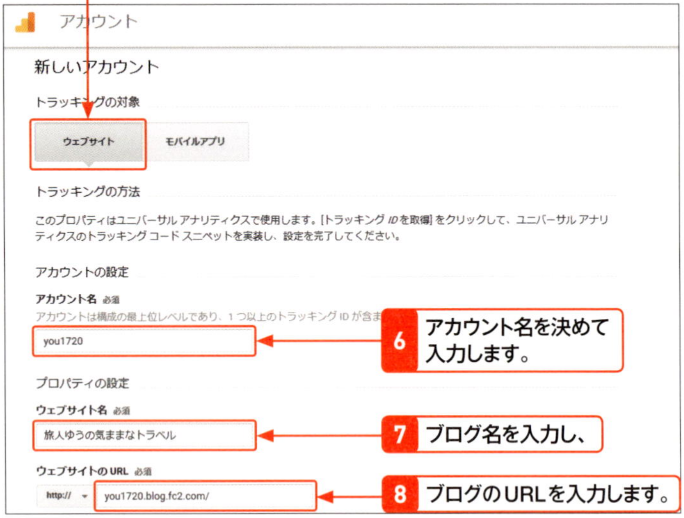

6 アカウント名を決めて入力します。

7 ブログ名を入力し、

8 ブログのURLを入力します。

9 <日本>を選択します。

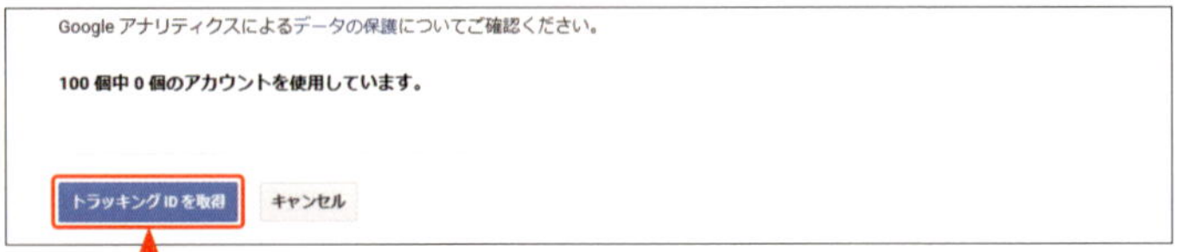

10 <トラッキングIDを取得>をクリックします。

11 「日本」を選択して、

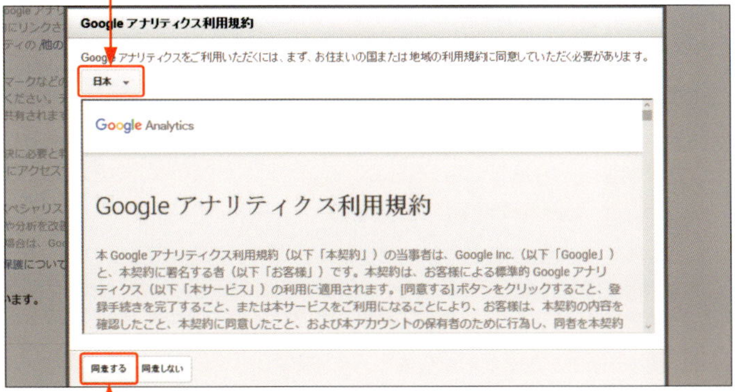

12 <同意する>をクリックします。

ヒント タイムゾーンを切り替える

「レポートのタイムゾーン」は、初期設定では「アメリカ合衆国」が選択されています。日本時間でのアクセス状況を確認するためには、ドロップダウンリストから「日本」を選択します。

ヒント データ共有設定

「データ共有設定」は、アクセス解析によって得られたデータを、Googleアナリティクスのサービス改善などのために提供するかどうかを選択できます。とくにこだわりがない場合は、初期設定のままでも構いません。

メモ 利用規約

規約の確認画面では、最初に左上のドロップダウンリストで地域を選択します。日本国内で利用する場合、「日本」を選択すれば日本語の規約が表示されるので、内容を確認してから<同意する>をクリックします。

13 表示されるコードをコピーします。

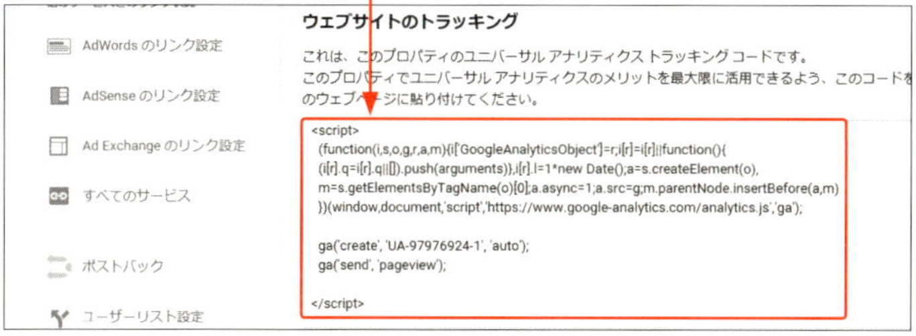

14 FC2ブログでメインメニューの<テンプレート[PC]>をクリックします。

15 「○○のHTML編集」の"<body>"の後ろの行に、コピーしたコードを貼り付けます。

16 <更新>をクリックします。

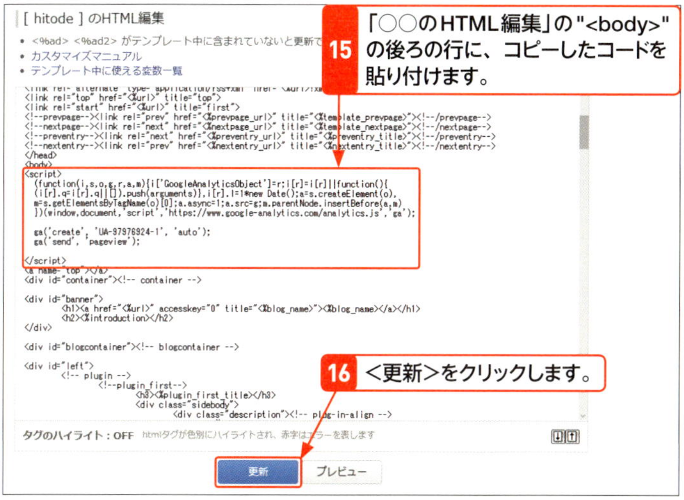

ヒント コードが表示される場所

Googleアナリティクスへの登録が完了すると、最初に管理画面が表示されます。手順13のコードは、管理画面を下にスクロールした場所にある「ウェブサイトのトラッキング」に表示されています。

4 Googleアナリティクスの解析結果を確認する

1 Googleアナリティクス（https://analytics.google.com/analytics/web）にアクセスします。

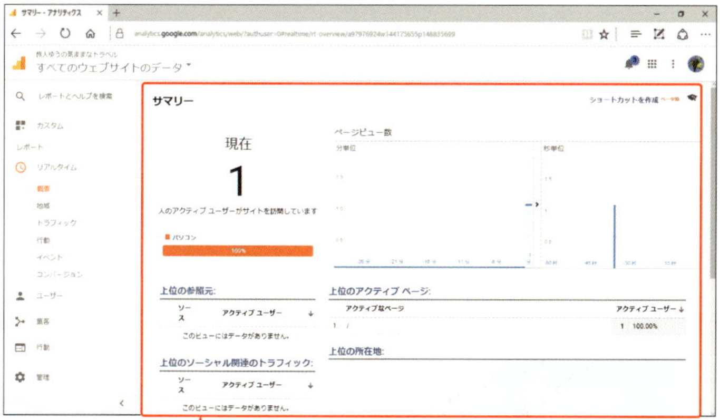

2 アクセス解析の結果が表示されます。

メモ Googleアナリティクスで確認できるデータ

Googleアナリティクスでは、日ごとや時間ごとのアクセス数や、アクセスした人の属性、サイトへの滞在時間など、さまざまなデータの計測が可能です。具体的な使い方は、Googleアナリティクスのヘルプページ（https://support.google.com/analytics）から確認できます。

Section 64

アフィリエイトのコツを知ろう

✔キーワード
- ▶アフィリエイトのコツ
- ▶広告
- ▶キャンペーン

広告をやみくもにブログに載せるだけでは、成果につなげるのは難しいかもしれません。アフィリエイトを効果的に運用するためには、「何をすればよいのか」を知ることが大切です。キャンペーンを利用するなど、初心者でも実践しやすいアフィリエイトのコツを覚えておきましょう。

1 アフィリエイトのコツ

こまめに更新する

繰り返しブログを訪問してくれる人を増やすためには、きちんと更新することが欠かせません。毎日の更新が難しい場合でも、目標の更新頻度を決めて、定期的に更新するように心がけましょう。FC2ブログの場合、1か月以上更新がないと、トップページにブログと無関係な広告が表示されるようになります。そうした場合は、新しく記事を投稿すれば、広告は表示されなくなります。

ASPのキャンペーンを活用する

ASPには、期間限定で特定の商品の報酬額が上がるキャンペーンや、モニターとして商品をもらってレビューできるキャンペーンなどを行っているものもあります。こうしたキャンペーンを行っている場合は、積極的に活用してもよいでしょう。

第7章 アフィリエイトを利用しよう

第8章

気になるQ&A

Section 65

ユーザー名やブログの名前を変えたい

✔キーワード
- ユーザー名
- ブログの名前
- ブログのジャンル

ブログに表示されるユーザー名やブログ名は変更することが可能です。メインメニューの＜環境設定＞をクリックして、「ユーザー情報の設定」から、それぞれ変更できます。また、タイトル下に表示されるブログの説明文や登録ジャンル、プロフィールなども同じ画面で変更できます。

1 ユーザー名を変更する

メモ ユーザー名

ユーザー名は、ブログの「プロフィール」欄に表示されます。ユーザー名を変更した場合でも、プロフィールには変更が自動で反映されます。プロフィールは、専用のプラグインを設定することで表示できます（Sec.09、29参照）。

ヒント ブログIDは変更できない

ユーザー名やブログ名はこの節で紹介する方法で変更可能ですが、ブログIDは登録時に設定したものから変えられません。URLを変えたいなど、どうしてもブログIDを変更したい場合は、新しくブログを用意して、新たに利用し直しましょう（新しいブログの用意についてはSec.71参照）。

1 メインメニューの＜環境設定＞をクリックします。

2 新しいユーザー名を入力します。

3 ＜更新＞をクリックします。

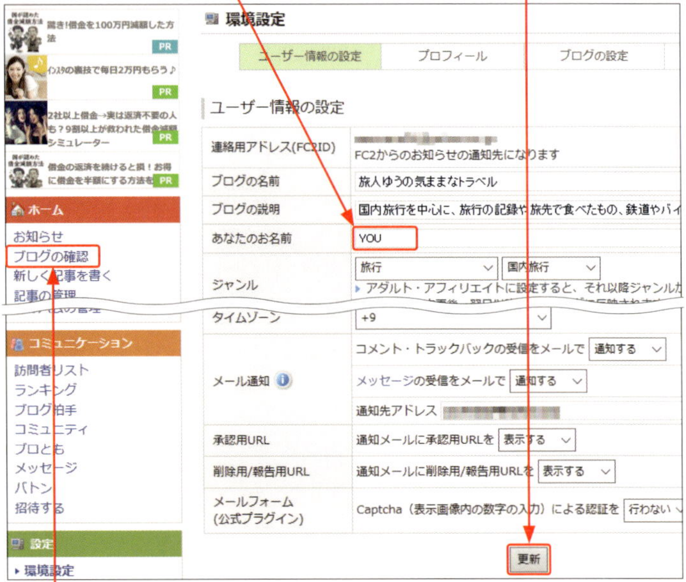

4 ＜ブログの確認＞をクリックします。

5 ブログに新しいユーザー名が表示されます。

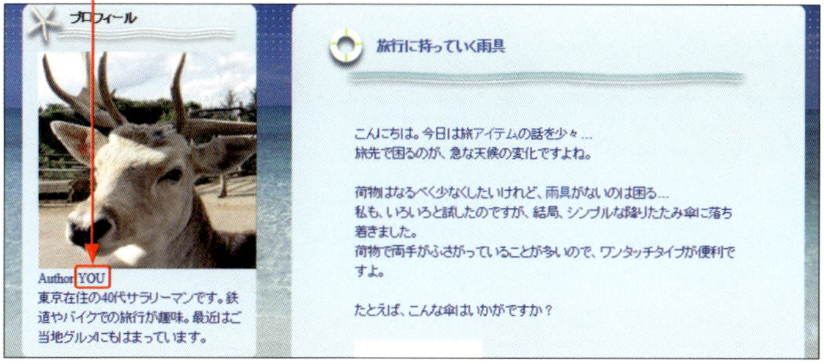

2 ブログの名前を変更する

1 メインメニューの<環境設定>をクリックします。

2 新しいブログ名を入力します。

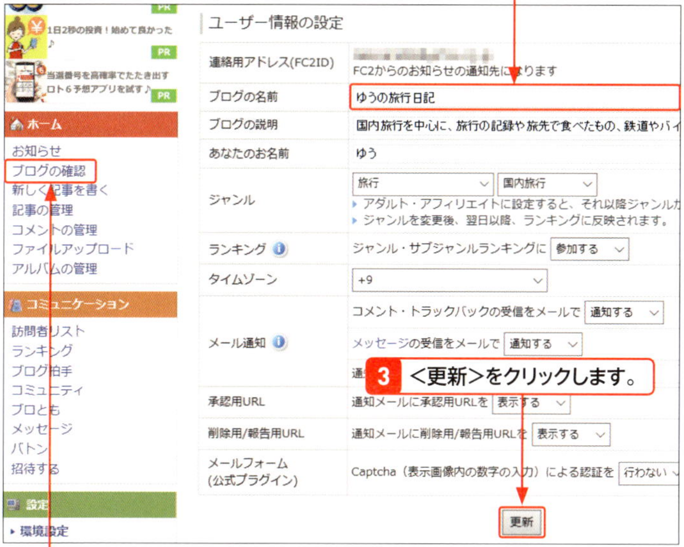

3 <更新>をクリックします。

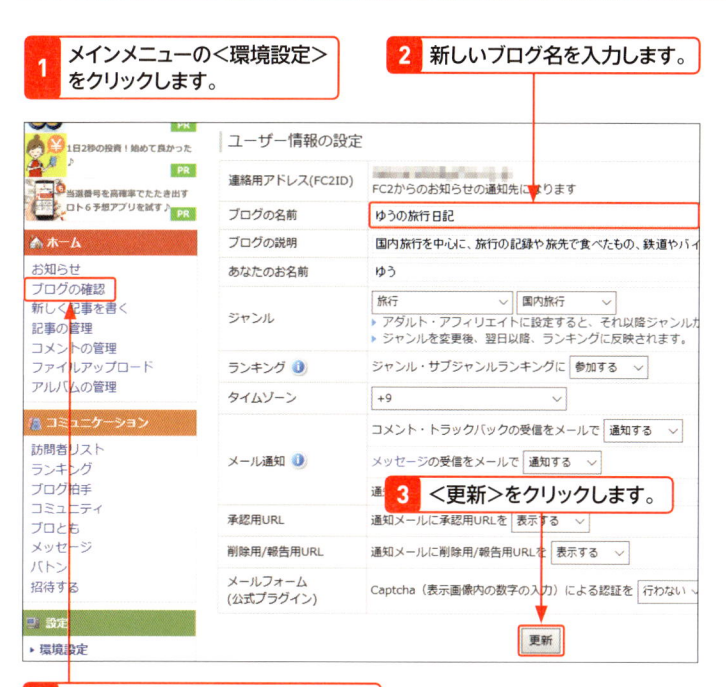

4 <ブログの確認>をクリックします。

5 新しいブログ名が表示されます。

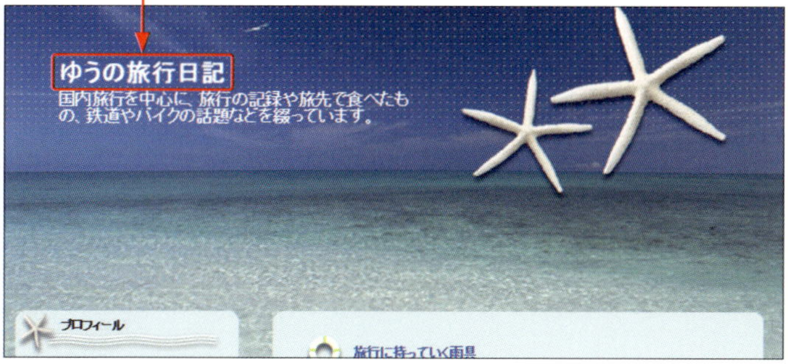

ヒント プロフィールを変更する

プロフィール自己紹介文や写真を変更したいときは、メインメニューの<環境設定>でクリックし、<プロフィール>をクリックします（Sec.09参照）。

ステップアップ ブログの説明やジャンルを変更する

手順2の画面からは、ブログ名の下に表示されるブログの説明や、ブログのジャンルを変更することもできます。
ブログの説明文を変更する場合は、「ブログの説明」の入力欄の内容を編集して、<更新>をクリックします。ジャンルを変更する場合は、「ジャンル」のドロップダウンリストをクリックし、ジャンルをクリックして、<更新>をクリックします。

Section 66

パスワード／メールアドレスを忘れた

✔キーワード
- パスワード
- ログインID
- 秘密の質問

FC2ブログにログインする際に使用するパスワードを忘れてしまった場合でも、「秘密の質問」が登録されていれば、再設定が可能です。ログインID（メールアドレス）がわからない場合は、問い合わせフォームから問い合わせを行う必要があります。

1 パスワードを再設定する

メモ パスワードを忘れた場合

パスワードを忘れたときの再設定方法は、「秘密の質問」を登録しているかどうかによって異なります。「秘密の質問」を登録しており、その回答を覚えている場合は、質問の答えと登録した郵便番号を入力することで、パスワードの再設定が可能です。
「秘密の質問」を登録していない場合は、FC2にパスワード再送の依頼メールを送り、パスワードを再送してもらうことができます。

1 FC2ブログのログイン画面を表示します（14ページ参照）。

2 ＜ID、パスワードを忘れた＞をクリックします。

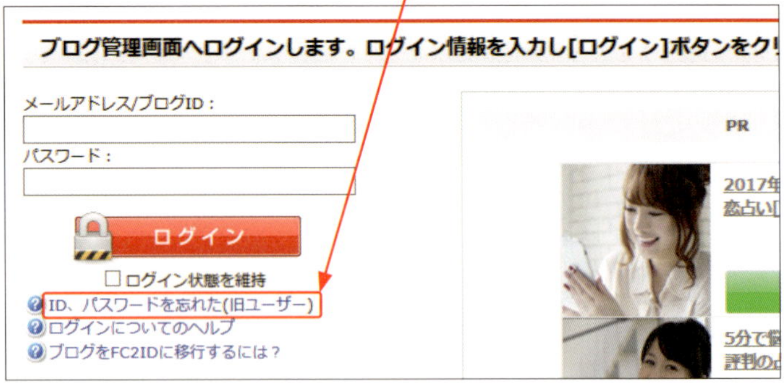

3 ＜パスワードを更新する＞をクリックします。

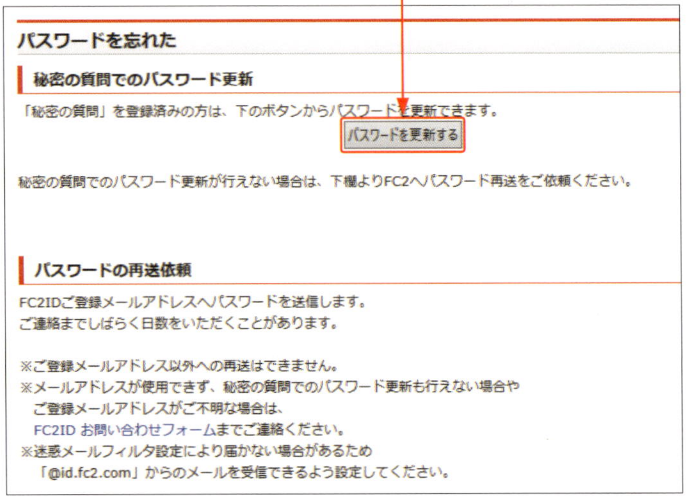

パスワードを忘れた
秘密の質問でのパスワード更新
「秘密の質問」を登録済みの方は、下のボタンからパスワードを更新できます。
パスワードを更新する
秘密の質問でのパスワード更新が行えない場合は、下欄よりFC2へパスワード再送をご依頼ください。
パスワードの再送依頼
FC2IDご登録メールアドレスへパスワードを送信します。
ご連絡までしばらく日数をいただくことがあります。
※ご登録メールアドレス以外への再送はできません。
※メールアドレスが使用できず、秘密の質問でのパスワード更新も行えない場合や
ご登録メールアドレスがご不明な場合は、
FC2ID お問い合わせフォームまでご連絡ください。
※迷惑メールフィルタ設定により届かない場合があるため
「@id.fc2.com」からのメールを受信できるよう設定してください。

4 登録したメールアドレスを入力します。

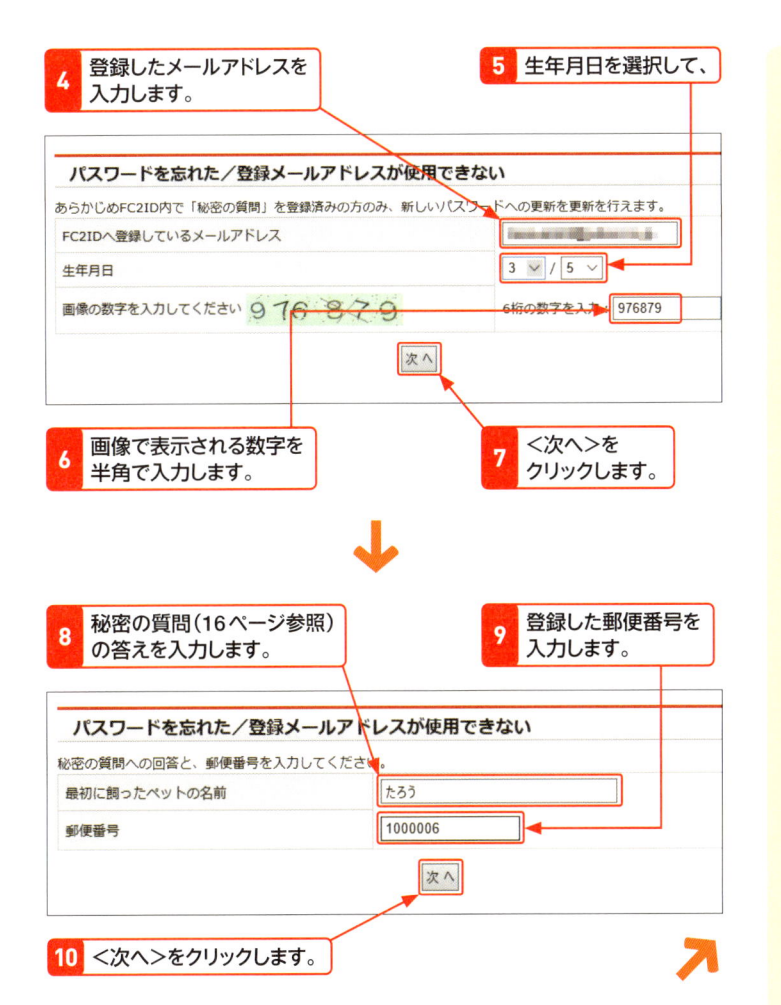

5 生年月日を選択して、

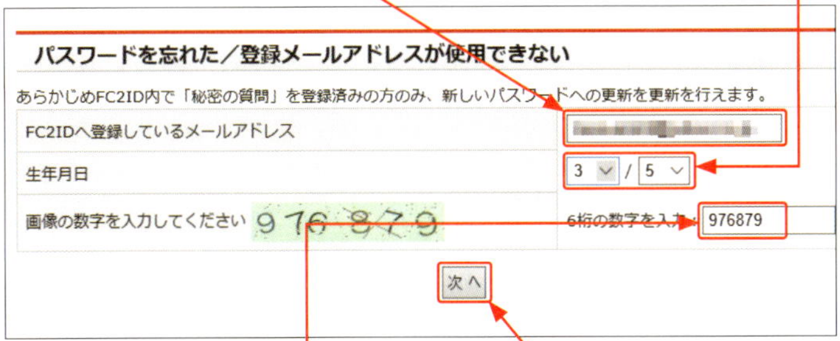
パスワードを忘れた／登録メールアドレスが使用できない
あらかじめFC2ID内で「秘密の質問」を登録済みの方のみ、新しいパスワードへの更新を更新を行えます。
FC2IDへ登録しているメールアドレス
生年月日
3 / 5
画像の数字を入力してください
976879
6桁の数字を入力
976879
次へ

6 画像で表示される数字を半角で入力します。

7 <次へ>をクリックします。

8 秘密の質問（16ページ参照）の答えを入力します。

9 登録した郵便番号を入力します。

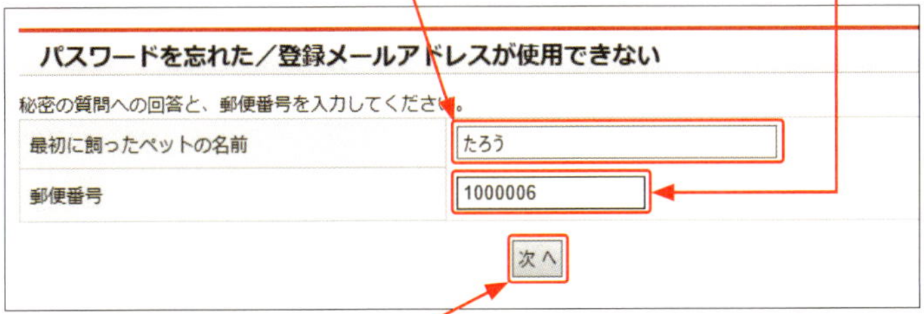
パスワードを忘れた／登録メールアドレスが使用できない
秘密の質問への回答と、郵便番号を入力してください。
最初に飼ったペットの名前
たろう
郵便番号
1000006
次へ

10 <次へ>をクリックします。

ヒント 郵便番号

秘密の質問の答えと一緒に送信する郵便番号は、アカウント作成時に登録したものを入力します。秘密の質問や登録した郵便番号を忘れた場合は、左のパスワード更新ができません。その場合は、「パスワード再送依頼」を送信して、パスワードを受け取ります（下記「ヒント」参照）。

ヒント 秘密の質問を設定しなかった場合

パスワードの再設定は、アカウント作成時に「秘密の質問」（16ページ参照）を登録した場合のみ可能です。秘密の質問を設定しなかった場合や、質問の答えを忘れてしまった場合は、メールでパスワードを送信してもらいます。左ページの手順**3**の画面で、「パスワード再送依頼」のメールアドレス欄にメールアドレスを入力して、<送信>をクリックします。折り返しFC2から、パスワードが記載されたメールが送られてきます。

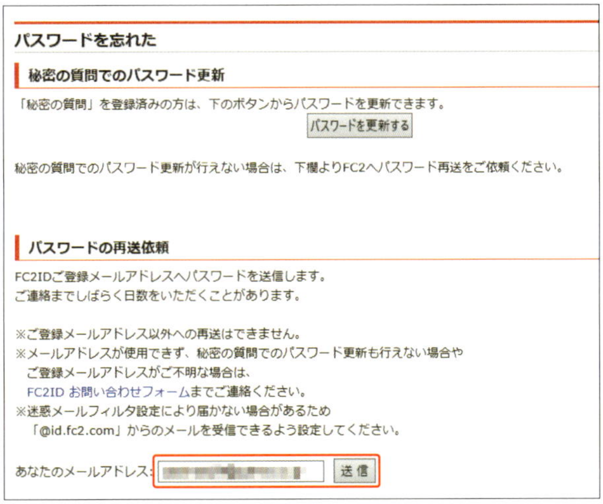
パスワードを忘れた
秘密の質問でのパスワード更新
「秘密の質問」を登録済みの方は、下のボタンからパスワードを更新できます。
パスワードを更新する
秘密の質問でのパスワード更新が行えない場合は、下欄よりFC2へパスワード再送をご依頼ください。
パスワードの再送依頼
FC2IDご登録メールアドレスへパスワードを送信します。
ご連絡までしばらく日数をいただくことがあります。
※ご登録メールアドレス以外への再送はできません。
※メールアドレスが使用できず、秘密の質問でのパスワード更新も行えない場合や
ご登録メールアドレスがご不明な場合は、
FC2ID お問い合わせフォームまでご連絡ください。
※迷惑メールフィルタ設定により届かない場合があるため
「@id.fc2.com」からのメールを受信できるよう設定してください。
あなたのメールアドレス
送信

ヒント 設定できないパスワード

手順11では新たにパスワードを設定し直します。パスワードは、8文字以上で、英字と数字を組み合わせたものにする必要があります。7文字以下の短いパスワードや、英字だけ、数字だけのものは登録できないので注意しましょう。

メモ FC2ブログにログインし直す

手順12で新しいパスワードを登録したら、新たなパスワードでFC2ブログにログインし直します。手順13に移る前にタブやブラウザを閉じてしまった場合は、FC2ブログのログインページ（https://fc2.com/login.php?ref=blog）にアクセスすると手順14の画面を表示できます。

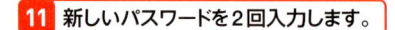

11 新しいパスワードを2回入力します。

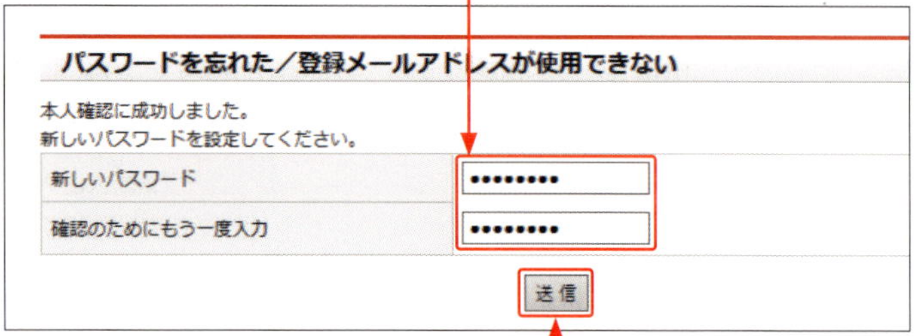

12 <送信>をクリックします。

13 <FC2IDへログイン>をクリックします。

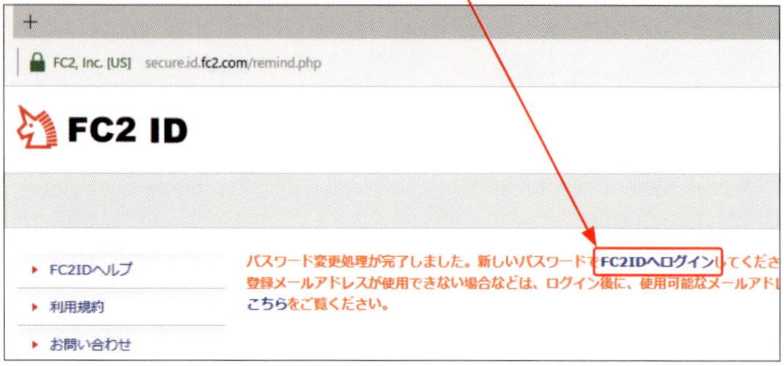

14 新しく設定したパスワードを利用してログインします。

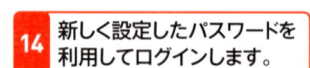

2 メールアドレスを忘れた場合

1 204ページの手順3の画面を表示します。

2 ＜FC2 IDお問い合わせフォーム＞をクリックします。

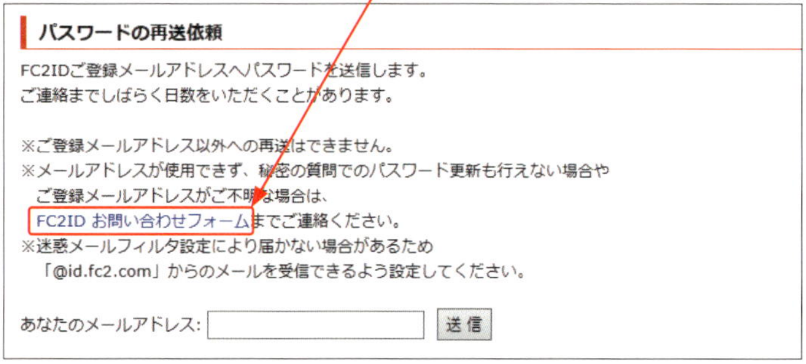

3 画面を下にスクロールし、＜FC2ID（ログイン、決済／FC2ポイント購入）についてはこちら＞をクリックします。

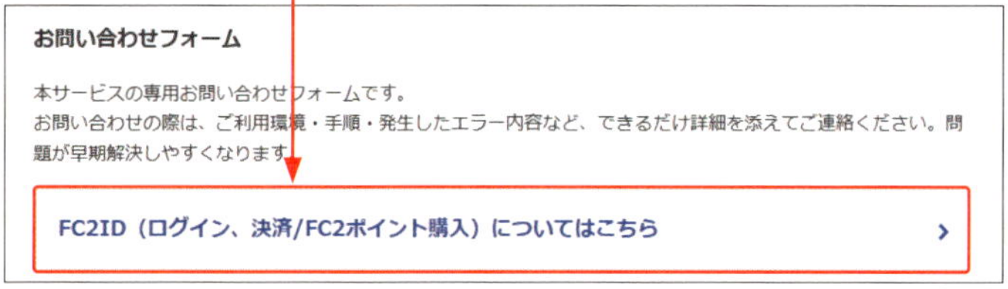

4 必要事項を入力して、

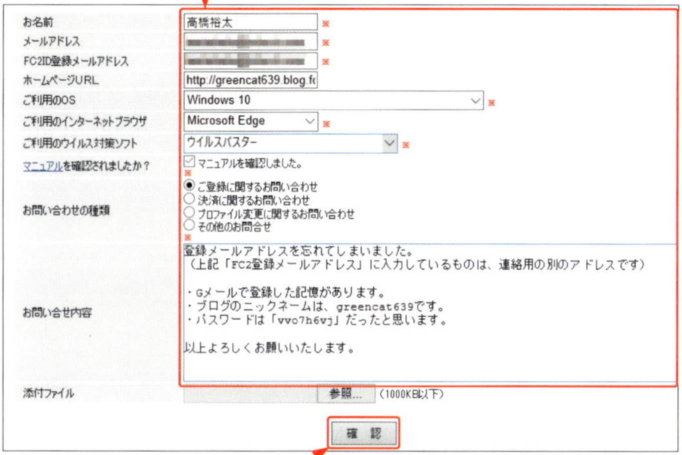

5 ＜確認＞をクリックします。

6 ＜送信＞をクリックします。

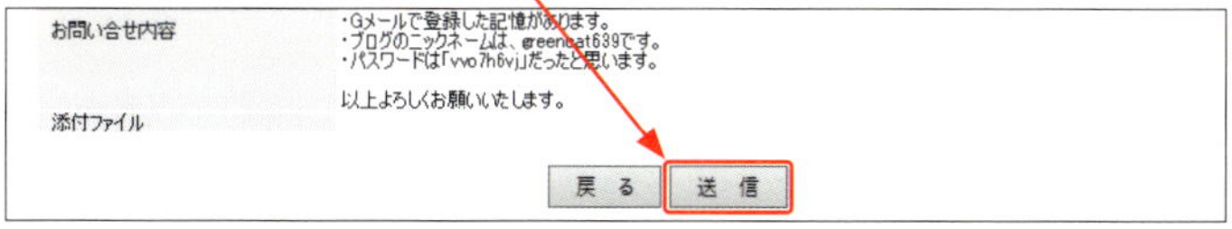

ヒント 登録したメールアドレスで探す

登録したメールアドレスには、登録完了時の確認メールやFC2からのお知らせが届きます。メールアドレスがわからないときは、受信メールの履歴を「FC2」などのキーワードで検索してみるとよいでしょう。過去にメールが届いていれば、そのアドレスが登録されている可能性があります。

ヒント フォームの入力内容

「お問い合わせフォーム」では、名前や連絡用のメールアドレス、ブログのURLなどを入力し、「お問い合わせ内容」の入力欄に、登録したメールアドレスを忘れた旨と、パスワード、ブログのユーザー名といった、現在わかっている情報を記載して送信します。なお、「FC2ID登録メールアドレス」が空欄だとフォームを送信できないため、別のメールアドレスを入力しておき、「問い合わせ内容」に、「上記は登録アドレスではない」ことを記載しておきましょう。

Section 67

一部の人にだけブログを公開したい

✓キーワード
- アクセス制限
- 公開設定
- パスワード

通常の状態では、ブログは誰でも自由に閲覧できる状態になっています。特定の人だけがブログを読めるようにしたい場合は、アクセス制限の設定を行いましょう。設定すると、ブログのトップページにアクセスするとパスワードの入力を求められるようになります。

1 ブログにパスワードを設定する

1 メインメニューの<環境設定>をクリックします。

2 <ブログの設定>にマウスカーソルを合わせ、

3 <アクセス制限の設定>をクリックします。

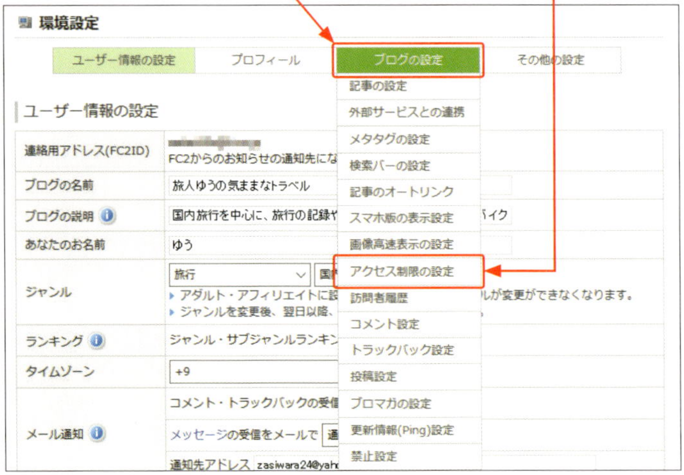

キーワード アクセス制限

FC2ブログでは、ブログにパスワードを設定して、パスワードを知っている人だけが閲覧できるようにすることができます。本項で紹介しているブログ全体に制限をかける方法のほか、特定の記事だけに制限をかける方法もあります(Sec.68参照)。

メモ 公開設定の違い

右ページの手順4の画面では、「公開設定」を選択します。「公開設定」では、ブログ全体の公開方法を設定することができます。設定を「公開」にすると、誰でもブログを閲覧することができます。「プライベート」を選択すると、ブログ全体にパスワードを設定して、閲覧を制限することができます、

4 <プライベート>を選択して、

5 パスワードを決めて入力します。

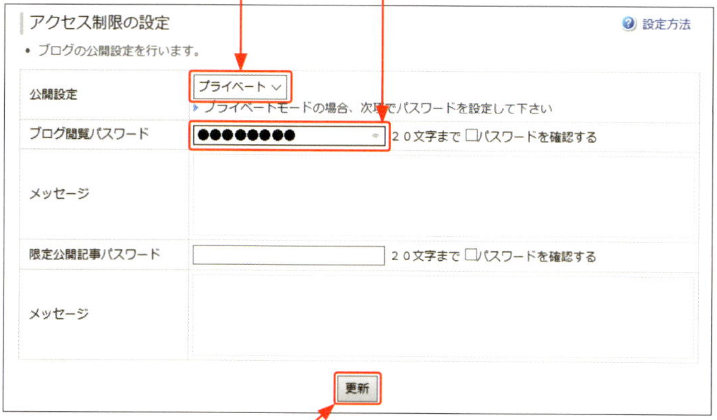

6 <更新>をクリックします。

ほかの人がブログを閲覧しようとすると、パスワードの入力を求められます。手順**5**で設定したパスワードを入力して、<ブログを見る>をクリックすると、ブログが表示されます。

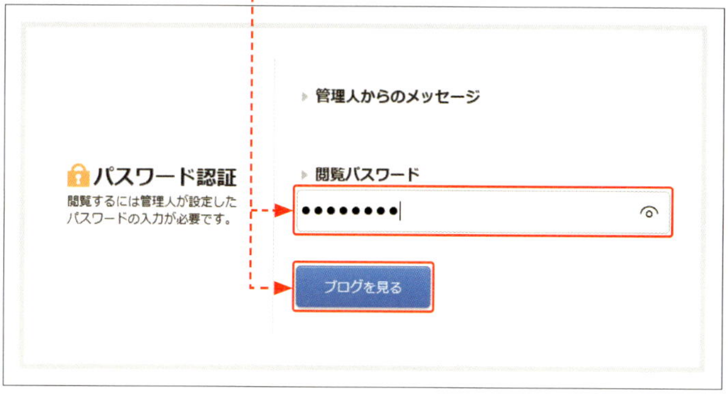

ヒント 入力したパスワードを確認する

手順**5**で「パスワードを確認する」にチェックを入れると、パスワード欄に入力した文字列が表示されます。入力ミスを防止するため、<更新>ボタンをクリックする前に表示して確認するとよいでしょう。

ヒント アクセス制限を解除する

ブログのアクセス制限を解除して、誰でも閲覧できる状態に戻したいときは、再度手順**4**の画面を表示し、「アクセス制限の設定」の公開設定で「公開」を選択して、<更新>をクリックします。

ステップアップ メッセージを設定する

アクセス制限をする際に、パスワード入力画面に表示するメッセージを設定できます。手順**5**のあとに、「メッセージ」の入力欄に表示したい内容を入力してから、<更新>をクリックします。設定したメッセージは、上の画像の「管理人からのメッセージ」に表示されます。

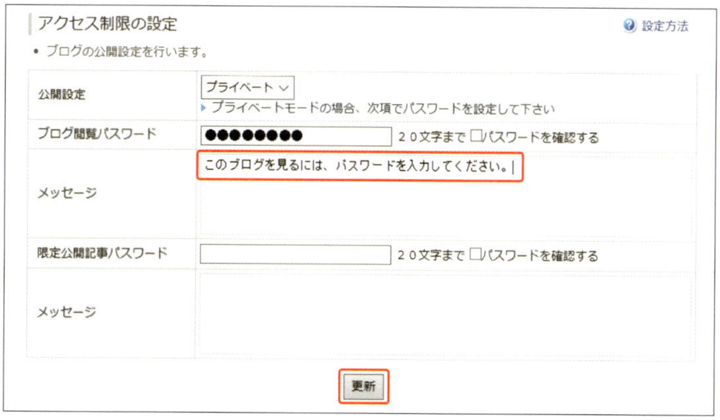

Section 68

非公開の記事を作りたい

✓キーワード
- アクセス制限
- 限定公開記事
- パスワード

ブログ全体ではなく一部の記事だけを非公開にしたい場合は、閲覧にパスワードが必要な限定公開記事にしましょう。限定公開にした記事は、閲覧画面の記事一覧にはタイトルのみが表示され、あらかじめ設定したパスワードを入力することで内容の閲覧が可能になります。

1 アクセス制限の設定をする

キーワード 限定公開記事

閲覧時にパスワードの入力が必要な記事のことです。「環境設定」画面でパスワードの設定を行った上で、投稿画面で「限定公開」を選択することで設定できます。

ヒント 入力したパスワードを確認する

手順4の画面で、「限定公開記事パスワード」の横の「パスワードを確認する」にチェックを入れると、黒丸で隠されているパスワードが表示されます。

ヒント メッセージを設定する

手順4の画面では、パスワード入力画面に表示されるメッセージを設定できます。「限定公開記事パスワード」の下の「メッセージ」入力欄に、メッセージを入力して、＜更新＞をクリックすると、メッセージが設定されます。設定されたメッセージは右ページの手順5の画面に表示されます。

1 メインメニューの＜環境設定＞をクリックします。

2 ＜ブログの設定＞にマウスカーソルを合わせ、

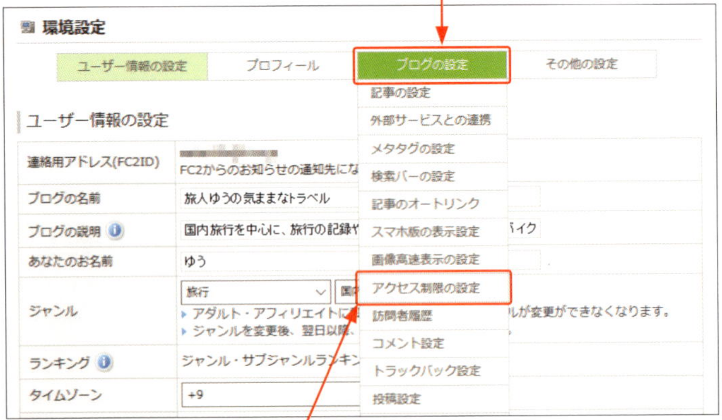

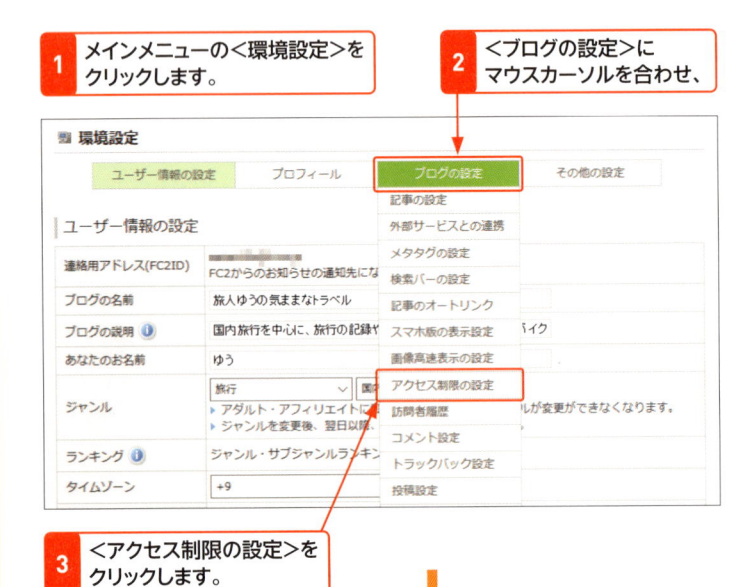

3 ＜アクセス制限の設定＞をクリックします。

4 パスワードを決めて入力します。

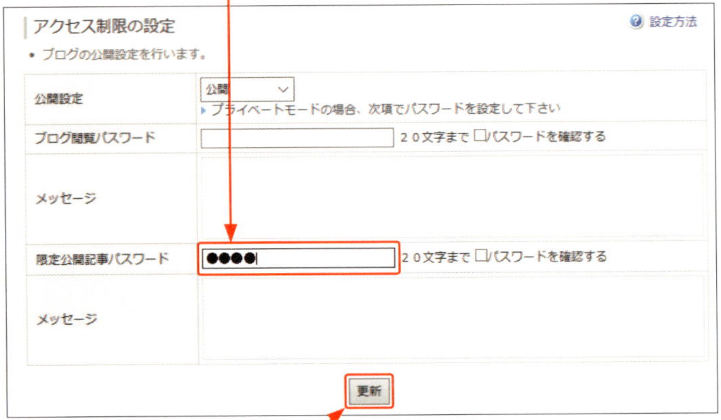

5 ＜更新＞をクリックします。

第8章 気になるQ&A

2 限定公開の記事を投稿する

1 投稿画面を表示して、記事を編集します（Sec.12参照）。

2 「限定公開」にチェックを入れます。

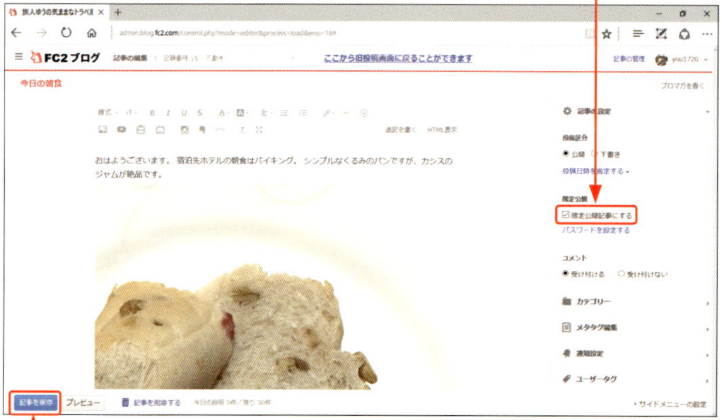

3 <記事を保存>をクリックします。

ほかの人がパスワードを設定した記事を閲覧しようとすると、パスワードの入力を求められます。

4 <パスワード入力>をクリックします。

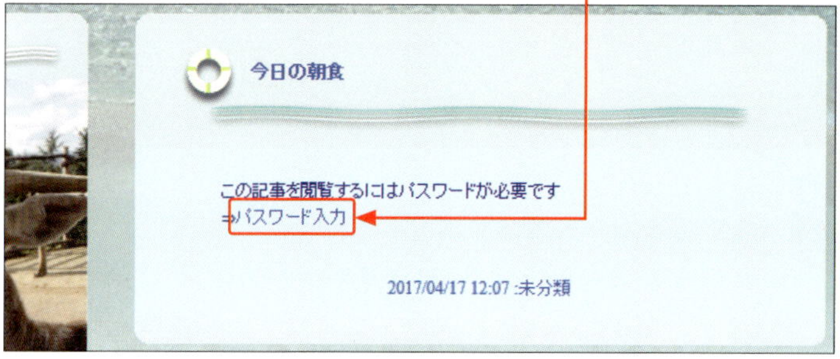

5 パスワードを入力して、

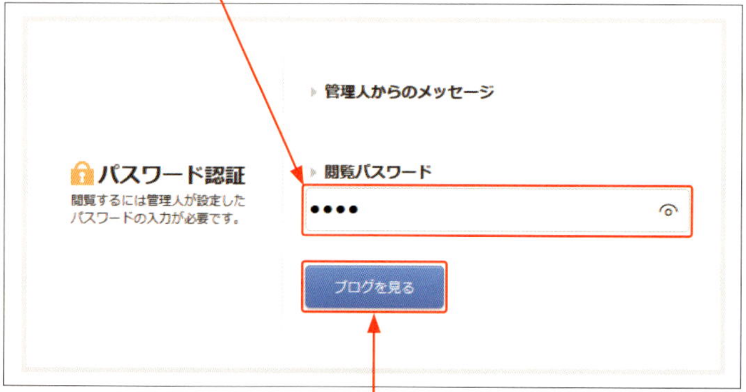

6 <ブログを見る>をクリックします。

ヒント 限定記事を自分で確認する場合

FC2ブログにログインした状態で自分のブログを閲覧すると、限定公開の記事もパスワードの入力をせずに表示できます。限定公開の設定がきちんと行えているか確認したい場合は、一度FC2ブログからログアウトしてから、改めて自分のブログを表示しましょう。

ヒント 限定公開記事もタイトルは表示される

ブログの最新記事一覧などでは、限定公開記事もほかの記事と同じようにタイトルが表示されます。公開記事と限定記事を一覧上で区別したい場合は、記事タイトルに「限定」の文字を入れるなどの工夫が必要です。

Section 69

スパムコメントの対策をしたい

✔キーワード
- ▶スパム
- ▶禁止IP・ホスト
- ▶禁止ワード

ブログのコメント欄に、宣伝や誹謗中傷などの迷惑なコメントが繰り返し投稿される場合、ユーザーを指定してコメントの投稿を拒否することができます。また禁止する言葉を登録することで、その言葉が含まれるコメントを拒否することもできます。

1 スパムコメントをしている投稿者を拒否する

メモ ホストの拒否

ここでは、コンピューターなどの端末ごとに割り当てられたIPアドレスという数字を判別して、特定のホストからの投稿を拒否する設定をしています。迷惑なコメントを投稿したホストを拒否すれば、今後は同じホストからの投稿をすべて拒否できるようになります。

ヒント 禁止設定を解除する

誤って拒否設定をしてしまった場合は、メインメニューの＜環境設定＞→＜ブログの設定＞→＜禁止設定＞の順にクリックして、「ブラックリスト」を表示します。「禁止IP・ホスト」の欄に入力されているIPアドレスを削除して＜更新＞をクリックすれば、拒否設定を解除できます。

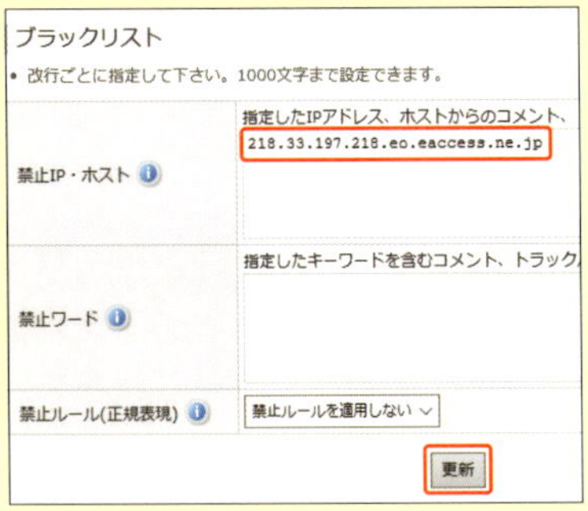

1 メインメニューの＜コメント＞をクリックします。

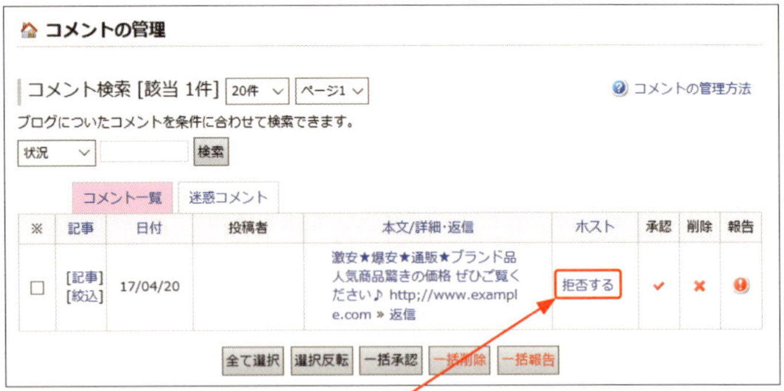

2 投稿者を拒否するコメントの＜拒否する＞をクリックします。

3 ＜OK＞をクリックします。

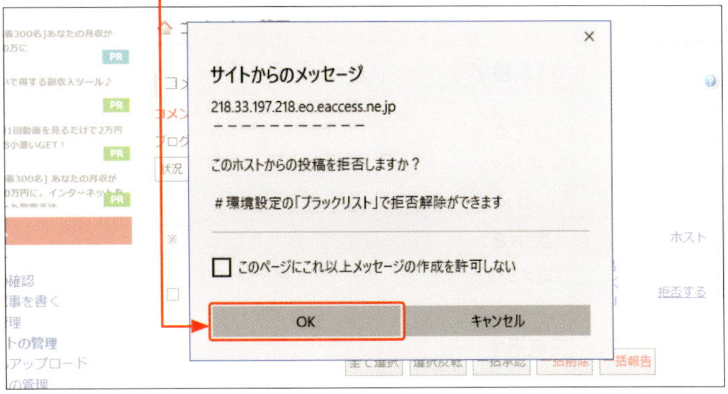

2 禁止ワードを設定する

1 メインメニューの<環境設定>をクリックします。

2 <ブログの設定>にマウスカーソルを合わせて、

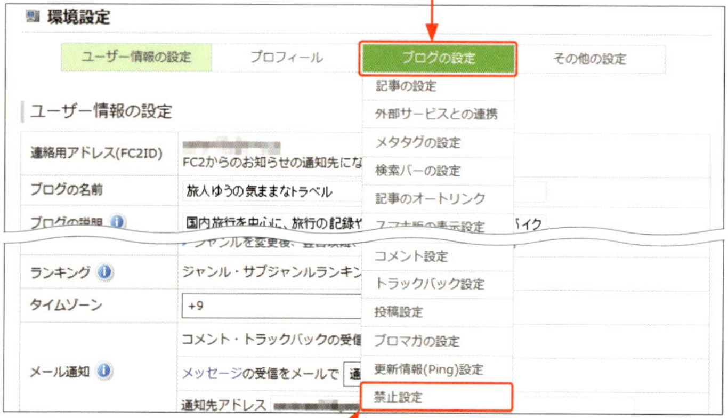

3 <禁止設定>をクリックします。

4 投稿を禁止したいキーワードを入力して、

5 <更新>をクリックします。

メモ 禁止ワードの入力方法

手順4の禁止ワードの入力は、1つの言葉ごとに改行して入力します。禁止ワードを指定することで、その言葉を含むコメントの投稿を拒否できるようになります。

ヒント コメントを受け付けないようにする

コメントそのものを受け付けないようにするには、投稿画面から設定します。投稿画面右のサイドメニューで、「コメント」の<受け付けない>をクリックしてから記事を投稿すると、その記事にコメントすることはできなくなります。サイドメニューに「コメント」が表示されていない場合は、<記事の設定>をクリックして表示させます。

ヒント スパム投稿を報告する

スパム投稿は報告することができます。スパム投稿を報告するには、メインメニューの<コメント>をクリックし、報告したいコメントの❗をクリックします。確認メッセージが表示されたら、<OK>をクリックします。報告したコメントは、「コメントの管理」画面の<迷惑コメント>タブをクリックすると確認でき、投稿日時から90日経過すると自動的に削除されます。

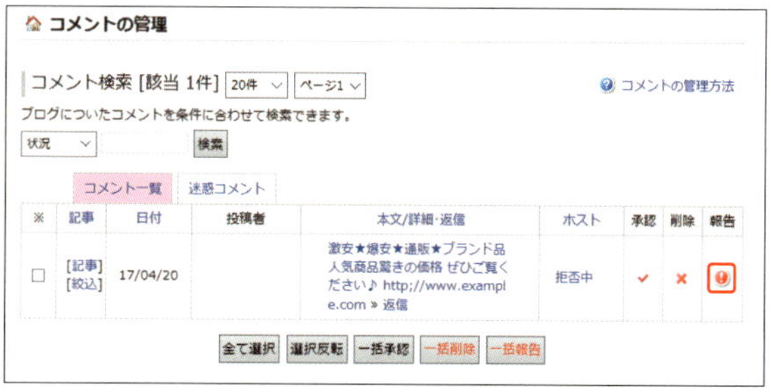

Section 70

登録している メールアドレスを変えたい

✔ キーワード
- メールアドレス
- メールアドレスの変更
- FC2 IDの編集

ログインに使用しているメールアドレスの変更は、FC2 IDのホーム画面から操作を行います。新しいメールアドレスを登録すると、そのアドレスに確認メールが届きます。記載されているリンクをクリックすることで変更が完了し、新しいアドレスでログインできるようになります。

1 メールアドレスを変更する

メモ メールアドレスの変更

ログインに使用しているメールアドレスは、ログイン時に必要になるほか、FC2からのお知らせが送られてきます。登録したメールアドレスを使用しなくなった場合も、忘れずに新しいアドレスへの変更を行いましょう。

1 メインメニューの<FC2 ID>をクリックします。

2 <FC2IDの編集>をクリックします。

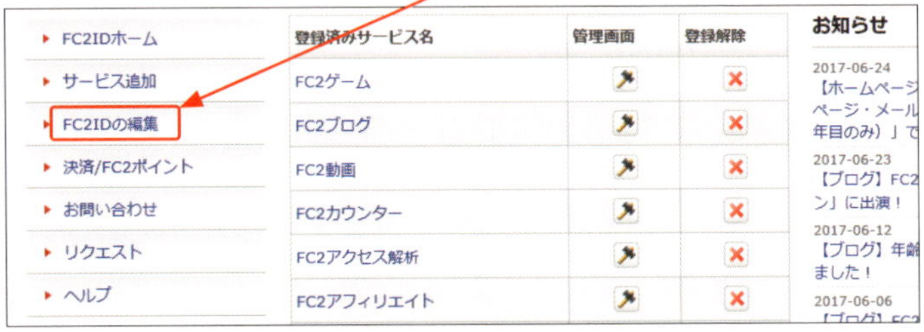

3 パスワードを入力して、

4 <ログイン>をクリックします。

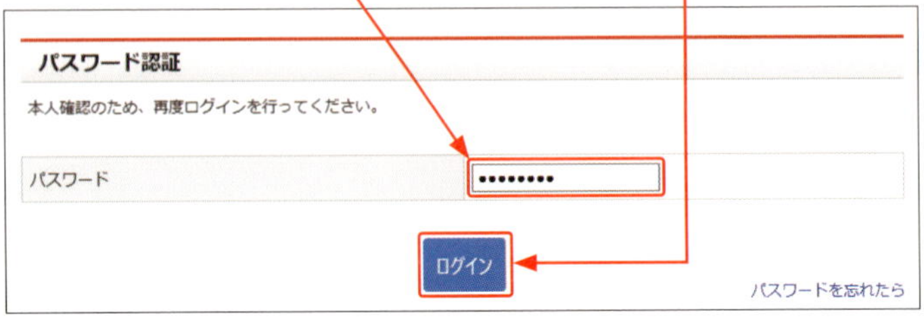

5 <変更>をクリックします。

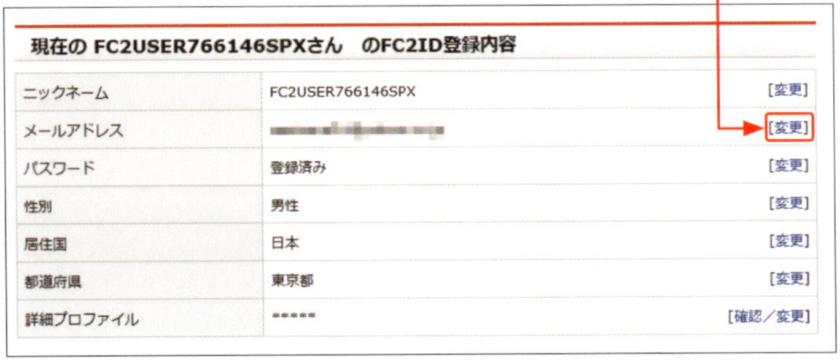

ヒント パスワードがわからない場合

パスワードがわからない場合は、手順3の画面右下の<パスワードを忘れたら>をクリックして、パスワードの再発行を行います。詳しくはSec.66を参照してください。

6 パスワードを入力します。

7 新しいメールアドレスを入力します。

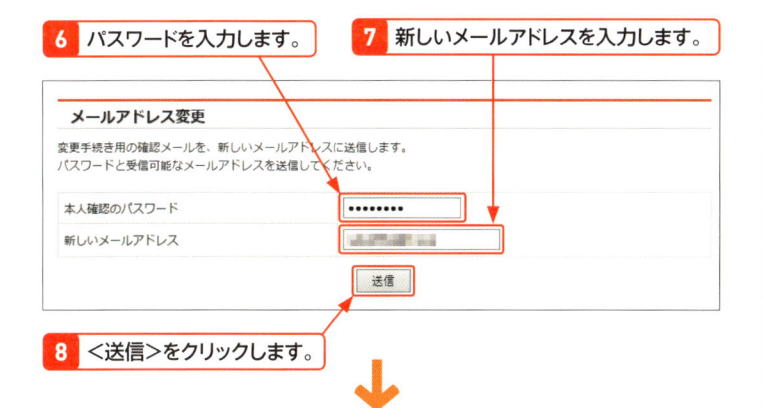

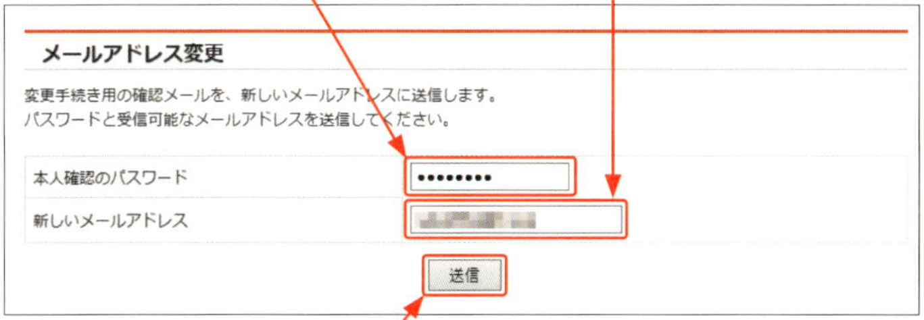
メールアドレス変更
変更手続き用の確認メールを、新しいメールアドレスに送信します。
パスワードと受信可能なメールアドレスを送信してください。
本人確認のパスワード
新しいメールアドレス
送信

8 <送信>をクリックします。

9 FC2から届いたメールを開きます。

FC2 ID
FC2ID メールアドレス変更の案内
FC2USER766146SPX 様
いつもFC2をご利用いただきありがとうございます。

10 メールに記載されているリンクをクリックします。

11 トップページのURLをクリックします。

12 手順**7**で入力したメールアドレスでログインします。

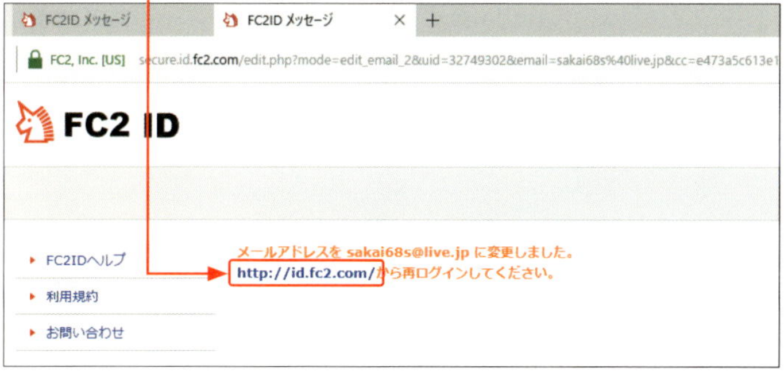
FC2ID メッセージ
FC2, Inc. [US]
secure.id.fc2.com/edit.php?mode=edit_email_2&uid=32749302&email=sakai68s%40live.jp&cc=e473a5c613e1
FC2 ID
FC2IDヘルプ
利用規約
お問い合わせ
メールアドレスを sakai68s@live.jp に変更しました。
http://id.fc2.com/ から再ログインしてください。

ステップアップ メールアドレス以外の登録項目を変更する

左ページの手順**5**の画面では、メールアドレス以外に、パスワードや居住地域の変更も可能です。変更したい項目の<変更>をクリックして、画面が切り替わったら内容を編集します。

ヒント ログイン用のリンク

メールアドレスの変更を完了するには、新しいメールアドレスに送られてくるメールに記載されたリンクから、FC2 IDにログインを行う必要があります。リンクをクリックせずに、ブックマーク等からログインページにアクセスして新しいメールアドレスを入力しても、ログインできないので注意しましょう。

Section

71 複数のブログを持ちたい

✔キーワード
- アカウント
- 複数のブログ
- フリーメール

現在とは異なるテーマで新しいブログを作りたい場合など、FC2ブログで複数のブログを作るには、新たにアカウントを作成する必要があります。1つのメールアドレスで利用できるブログは1つだけなので、Gmailなどの、Web上から利用できる無料のメールサービスを活用すると便利です。

1 新しいアカウントを作成する

メモ 複数のブログを運営する

FC2ブログは、1つのメールアドレスで1つのブログしか開設できません。そのため、複数のブログを持つためには、複数のメールアドレスが必要になります。現在のブログから一度ログアウトして、別のメールアドレスとパスワードを使って新しいアカウントを作成しましょう。

1 <ログアウト>をクリックします。

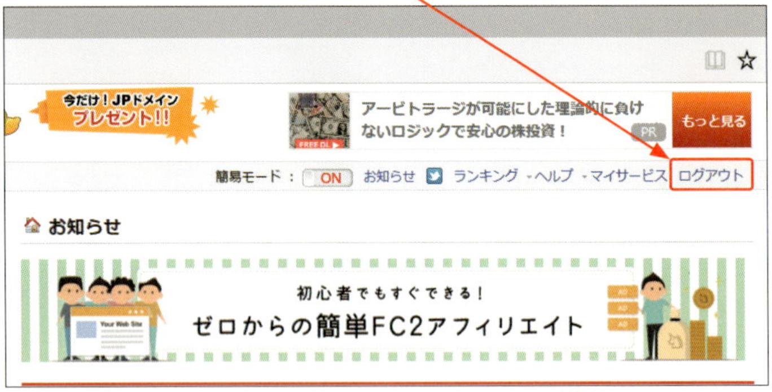

2 <新規登録>をクリックします。

3 現在登録しているものとは別のメールアドレスを使って、アカウントの新規作成を行います（アカウントの作成はSec.02参照）。

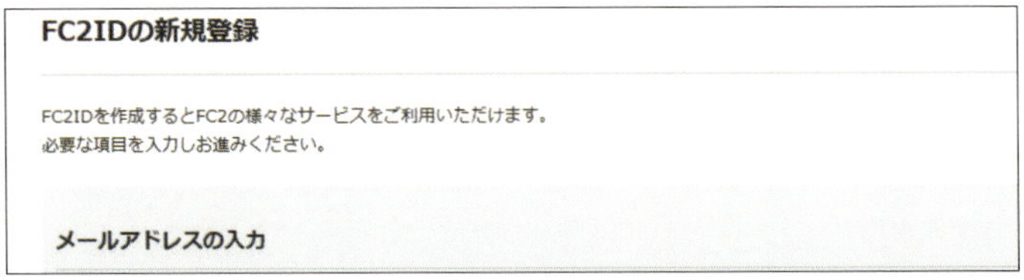

メモ アカウントを切り替える

複数のブログを利用している場合、別のブログの管理画面を表示するためには、片方のアカウントから一度ログアウトして、別のアカウントでログインし直す必要があります。ログインとログアウトの方法については、Sec.03を参照してください。

2 便利な無料のメールサービス

新しいアカウントを作成するためには、メールアドレスを新たに用意する必要があります。その際には、無料でメールアドレスを作成でき、Webサイト上で受信メールの確認が可能なメールサービスが便利です。ここではおもな無料のメールサービスをいくつか紹介します。

Gmail

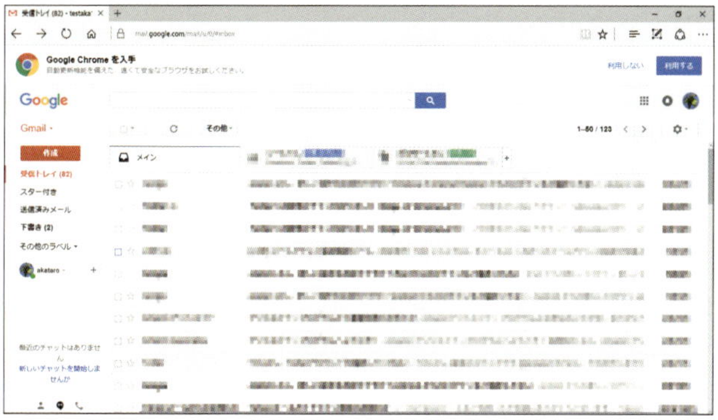

Googleによるメールサービスで、受信したメールを自動的に分類する機能などが用意されています。新規登録する場合は、登録ページ（https://www.google.com/intl/ja/gmail/about）にアクセスし、＜アカウントを作成＞をクリックして、手続きを進めます。

Yahoo!JAPAN メール

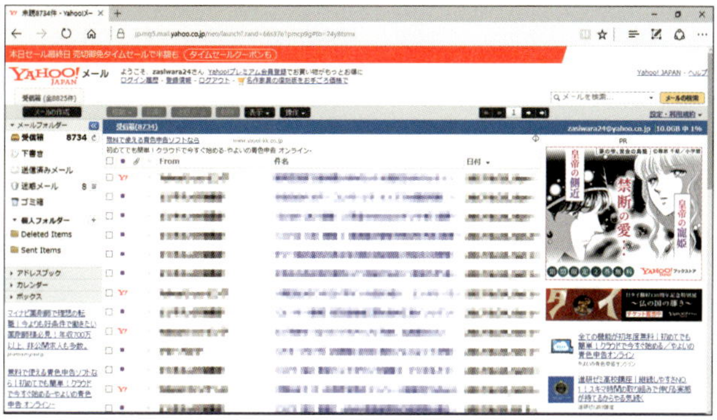

Yahoo!Japanが提供するメールサービスです。新着メール数などは、Yahoo!トップページの「メール」の欄にも表示されます。登録は、Yahoo!JAPANのトップページ（https://www.yahoo.co.jp）から、＜新規取得＞をクリックして行います。

Outlook.com

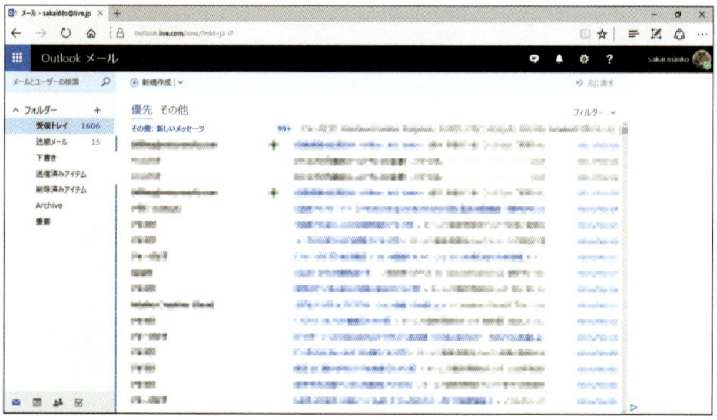

Microsoftによるメールサービスです。Windowsの「People」アプリと連携していることが特徴です。MSNのトップページ（http://www.msn.com/ja-jp）から、＜サインイン＞をクリックし、次の画面で＜作成＞をクリックして登録を行います。

HTML／CSSとは?

✔キーワード
- HTML
- CSS
- プロパティ

HTMLやCSSは、ウェブページの見た目を決めるために使用する言語です。FC2ブログでは、投稿画面をHTML表示に切り替えることによって、記事に特殊な設定をすることができます。また、HTMLやCSSを用いることで、テンプレートのカスタマイズも可能です。

1 HTMLとは

キーワード HTML

HTMLとは、Webサイトの構造を表して、構築するのに利用する言語です。「Hyper Text Markup Language」の頭文字をとってHTMLと呼ばれます。Hyper Text（ハイパーテキスト）とは、複数の文書をリンクさせたもの、マークアップとは文書の各要素に目印をつけることを意味しています。

キーワード タグ

HTMLでは、Webサイト内での書式や画像の設定、ほかのページなどへのリンクなどを指定するために、タグを利用します。多くの場合は、タグ名に< >をつけた開始タグと、</ >をつけた終了タグをセットで使用しますが、段落を表す<p>や、改行をする位置に入れる
のように、終了タグなしで使用するものもあります。

HTML（Hyper Text Markup Language）とは、Webサイトの構造を表すために利用するコンピュータ言語のひとつです。「HTMLタグ」とよばれる記号で指定することによって、タイトルや見出し、段落などを設定できます。

FC2ブログでは、テンプレートの編集画面から使用するテンプレートのHTMLファイルを確認・編集したり、投稿画面を＜HTML表示＞に切り替えて、表を作成するなど、特殊な編集したりすることが可能です。

[summer1] のHTML編集

- <%ad> <%ad2> がテンプレート中に含まれていないと更新できません
- カスタマイズマニュアル
- テンプレート中に使える変数一覧

```
<!DOCTYPE html PUBLIC "-//W3C//DTD XHTML 1.0 Transitional//EN" "http://www.w3.org/TR/xhtml1/DTD/xhtml1-transitional.
dtd">
<html xmlns="http://www.w3.org/1999/xhtml" xml:lang="ja" lang="ja">
<head>
	<meta http-equiv="content-type" content="text/html; charset=<%template_charset>">
	<meta http-equiv="Content-Style-Type" content="text/css" />
	<meta http-equiv="Content-Script-Type" content="text/javascript" />
	<meta name="author" content="<%author_name>" />
	<meta name="description" content="<%introduction>" />
	<title><%blog_name><!--not_index_area--> <%sub_title><!--/not_index_area--></title>
	<link rel="stylesheet" type="text/css" href="<%css_link>" media="all" />
	<link rel="alternate" type="application/rss+xml" href="<%url>?xml" title="RSS" />
	<link rel="top" href="<%url>" title="top" />
	<link rel="index" href="<%url>?all" title="index" />
	<!--prevpage--><link rel="prev" href="<%prevpage_url>" title="<%template_prevpage>" /><!--/prevpage-->
	<!--nextpage--><link rel="next" href="<%nextpage_url>" title="<%template_nextpage>" /><!--/nextpage-->
	<!--preventry--><link rel="next" href="<%preventry_url>" title="<%preventry_title>" /><!--/preventry-->
	<!--nextentry--><link rel="prev" href="<%nextentry_url>" title="<%nextentry_title>" /><!--/nextentry-->
</head>
<body>
	<div id="container">
		<div id="header">
			<h1><a href="<%url>" accesskey="0" title="<%blog_name>"><strong><%blog_name></strong></a></h
1>
			<p><%introduction></p>
		</div><!-- /header -->
		<div id="wrap">
			<div id="main">
				<!--not_titlelist_area-->
				<!--not_search_area-->
				<!--topentry-->
				<div class="content">
					<div class="entry_header">
					<h2 id="e<%topentry_no>"><!--not_permanent_area--><a href="<%topentry_link
```

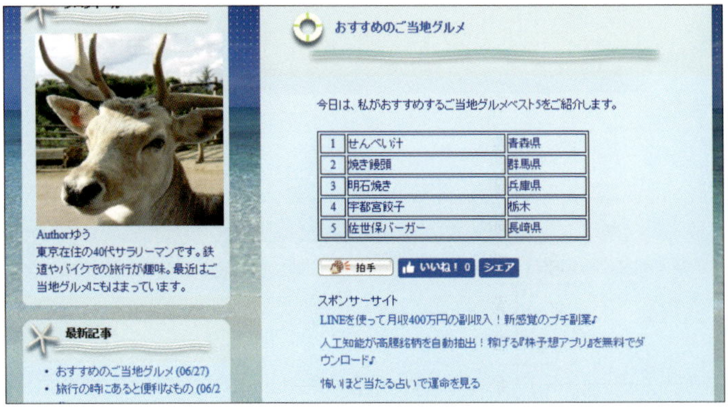

2 CSSとは

```
h1 {font-size:300%;}
```

セレクタ　プロパティ　値

HTMLがWebサイトの構造を表すものであるのに対して、CSSはHLMLで記述したWebサイトのレイアウトや文字色、背景色といった装飾を行うために使用します。
CSSでの基本的なスタイル指定は、「セレクタ」「プロパティ」「値」の3つに分けることができます。「セレクタ」は、{}で囲まれた部分の外側に記述し、「プロパティと値でスタイルを指定する対象」を指定します。「プロパティ」では、文字色や文字サイズ、背景色といった装飾の種類を指定し、「値」でその装飾の具体的な内容を指定します。
上記の例では、{}の外側の「h1」が、「HTMLファイル内のh1タグのついた箇所のスタイルを指定する」ということを意味します。そして、{}内の前半「font-size:」は、「フォントサイズを指定する」ことを意味します。最後に、「300%;」は、そのフォントサイズについて「デフォルトのサイズの300%にする」と指定しています。

CSSのプロパティの種類

代表的なCSSのプロパティには、以下のようなものがあります。これらについて値を指定することで、セレクタで指定した箇所の装飾を変えることができます。

font-size	文字の大きさ
color	文字の色
width	領域の幅
height	領域の高さ
background-image	背景の画像
background-color	背景の色
background-repeat	背景画像の並び方
margin	余白の大きさ

キーワード CSS

CSSは「Cascading Style Sheets（カスケーディング・スタイル・シート）」の頭文字で、ウェブページの装飾を指定することを意味しています。CSSを編集することで、文字の色やサイズを変更したり、背景の色を変えたりといった、ブログの見た目に関する設定を変更できます。

キーワード CSSとスタイルシート

CSSは「スタイルシート」とよばれることもあります。ここでは、同じものだと考えて問題ありません。

メモ CSSのセレクタの種類

CSSのセレクタは、HTMLの要素名や、複数の箇所の装飾をまとめて指定するときに使用する「クラス」、リンク色の指定などで使われる「疑似クラス」などの種類にわけられます。
例えば、要素名のひとつである“p”にスタイルを指定することで、HTMLファイル内で“p”が指定された箇所にそのスタイルが適用されます。そして、同じ“p”の中でも、場所によって装飾を変えたい場合は、それぞれの装飾ごとに任意の名前をつけたクラスや疑似クラスを作成します。

Section 73

FC2ブログをやめたい

✔キーワード
- ▶ブログの削除
- ▶登録解除
- ▶退会理由

ブログをやめたいときは、FC2 IDのホーム画面から、サービスの削除を行います。ただし、一度削除するとこれまでの記事やアップロードした写真、カスタマイズしたテーマや各種の設定などは完全に失われることになるので、本当に削除するかは慎重に判断しましょう。

1 ブログを削除する

注意 ⚠ 削除したブログは戻せない

ブログを削除するとすべてのデータが消え、元に戻すことはできません。削除を実施するかどうかは、慎重に判断しましょう。

1 メインメニューの＜FC2 ID＞をクリックします。

2 「FC2ブログ」の✖をクリックします。

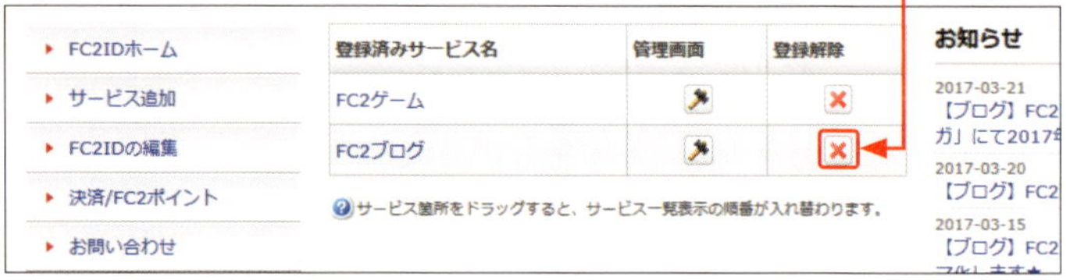

FC2IDホーム
サービス追加
FC2IDの編集
決済/FC2ポイント
お問い合わせ
登録済みサービス名
管理画面
登録解除
FC2ゲーム
FC2ブログ
サービス箇所をドラッグすると、サービス一覧表示の順番が入れ替わります。
お知らせ
2017-03-21
2017-03-20
2017-03-15

3 画面を下にスクロールして、

FC2ブログのサービス解除
本サービスをサービス解除されますと、ブログ内のすべてのデータが削除されます。
解除後に、データの復旧や解除の取り消しはできません。
解除後は解除したブログIDと同じブログIDを再び取得することはできません。
有料版の契約期間中に解除されても、お支払済み代金はご返金できません。
このような場合は、サービス解除いただく必要はありません
広告を表示したくない
FC2ブログPro（有料版）ではすべての広告が表示されません。よろしければご検討ください。
その他ご不明な点は、サービス解除の前にお問い合わせください
お問い合わせフォームからお気軽にご連絡ください。
FC2ブログ お問い合わせフォームはこちら
戻る
サービス解除へ進む

4 ＜サービス解除へ進む＞をクリックします。

メモ FC2ブログを解除する

この節では、FC2 IDに登録したサービスの中から、ブログのみを解除する方法を解説します。ブログのサービスを解除しても、FC2 IDそのものは削除されないので、FC2動画（Sec.22参照）など、そのほかのFC2のサービスは引き続き利用することができます。

5 ブログをやめる理由を選択します。

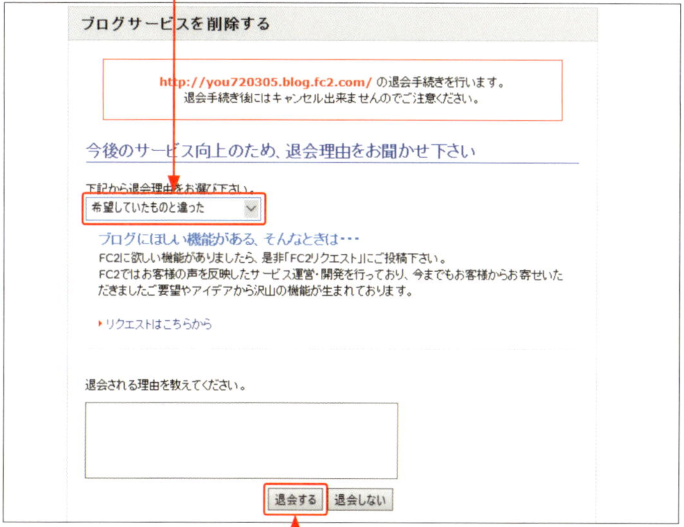

6 <退会する>をクリックします。

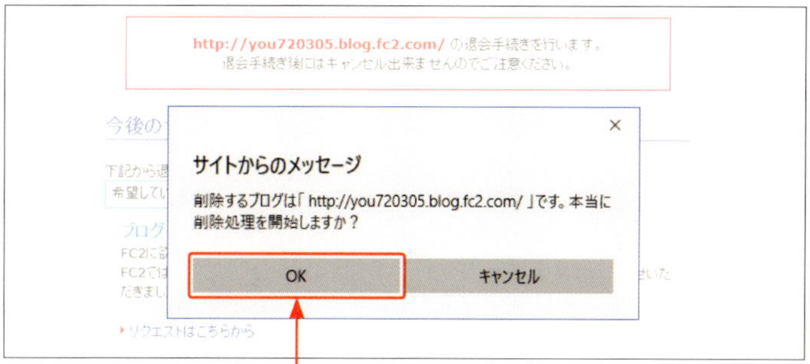

7 <OK>をクリックします。

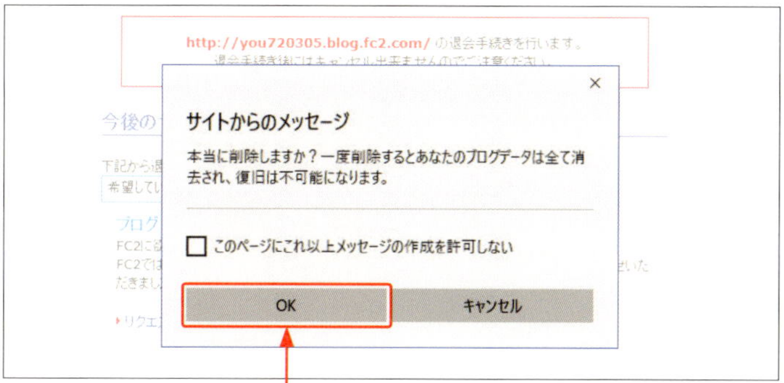

8 再度<OK>をクリックすると、ブログの削除が完了します。

メモ 退会理由を選択する

退会ボタンをクリックする前に、その理由をドロップダウンリストから選択します。また、手順**5**の画面では入力欄により具体的な退会理由を記入して、FC2に伝えることもできます。

ヒント ブログを削除せずに非公開にする

ブログの公開を中止したいけれど、削除はしたくないという場合は、ブログ全体にパスワードをかけることができます（Sec.67参照）。パスワードを誰にも教えなければ、自分だけがブログを見られる状態になります。

メモ FC2 IDを削除する

FC2 IDそのものを削除するには、現在登録しているサービスをすべて削除したうえで、FC2 IDのホーム画面左側のメニューから、<FC2IDの編集>→<退会申請>の順にクリックし、表示される画面で必要事項を入力して、<退会>をクリックします。なお、この場合はブログだけでなく、FC2のサービスがすべて利用できなくなります。

索引

英字

あ行

か行

さ行

た行

な・は行

ま行

や・ら・わ行

お問い合わせについて

本書に関するご質問については、本書に記載されている内容に関するもののみとさせていただきます。本書の内容と関係のないご質問につきましては、一切お答えできませんので、あらかじめご了承ください。また、電話でのご質問は受け付けておりませんので、必ずFAX か書面にて下記までお送りください。
なお、ご質問の際には、必ず以下の項目を明記していただきますよう、お願いいたします。

1 お名前
2 返信先の住所または FAX 番号
3 書名（今すぐ使えるかんたん　FC2 ブログ 超入門
　無料ではじめるお手軽ブログ）
4 本書の該当ページ
5 ご使用の OS とソフトウェアのバージョン
6 ご質問内容

お送りいただいたご質問には、できる限り迅速にお答えできるよう努力いたしておりますが、場合によってはお答えするまでに時間がかかることがあります。また、回答の期日をご指定なさっても、ご希望にお応えできるとは限りません。あらかじめご了承くださいますよう、お願いいたします。

問い合わせ先

〒 162-0846
東京都新宿区市谷左内町 21-13
株式会社技術評論社　書籍編集部
「今すぐ使えるかんたん　FC2 ブログ 超入門
無料ではじめるお手軽ブログ」質問係
FAX 番号　03-3513-6167

URL：http://book.gihyo.jp

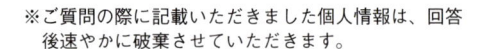

■お問い合わせの例

FAX

1 お名前
技術　太郎

2 返信先の住所または FAX 番号
03-XXXX-XXXX

3 書名
今すぐ使えるかんたん
FC2 ブログ 超入門
無料ではじめるお手軽ブログ

4 本書の該当ページ
89 ページ

5 ご使用の OS とソフトウェアのバージョン
Windows 10

6 ご質問内容
手順 5 の画面が表示されない

※ご質問の際に記載いただきました個人情報は、回答後速やかに破棄させていただきます。

今すぐ使えるかんたん FC2ブログ 超入門
無料ではじめるお手軽ブログ

2017 年 9 月 21 日　初版　第 1 刷発行

著　者●酒井麻里子
発行者●片岡　巌
発行所●株式会社　技術評論社
　東京都新宿区市谷左内町 21-13
　電話　03-3513-6150　販売促進部
　　　　03-3513-6160　書籍編集部

編集●石井智洋
本文デザイン●リンクアップ
本文イラスト●イラスト工房（株式会社アット）
装丁●田邉恵里香
DTP ●技術評論社　制作業務部
製本／印刷●大日本印刷株式会社

定価はカバーに表示してあります。

落丁・乱丁がございましたら、弊社販売促進部までお送りください。
交換いたします。
本書の一部または全部を著作権法の定める範囲を超え、無断で複写、複製、転載、テープ化、ファイルに落とすことを禁じます。

© 2017　酒井麻里子

ISBN978-4-7741-9174-4 C3055
Printed in Japan